W0253454

Roger J. Tayler

Galaxien

Aufbau und Entwicklung

Spektrum der Astronomie

C. Payne-Gaposchkin, Sterne und Sternhaufen
R. J. Tayler, Sterne. Aufbau und Entwicklung
R. J. Tayler, Galaxien. Aufbau und Entwicklung

Beratendes Komitee
Prof. Dr. Michael Grewing, Tübingen
Prof. Dr. Rudolf Kippenhahn, München
Dr. Hans Michael Maitzen, Wien
Prof. Dr. Karl Rakos, Wien
Prof. Dr. Roman U. Sexl, Wien
Dr. Werner W. Weiss, Wien

Herausgeber dieses Bandes
Prof. Dr. Michael Grewing, Tübingen

Roger J. Tayler

Galaxien

Aufbau und Entwicklung

Mit 84 Bildern und 9 Tabellen

Übersetzt von Michael Grewing

Springer Fachmedien Wiesbaden GmbH

Dieses Buch ist die deutsche Übersetzung von
R. J. Tayler
Galaxies: Structure and Evolution
© R. J. Tayler 1978
First published by Wykeham Publications Ltd., London 1978

Roger J. Tayler ist Professor für Astronomie an der University of Sussex, Großbritannien.

Das Umschlagbild zeigt die Galaxie NGC 4565 im Sternbild „Haar der Berenice".

1986

Alle Rechte vorbehalten
© Springer Fachmedien Wiesbaden 1986
Ursprünglich erschienen bei Friedr. Vieweg & Sohn Braunschweig/Weisbaden 1986
Die Vervielfältigung und Übertragung einzelner Textabschnitte, Zeichnungen oder Bilder, auch für Zwecke der Unterrichtsgestaltung, gestattet das Urheberrecht nur, wenn sie mit dem Verlag vorher vereinbart wurden. Im Einzelfall muß über die Zahlung einer Gebühr für die Nutzung fremden geistigen Eigentums entschieden werden. Das gilt für die Vervielfältigung durch alle Verfahren einschließlich Speicherung und jede Übertragung auf Papier, Transparente, Filme, Bänder, Platten und andere Medien.

Umschlaggestaltung: Horst Dieter Bürkle, Darmstadt
Satz: Vieweg, Braunschweig

ISBN 978-3-663-01905-3 ISBN 978-3-663-01904-6 (eBook)
DOI 10.1007/978-3-663-01904-6

Inhaltsverzeichnis

Vorwort

In den letzten Jahren hat sich das Hauptinteresse der Astronomen von den Sternen zu den Galaxien verlagert. Zum Teil liegt das daran, daß man glaubt, die Eigenschaften der Sterne im wesentlichen verstanden zu haben, zum Teil liegt es daran, daß die Entwicklung neuer Teleskope und Zusatzgeräte die Untersuchung einer größeren Zahl vor allem auch schwächerer Galaxien möglich macht. Tatsächlich ist die Frage nach dem Aufbau und der Entwicklung von Galaxien ein Zentralthema der Astronomie. In einer typischen Galaxie gibt es etwa so viele Sterne wie es Galaxien im beobachtbaren Teil des Universums gibt, und wenn wir uns mit den Galaxien beschäftigen, dann müssen wir uns sowohl mit dem Aufbau und der Entwicklung von Sternen als auch mit Fragen der Kosmologie befassen.

In diesem Buch beschreiben wir in allgemeinverständlicher Weise, was über die heutige Struktur der Galaxien und über ihre Entwicklung in der Vergangenheit bekannt ist. Zusätzlich machen wir einige Anmerkungen zur künftigen Entwicklung der Galaxien. Die ins Einzelne gehende Diskussion bezieht sich vor allem auf unsere eigene Galaxie. Trotz unseres Bemühens, die Sachverhalte wenn irgend möglich in exakter Form darzustellen, wird deutlich werden, daß die Grundvorstellungen zwar als gesichert gelten dürfen, daß bei Einzelfragen aber immer noch erhebliche Unsicherheiten bestehen. Insbesondere ist in jüngster Zeit deutlich geworden, daß weder die Ausdehnung noch die Massen der Galaxien als völlig bekannt angesehen werden dürfen. Aus diesem Grunde werden wir in diesem Buch nur an wenigen Stellen konkrete Zahlenwerte für die die Galaxien charakterisierenden Größen angeben. Dabei wird dann zusätzlich der Schwankungsbereich genannt, in dem die jeweiligen Werte variieren können.

Es ist völlig unmöglich, in einem Buch dieses Umfangs, das sich mit einem so komplexen Thema beschäftigt, jeden einzelnen Beitrag zum Fortschritt unseres Verständnisses hervorzuheben, oder alle diejenigen ausdrücklich zu erwähnen, von denen ich gelernt und Daten und Fakten übernommen habe. Mein eigenes Interesse für Galaxien ist vor allem in Diskussionen mit Donald Lynden-Bell, Bernard Pagel und Martin Rees geweckt worden.

Ich will meinen Dank gegenüber Douglas Meyer bekunden, der wiederum die Diagramme gezeichnet hat, und gegenüber Frau Peggy Nixon für das sorgfältige Schreiben des Manuskripts. Ebenso bin ich wiederum meinem Mitarbeiter Alan Everest zu Dank verpflichtet, der zahlreiche Vorschläge zum Text gemacht hat.

Ich widme dieses Buch in Respekt und Bewunderung Herrn Professor Jan H. Oort, der nun schon seit über 50 Jahren fundamentale Beiträge zur Aufklärung der galaktischen Struktur geliefert hat.

Lewes, im Februar 1978 *R. J. Tayler*

Vorwort zur deutschen Übersetzung

Obgleich zu den in diesem Buch behandelten Themen in den letzten 6 Jahren eine Fülle von Einzelarbeiten in der Literatur erschienen sind, wurde davon abgesehen, den Text im Rahmen der Übersetzung zu überarbeiten, weil die Diskussion einzelner hier behandelter Fragestellungen in vollem Gange ist und gesicherte Endergebnisse noch keineswegs vorliegen. Es würde aber der Absicht dieses Buches, das eine allgemeinverständliche Einführung in die Thematik geben will, widersprechen, wenn neuere, zum Teil kontroverse Einzelarbeiten besonders hervorgehoben würden. Der einzige größere Eingriff in die Textgestaltung, der vorgenommen wurde, betrifft das Kapitel 4 „Stellardynamik", das geteilt wurde und sich jetzt teilweise im Anhang 2 befindet. Ferner wurde ein Teil der Abbildungen überarbeitet bzw. neu gestaltet.

Tübingen, im Mai 1985 *M. Grewing*

Zusammenstellung wichtiger Symbole und Größen

Verzeichnis wichtiger Symbole

A, B	Oortsche Konstanten der galaktischen Rotation
A	Querschnitt einer magnetischen Flußröhre
B	Magnetische Induktion
$B_{\perp}$	(zur Bewegung eines Teilchens) senkrechte Komponente der magnetischen Induktion
$B_{\nu}(T)$	Planck-Funktion
d	Abstand eines Sterns vom Ursprung des lokalen Ruhsystems (LSR)
	Abstand zwischen zwei Sternen zum Zeitpunkt größter Annäherung
e	Exzentrizität eines Sphäroids (in Modellen der galaktischen Massenverteilung)
E, S0, S, SB, Irr	Typenbezeichnung für Galaxien
E_{CR}	Energiedichte der Kosmischen Primärstrahlung
E_{N}	Nuklearer Energievorrat eines Sterns
f	Massenverteilungsfunktion
$f(M)$	ursprüngliche Massenfunktion (engl. „initial mass function", IMF)
F	Verteilungsfunktion für Teilchen
g_{ϖ}, g_z	Komponenten des galaktischen Gravitationsfeldes
H	Hubble Konstante
$I, I_1 \dots I_5$	Integrale der Bewegung eines Sterns
j	elektrische Stromdichte
l	galaktische Länge, mittlere freie Weglänge
L	Leuchtkraft (z.B. einer Galaxie), Skalenlänge im galaktischen Magnetfeld
L_{s}	Leuchtkraft eines Sterns
m	Teilchenmasse
M	Masse (u.a. Masse einer Galaxie)
M_{HI}	Masse neutralen Wasserstoffs
$M_{\mathrm{P}}, M_{\mathrm{Sph}}$	Punktmasse, Masse eines Sphäroids in einem galaktischen Massenmodell

M_s	Masse eines Sterns
M_V	visuelle Helligkeit
n	Anzahldichte
OBAFGKMRNS	Spektraltypen der Sterne
p	Ausbeute an schweren Elementen (in Kernprozessen)
P, P_{ϖ}	Periode, Periode der epizyklischen Bewegung
P_{Gas}, P_{CR}, P_{Mag}	Gasdruck, Druck der kosmischen Primärstrahlung, Magnetfelddruck
P_{rad}	Strahlungsdruck
q_0	Beschleunigungsparameter
r	Abstand in sphärischen Polarkoordinaten
r, R	Radius (allgemein)
r_s	Radius eines Sterns
R, R_0	Skalenfaktor im Universum, sein heutiger Wert
R_0	Abstand der Sonne vom galaktischen Zentrum
R_{Sch}	Schwarzschild-Radius
S	in Sternen steckende Masse
t	Zeit
t_H	Hubble-Zeit
t_{ms}	Hauptreihen-Lebenszeit eines Sterns (engl. „main sequence")
T	Temperatur; kinetische Energie
T_e, T_s	effektive Temperatur, Oberflächentemperatur eines Sterns
u, v, w	Geschwindigkeitskomponenten eines Sterns relativ zur Sonne
$\overline{u}$, $\overline{v}$, $\overline{w}$	mittlere Geschwindigkeitskomponenten von Sternen
$u_{\odot}$, $v_{\odot}$, $w_{\odot}$	Geschwindigkeitskomponenten der Sonnenbewegung
v	Geschwindigkeit (allgemein)
v_{circ}	galaktische Rotationsgeschwindigkeit
v_{esc}	Entweichgeschwindigkeit
v_{Gas}	Geschwindigkeit des Gases
v_R, v_T	Radial- bzw. Tangentialgeschwindigkeit eines Sterns
v_{ϖ}, v_{ϕ}, v_z	Geschwindigkeitskomponenten in Zylinderkoordinaten
$v_{\phi 0}$	Geschwindigkeit des Ursprungs des lokalen Bezugssystems (LSR)
x, y, z	karthesische Koordinaten
z	Rotverschiebung

Z, Z_1	Massenanteil der schweren Elemente, gegenwärtiger Wert
α	große Halbachse eines Späroids in galakt. Massenmodell, Massenanteil in ‚toten' Sternen
η	elektrischer Widerstand
κ	Epizyklenfrequenz
λ	in schwere Elemente umgewandelter und ausgeworfener Bruchteil der Masse eines Sterns, Wellenlänge
Λ	Halbwertsdicke der galaktischen Scheibe
μ	Eigenbewegung eines Sterns
μ, μ_1	Massenanteil des Gases in einer Galaxie, gegenwärtiger Wert
ξ, η	Auslenkung eines Sterns bezogen auf eine reine Kreisbahnbewegung
$\tilde{\omega}$, ϕ, z	Zylinderkoordinaten
ρ	Dichte
ρ_0	kritische Dichte, bei der das Weltall abgeschlossen wäre
ρ_{gal}	mittlere Dichte
ρ_{Gas}, ρ_{CR}, ρ_{Sterne}	Gasdichte, Dichte der Kosmischen Primärstrahlung, Sterndichte
σ	Masse des Gases pro Flächeneinheit in der galaktischen Scheibe
Σ	in Sternen gebundene (auskondensierte) Masse
τ_c	Stoßzeit
τ_D	Abklingzeit (Zerfallszeit) eines Magnetfeldes
Φ	Gravitationspotential
ω	Winkelgeschwindigkeit
ω, ω_0	Winkelgeschwindigkeit der galaktischen Rotation, am Ort der Sonne
ω_s	Spiralarmfrequenz
Ω	Gravitationsenergie
Ω_0	Quotient aus der Dichte des Weltalls und der kritischen Dichte
$\mathscr{E}$, $\mathscr{E}_{tot}$	Energie eines Elektrons der Kosmischen Primärstrahlung, gesamte in diesen Elektronen gespeicherte Energie

Angesichts der großen Zahl der benötigten Symbole und des Wunsches, übliche Standardbezeichnungen auch hier zu verwenden, werden einige Symbole mehrfach, mit unterschiedlicher Bedeutung benutzt. Die jeweilige Bedeutung ergibt sich aus dem Zusammenhang.

Fundamentale physikalische Konstanten

a	Strahlungskonstante	$7{,}55 \cdot 10^{-16}$ J m^3 K^{-4}
c	Lichtgeschwindigkeit	$3{,}00 \cdot 10^8$ m s^{-1}
e	Ladung des Elektrons	$1{,}60 \cdot 10^{-19}$ C
G	Gravitationskonstante	$6{,}67 \cdot 10^{-11}$ N m^2 kg^{-2}
h	Plancksches Wirkungsquantum	$6{,}62 \cdot 10^{-34}$ J s
k	Boltzmann-Konstante	$1{,}38 \cdot 10^{-23}$ J K^{-1}
m_e	Masse des Elektrons	$9{,}11 \cdot 10^{-31}$ kg
m_H	Masse des Wasserstoffatoms	$1{,}67 \cdot 10^{-27}$ kg
μ_0	Permeabilität des Vakuums	$4\pi \cdot 10^{-7}$ H m^{-1}

Astronomische Größen und Einheiten

$L_\odot$	Leuchtkraft der Sonne $3{,}90 \cdot 10^{26}$ W
$M_\odot$	Masse der Sonne $1{,}99 \cdot 10^{30}$ kg
Lichtjahr	(Entfernungseinheit) $9{,}5 \cdot 10^{15}$ m
Parsec	(Entfernungseinheit) $3{,}09 \cdot 10^{16}$ m
Jahr	(Zeiteinheit) $3{,}16 \cdot 10^7$ s

Zahlenwerte einiger astronomischer Größen (Näherungswerte)

A	erste Oortsche Konstante 15 km s^{-1} kpc^{-1}
B	zweite Oortsche Konstante $-$ 10 km s^{-1} kpc^{-1}
H	Hubble-Konstante 50 km s^{-1} Mpc^{-1}
R_0	Abstand der Sonne vom galaktischen Zentrum 10 kpc
t_H	Hubble-Zeit $1{,}9 \cdot 10^{10}$ Jahre
$v_{\phi 0}$	Kreisbahngeschwindigkeit der Sonne um das gal. Zentrum 250 km s^{-1}

Kapitel 1
Einführung

Die Entdeckung der Galaxien

Im Rahmen des mittelalterlichen Weltbildes hielt man die Sterne für Lichtpunkte, die an das das Sonnensystem überspannende Himmelsgewölbe geheftet seien. Man dachte zwar, daß die Entfernung zu den Sternen im Vergleich zu den Entfernungen innerhalb des Sonnensystems groß sein müsse, aber man unterschätzte die tatsächliche Ausdehnung des Raumes, auf den sich die Sterne verteilen, ganz gewaltig. Tatsächlich gab es Versuche, den Durchmesser des Himmelsgewölbes zu bestimmen, indem man von der Überlegung ausging, daß die Sterne von zwei Punkten auf der Erdoberfläche aus betrachtet unter unterschiedlichen Richtungswinkeln erscheinen sollten (Bild 1-1). Diese Methode, die sich mit Erfolg auf die Sonne, den Mond und andere Objekte im Sonnensystem anwenden läßt, versagte jedoch im Fall der Sterne. Immerhin deutete dies schon auf eine sehr große Entfernung der Sterne hin. Bald nach der Revolution des wissenschaftlichen Weltbildes im 16. und 17. Jahrhundert, die ihren Höhepunkt in Newtons Erklärung der Planetenbewegung mit Hilfe eines universellen Gravitationsgesetzes fand, erkannte man dann, daß die Sterne vermutlich ebenfalls Sonnen sind, bzw. daß die Sonne ein Stern unter vielen anderen Sternen ist und

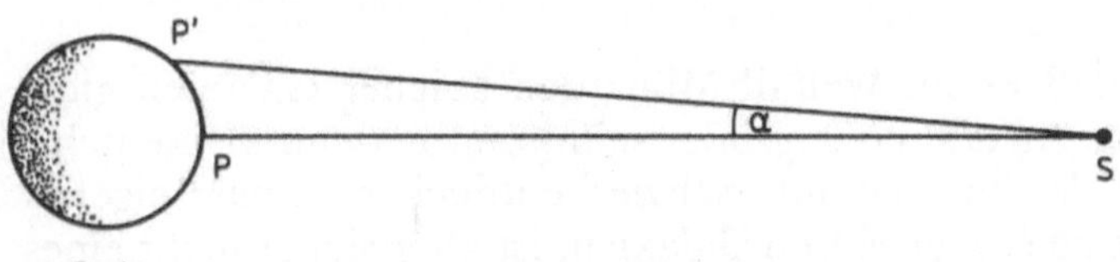

Bild 1-1 Der Versuch, die Entfernung eines Sterns zu messen. Wenn die Sterne sich nicht in zu großer Entfernung von der Erde befänden, müßte es möglich sein, den Winkel α zu bestimmen, der den Richtungsunterschied mißt, unter dem der Stern S von zwei Punkten P und P' auf der Erdoberfläche aus erscheint. Wären α und $\overline{PP'}$ bekannt, dann ließe sich $\overline{SP}$ berechnen.

daß alle diese *,Fixsterne'* sich eigentlich unter dem Einfluß desselben Gravitationsgesetzes durch den Raum bewegen müßten, das auch für die Planetenbewegung gilt. Diese Überlegungen führten zu einer Erneuerung des Interesses daran, nicht nur die Positionen der Sterne am Himmel, sondern auch ihre Bewegungen zu bestimmen.

Die ursprüngliche Vorstellung war, daß die Sterne ein einziges Sternsystem bilden, das das ganze Weltall ausfüllt. Erst im zweiten Jahrzehnt unseres Jahrhunderts wurde auch dieses Bild korrigiert. Schon früher war deutlich geworden, daß die Sterne nicht so gleichförmig im Raum verteilt sein können, wie es in erster Näherung den Anschein hat, wenn man nur die mit bloßem Auge sichtbaren Sterne berücksichtigt. Bereits zu Beginn unseres Jahrhunderts war bekannt, daß das System von Sternen, das wir heute als *unsere Galaxie* bezeichnen, stark abgeflacht ist, wobei die meisten Sterne sich nahe einer Ebene befinden, die sich als schwach leuchtendes Band über den Himmel zieht, das *Milchstraßenband*. Ebenso war bekannt, daß es über den Himmel verteilt eine große Zahl diffuser leuchtender Objekte gibt, die mit Sicherheit keine Sterne sind und die man ganz allgemein als *Nebel* bezeichnete.

Einige dieser Nebel erwiesen sich später als echte Nebel oder Gaswolken, wie man sie sich vorgestellt hatte, und diese befinden sich in demselben Volumen, in dem auch die Sterne anzutreffen sind. Im Gegensatz dazu entdeckte man jedoch, daß einige andere Nebel, insbesondere die sogenannten *Spiralnebel*, in Wirklichkeit aus vielen schwachen Sternen aufgebaut sind. Diese Erkenntnis entfachte zu Beginn unseres Jahrhunderts eine lebhafte Diskussion darüber, ob sich diese Spiralnebel in den Randbereichen unseres eigenen Sternsystems befinden, oder ob es sich um eigenständige, unserem eigenen vergleichbare Sternsysteme handelt. Falls die Sterne, die man in ihnen entdeckt hatte, den Sternen in der Sonnenumgebung ähnlich sein sollten, dann mußten sie sich ohne Zweifel in sehr großen Entfernungen befinden, da die Helligkeit dieser Sterne so gering ist. Die Richtigkeit dieser Schlußweise wurde in den 20er Jahren endgültig bewiesen, und seither werden diese Nebel als *Galaxien*[1]) bezeichnet.

Heute weiß man, daß es im Weltall Milliarden solcher Galaxien gibt, wobei ihre wirkliche Anzahl noch größer sein könnte, denn kleine lichtschwache Galaxien lassen sich nur schwer entdecken. Unser eigenes Sternsystem gehört zu den größeren Galaxien, ist aber sicher nicht eines

[1]) Wir werden unser eigenes Sternsystem als Milchstraße, Milchstraßensystem, die Galaxis oder ,unsere Galaxie' ansprechen. Im Englischen unterscheidet man unsere Galaxie von anderen durch die Großschreibung des Wortes ''Galaxy''. Dieser Name leitet sich aus der griechischen Bezeichnung für die Milchstraße ab.

der allergrößten. Es enthält mehr als 10^{11} Sterne. Demgegenüber können sich in den größten Galaxien 10^{12} oder sogar 10^{13} Sterne befinden. Natürlich hat niemand alle diese Sterne wirklich gezählt, obgleich man mit modernen Teleskopen und Zusatzeinrichtungen, mit denen man solche Sternzählungen automatisch durchführen könnte, Millionen von Sternen in unserer eigenen Galaxie zählen kann. In der Praxis beschränkt man sich darauf, sorgfältige Sternzählungen in begrenzten Himmelsregionen durchzuführen und die Ergebnisse dann auf das Gesamtsystem zu extrapolieren. Dabei ist allerdings zu berücksichtigten, daß die Eigenschaften des Milchstraßensystems von Ort zu Ort variieren. Obgleich die Galaxien außer in Sternen Materie auch noch als *interstellares Gas* enthalten, scheint der größte Teil ihrer Masse doch in den Sternen zu stecken. Zumindest ist das heute so. Wir können deshalb in erster Näherung eine Galaxie einfach als ein System von Sternen betrachten. Dabei werden sowohl die einzelnen Sterne als auch die ganze Galaxie durch die Schwerkraft zusammengehalten, und eine der wichtigsten Fragen der Astronomie ist, warum sich die Materie des Weltalls gerade in Gebilden angesammelt hat, die die Masse von Galaxien haben und die aus Untereinheiten aufgebaut sind, die gerade die Masse von Sternen haben. Obgleich wir in diesem Buch diese Frage nicht beantworten werden, wollen wir doch die Tatsachen aufführen, die bei einer Lösung dieser Frage berücksichtigt werden müssen.
Viele der Detailkenntnisse über Sterne verdanken wir dem Umstand, daß wir einen dieser Sterne besonders nahe sind – der Sonne. Ähnlich kann man hoffen, vieles über die Eigenschaften von Galaxien zu lernen, indem man unsere eigene Galaxie, die Milchstraße, studiert. Dabei gibt es jedoch einen entscheidenden Unterschied: während wir die Sonne *aus der Nähe* sehen, befinden wir uns bezüglich der Milchstraße *mittendrin*. Es erweist sich als relativ schwierig, die Struktur eines Gebildes aus dieser Position heraus aufzuklären. So glaubte man lange, die Sonne befände sich nahe dem Zentrum des Milchstraßensystems, weil die hellen Sterne nahezu symmetrisch um die Sonne herum verteilt zu sein scheinen. Erst später hat man erkannt, wie wir im folgenden noch beschreiben werden, daß die interstellare Materie das Licht der Sterne in der Milchstraße absorbiert und wie ein Schleier wirkt, durch den ein völlig falscher Eindruck über die Entfernungsverhältnisse in unserer Galaxie entsteht.

Die Unterschiede zwischen Sternen und Sternsystemen

Obgleich sowohl die Sterne als auch die Galaxien durch die anziehende Wirkung der Gravitation zusammengehalten werden, unterscheiden sie sich auf vielfältige Weise, sowohl in qualitativer wie auch in quantita-

tiver Hinsicht. So zeigen die Beobachtungen zum Beispiel, daß die überwiegende Mehrzahl der Sterne sphärisch symmetrisch ist oder nur wenig von einer idealen Kugelgestalt abweicht, während die Galaxien in allen möglichen Formen vorkommen, die von praktisch kugelförmiger Gestalt bis zu hochgradig abgeflachten Gebilden reichen. Einige dieser Systeme sind Sphäroide, andere besitzen dagegen kaum noch Symmetrieeigenschaften. Viele der stark abgeplatteten Systeme befinden sich in rascher Rotation. Die große Vielfalt der Gestalt der Galaxien deutet an, daß die Klassifikation der Galaxien erheblich schwieriger sein dürfte als die der Sterne. Wir werden die Klassifikationsmerkmale für Sterne in diesem Buch jeweils dort einführen, wo wir sie benötigen. Die Klassifikationsmerkmale für Galaxien sind in Kapitel 3 zusammengefaßt.
Ein anderer sehr wichtiger Unterschied zwischen Sternen und Galaxien besteht darin, daß es zur Zeit keinerlei Hinweise dafür gibt, daß Galaxien stark unterschiedlichen Alters existieren. Sie könnten alle vor rund 10^{10} bis $2 \cdot 10^{10}$ Jahren entstanden sein, wobei die tatsächlichen Altersunterschiede weit kleiner als die Spanne zwischen diesen beiden Zahlen sein dürften. Das ist völlig anders als im Fall der Sterne unseres Milchstraßensystems, von denen wir wissen, daß einige praktisch so alt sind wie die Milchstraße selbst, während andere nicht älter als einige Millionen Jahre sein können. Und auch heute entstehen mit Sicherheit noch neue Sterne. Dank dieses Umstands ist es möglich, die Entwicklung von Sternen zu studieren, nicht, indem man die Änderung der Zustandsgrößen an einem einzelnen Stern über längere Zeit verfolgt, sondern indem man die Eigenschaften von Sternen ähnlicher Masse aber unterschiedlichen Alters in unserer Nachbarschaft in der Milchstraße vergleicht. Da alle Galaxien in unserer Nähe nahezu gleich alt sind, dürfte unsere einzige Hoffnung für die direkte Beobachtung der Entwicklung von Galaxien darin bestehen, sehr entfernte Galaxien zu untersuchen und deren Eigenschaften mit denen der nahen Galaxien zu vergleichen. Da das Licht von diesen entfernten Galaxien eine lange Zeit brauchte, um uns zu erreichen, sehen wir diese Objekte in einem Zustand, der einer weit zurückliegenden Epoche entspricht. Wenn sich die Eigenschaften von Galaxien im Laufe ihrer Entwicklung ändern, dann können wir hoffen, solche Änderungen auf diese Weise aufzuspüren. Die bisher gesammelten Daten lassen sich allerdings nicht sehr leicht interpretieren. Ein Grund dafür ist, daß die entfernten Galaxien sehr lichtschwach und entsprechend schwer zu beobachten sind. Ein anderer Grund liegt darin, daß man bei der Bestimmung der *Entfernungsskala* im Weltall im allgemeinen die Annahme macht, daß sich die Eigenschaften der Galaxien *nicht* wesentlich mit der Zeit verändern. Auf diesen Punkt kommen wir später in diesem Kapitel zurück. Klar ist

heute, daß die Zeitskala für signifikante Entwicklungseffekte in Galaxien etwa von derselben Größenordnung sein dürfte wie das *Alter des Weltalls*.

Die Entwicklung der Galaxien

Es gibt zwei unabhängige Hinweise dafür, daß unsere Galaxie (und ebenso andere Galaxien) in früheren Epochen wesentlich heller war als heute. Wenn die Milchstraße durch die Kondensation intergalaktischer Materie entstanden ist, wie man allgemein annimmt, muß sie ursprünglich eine viel größere Gesamtenergie besessen haben. Eine kollabierende Wolke besitzt genügend Energie, um auf ihre ursprüngliche Größe zurückzuexpandieren, wenn es nicht zu einer Energiedissipation kommt. Es muß also ein erheblicher Teil der anfänglichen Gesamtenergie aus dem System abgeführt werden, wenn ein im Vergleich zur ursprünglichen Ausdehnung relativ kompaktes Objekt entstehen soll. Auf welche Weise das auch geschieht, klar ist, daß es in der Anfangsphase des Kollapses geschehen muß, in einem Zeitraum, der im Vergleich zur gesamten Lebenserwartung einer Galaxie sehr kurz ist. Die Frage der Entstehung von Galaxien werden wir in Kapitel 8 weiterbehandeln. Der zweite Hinweis für eine ursprünglich viel größere Helligkeit bezieht sich speziell auf das Milchstraßensystem, gilt aber mit großer Wahrscheinlichkeit auch für andere Galaxien und hat mit der chemischen Zusammensetzung der Materie in unserer Galaxie zu tun. Dies wird in Kapitel 7 ausführlicher diskutiert werden. Wenn es – was wahrscheinlich ist – im Weltall zunächst nur Wasserstoff oder ein Gemisch aus Wasserstoff und Helium gab und die schweren Elemente alle durch Kernreaktionen im Innern von Sternen oder massereicheren Objekten aufgebaut worden sind, dann folgt aus dem beobachteten Zusammenhang zwischen der chemischen Zusammensetzung und dem Alter der Sterne, daß es im gesamten Milchstraßensystem in der Anfangsphase der Entwicklung zu einer raschen Produktion der schweren Elemente gekommen sein muß, die mit einer entsprechenden großen Helligkeit des Systems verbunden gewesen sein dürfte.

Beobachtungen zum Aufbau des Milchstraßensystems

Wir wollen jetzt etwas genauer betrachten, wie man zu den Aussagen über die Struktur des Weltalls kommt. Wie schon erwähnt, führte die Entdeckung des Newtonschen Gravitationsgesetzes und seine Anwendung auf die Bewegung der Körper im Sonnensystem zu der Erkenntnis, daß sich die Sterne in unterschiedlichen Entfernungen befinden und daß sie sich bewegen müssen. Dies stimulierte Versuche, sowohl die

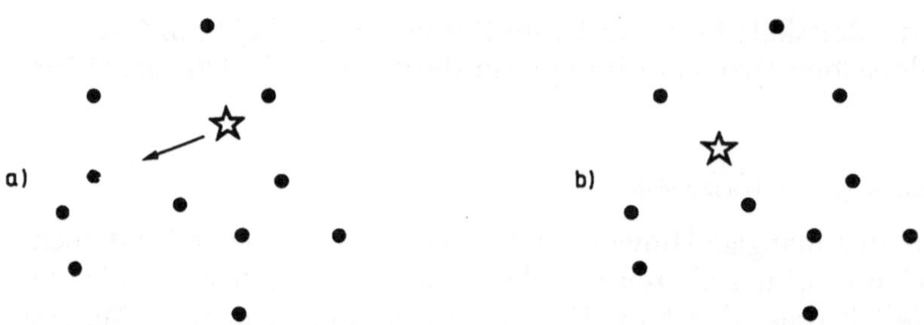

Bild 1-2 Die Eigenbewegung. Im Teilbild a) bewege sich der sternförmig gezeichnete Stern in Richtung des Pfeils. Das Ergebnis ist, daß sich die Position dieses Sterns zu einem späteren Zeitpunkt – Teilbild b) – relativ zu den entfernteren Sternen geändert hat. Die entsprechende Winkelabstandsänderung wird als Eigenbewegung bezeichnet.

Entfernungen als auch die Bewegungen zu messen. Es dauerte auch nicht lange, bis Halley die Bewegung einzelner Sterne gegenüber anderen (in der Regel) entfernteren Sternen nachweisen konnte (Bild 1-2). Diesen Effekt bezeichnete man als *Eigenbewegung*. Er wurde gefunden, indem man die Position der Sterne am Himmel, wie sie sich im 17. Jahrhundert darbot, mit der viele Jahrhunderte früher von den Griechen beschriebenen verglich. Die Entdeckung solcher Eigenbewegungen wird zunehmend einfacher werden, je länger die Zeitspanne ist, über die man Himmelsbeobachtungen durchführt. Dabei ist es von Vorteil, wenn die jeweiligen Beobachtungen mit demselben Teleskop gemacht werden, so daß die dabei gewonnenen photographischen Aufnahmen direkt miteinander verglichen werden können. Die Notwendigkeit, solche Wiederholungsmessungen durchzuführen, ist der Grund dafür, daß einige sehr alte Teleskope, die andernfalls außer Betrieb gesetzt worden wären, nach wie vor zum Einsatz kommen. Mit hochgenauen modernen Meßtechniken lassen sich jedoch auch die mit verschiedenen Teleskopen gewonnenen Aufnahmen miteinander vergleichen.
Es dauerte erheblich länger, bis man auch die Entfernung von Sternen messen konnte. Sowohl Newton als auch Herschel schätzten die Entfernung von Sternen, indem sie annahmen, daß sie in Wahrheit dieselbe Helligkeit wie die Sonne besitzen, so daß ihre scheinbare Helligkeit ein Maß für ihre Entfernung sein muß. Da die Sonne ein ziemlich durchschnittlicher Stern ist, erwiesen sich die so gewonnenen Entfernungsabschätzungen für viele Sterne als sehr gut, obgleich sie für einige andere,

besonders helle bzw. besonders schwache Sterne, extrem falsch sind. Die Ergebnisse waren in jedem Fall gut genug, um zu zeigen, daß sich die Sterne im Vergleich zur Ausdehnung des Sonnensystems in riesigen Entfernungen befinden. Die ersten direkten Messungen von Sternentfernungen gelangen jedoch nicht vor 1838/39, als drei Astronomen die Entfernungen verschiedener Sterne mit der Methode der *Sternparallaxen* ableiten konnten[2]). Als Parallaxe bezeichnet man denjenigen Winkel, unter dem vom Ort des betreffenden Sterns aus gesehen der Abstand Erde – Sonne erscheint (Bild 1-3). Für alle bis heute entdeckten Sterne beträgt dieser Winkel weniger als 1″ (1 Bogensekunde = 1/3600 Grad). Sobald die Entfernung eines Sterns und seine Eigenbewegung bekannt sind, kann man die Winkelgeschwindigkeit, mit der er sich am Himmel bewegt, in die *Tangentialgeschwindigkeit* umrechnen, die i.a. in $\mathrm{km\,s^{-1}}$ angegeben wird. Die Entwicklung der Spektroskopie in der zweiten

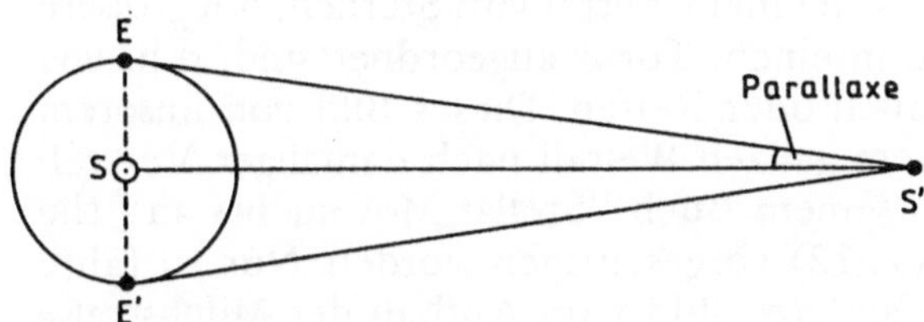

Bild 1-3 Die Parallaxe eines Sterns. Wenn ein Stern S′ von den Punkten E und E′ auf der Bahn der Erde um die Sonne aus in unterschiedlichen Richtungen zu stehen scheint, dann heißt der Winkel ES′S die Parallaxe des Sterns. Da die Entfernung $\overline{ES}$ bekannt ist, kann $\overline{ES'}$ berechnet werden.

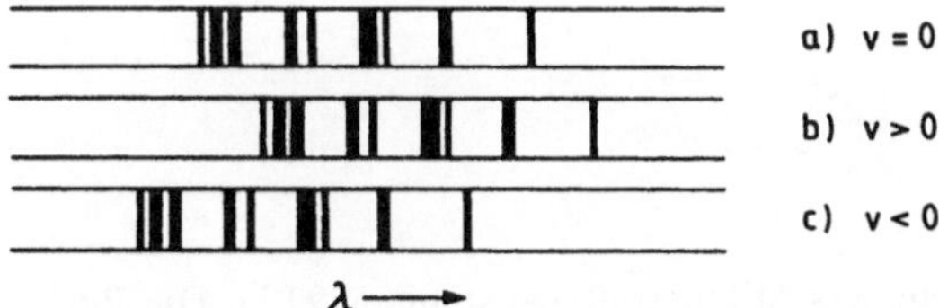

Bild 1-4 Die Auswirkung der Doppler-Verschiebung im Spektrum der Sterne. Die drei Spektren charakterisieren einen Stern, der sich relativ zur Sonne (a) nicht bewegt, (b) der sich von ihr wegbewegt, bzw. (c) der auf sie zufliegt.

[2]) Bei den drei Sternen handelte es sich um 61 Cygni, gemessen von F. W. Bessel, α Lyrae (Vega), gemessen von F. G. W. Struve, und α Centauri, gemessen von T. Henderson.

Hälfte des 19. Jahrhunderts erlaubte es schließlich, auch die *Radialgeschwindigkeiten* von Sternen mit Hilfe des Doppler-Effekts zu messen (Bild 1-4). Zu Beginn unseres Jahrhunderts war dann deutlich geworden, daß die Entfernung der Sterne in der Sonnenumgebung typisch einige Lichtjahre[3]) beträgt und daß diese Sterne relativ zur Sonne typische Geschwindigkeiten von einigen 10 $\mathrm{km\,s^{-1}}$ und in Ausnahmefällen von einigen 100 $\mathrm{km\,s^{-1}}$ besitzen.
Zu dieser Zeit war auch klar, daß die Sonne Mitglied eines großen, dynamisch zusammenhängenden Sternsystems ist, und man glaubte, daß sie sich in der Nähe von dessen Zentrum befände. Das hatte folgenden Grund: Wie schon zuvor bemerkt, erscheinen die mit bloßem Auge sichtbaren Sterne symmetrisch um die Sonne herum im Raum angeordnet zu sein. Das Milchstraßenband bildet einen Gürtel schwächerer und entfernterer Sterne. Diese Vorstellungen führten zu einem Bild vom Aufbau des Milchstraßensystems, wie es in Bild 1-5 schematisch dargestellt ist: eine zentrale, nahezu sphärisch-symmetrische Ansammlung von Sternen, die umgeben ist von einem Gürtel von Sternen, die größere Entfernungen haben und die in einem Torus angeordnet sind, d.h. wie in einem ringförmigen Schlauch oder Reifen. Dieses Bild von unserem Milchstraßensystem (bzw. dem ganzen Weltall nach damaliger Vorstellung), war von Eddington in seinem Buch "Stellar Movements and the Structure of the Universe" (1912) vorgeschlagen worden. Nur 10 Jahre später setzte sich ein völlig anderes Bild vom Aufbau der Milchstraße durch. Dieses ist in Bild 1-6 skizziert. Diese Abbildung zeigt eine Seitenansicht unseres Sternsystems, in dem die Sonne sich nun in großer Entfernung vom Zentrum befindet. Wie konnte es in so kurzer Zeit zu einem so dramatischen Wandel der Vorstellungen kommen?

Bild 1-5 Eddingtons Bild vom Aufbau des Milchstraßensystems (1912). Die Position der Sonne ist durch das Symbol der Sonne, $\odot$, markiert.

---

[3]) In diesem Buch werden wir zwei verschiedene Entfernungseinheiten verwenden: das *Lichtjahr*, d.h. diejenige Entfernung, die das Licht in einem Jahr zurücklegt, das sind $9 \cdot 10^{15}$ m, sowie die Einheit *Parsek* (abgekürzt pc), das ist diejenige Entfernung, in der die Parallaxe eines Sterns gerade eine Bogensekunde beträgt, das sind $3 \cdot 10^{16}$ m. Innerhalb von Galaxien sind 10^3 pc (= 1 kpc), zwischen den Galaxien 10^6 pc (= 1 Mpc) nützliche Einheiten.

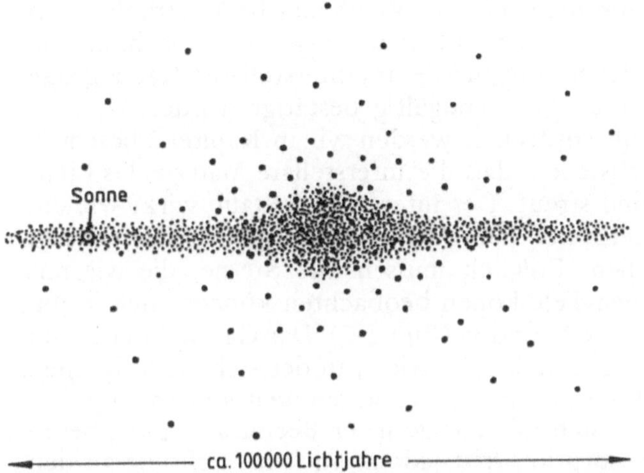

Bild 1-6 Eine schematische Seitenansicht des Milchstraßensystems, in der die dünne galaktische Scheibe und die zentrale Verdickung deutlich werden. Die Position der Sonne ist durch ⊙ angedeutet. Die ausgefüllten Kreise repräsentieren Kugelsternhaufen.

Die Verteilung der Kugelsternhaufen

Einen Schlüssel für die Änderungen der Vorstellungen bilden die in Bild 1-6 gezeigten *Kugelsternhaufen*. Das sind kompakte Ansammlungen von Sternen mit jeweils etwa 10^5 bis 10^6 Mitgliedern. Der amerikanische Astronom Shapley wies als erster darauf hin, daß sie nicht überall am Himmel auftreten, daß sie aber dennoch zum Milchstraßensystem zu gehören scheinen. Er nahm an, daß die Kugelhaufen ein nahezu sphärisches System bilden, dessen Zentrum mit dem Zentrum der Milchstraße koinzidiert. Er bemerkte, daß sich die Beobachtungen nur dann verstehen ließen, wenn man annahm, daß sich die Sonne in großer Entfernung vom Zentrum des Systems befindet (in ca. 15 kpc Entfernung), einem Abstand, der dem Radius des Systems der Kugelsternhaufen vergleichbar ist. Abbildung 1–6 macht das deutlich.

Gas und Staub im interstellaren Raum

Obgleich dieses Bild die Verteilung der Kugelsternhaufen am Himmel erklärt, stellt sich nun die Frage, warum diese exzentrische Position der Sonne sich nicht auch in der Verteilung der Sterne widerspiegelt. Insbesondere muß man fragen, warum der Himmel in der Blickrichtung zum galaktischen Zentrum nicht um ein Vielfaches heller strahlt als in anderen Richtungen? Die Antwort auf diese Fragen ergab sich, als die schon früher geäußerte Vermutung, daß es im interstellaren Raum große Mengen von Gas und Staub gibt, endgültig bestätigt wurde. Wie man dieses Gas und den Staub entdeckte, werden wir in Kapitel 2 beschreiben. Hier reicht es festzustellen, daß die interstellare Materie das Licht der Sterne absorbiert und streut. Der interstellare Staub wirkt wie ein Nebelschleier im interstellaren Raum, der es für uns sehr schwer macht, entfernte Sterne zu sehen. Folglich müssen alle Sterne, die wir mit bloßem Auge oder kleinen Teleskopen beobachten können, sich in unmittelbarer Nähe zur Sonne befinden (Bild 1-7). Das Gas und der Staub sind in der Milchstraßenscheibe konzentriert, in der sich auch die meisten Sterne befinden. Da viele der Kugelhaufen weit außerhalb dieser Scheibe stehen, lassen sie sich mit nur geringer Beeinträchtigung beobachten. Eine gewisse Absorption tritt jedoch auch in Richtung zu den Kugelsternhaufen auf. Berücksichtigt man dies, dann erhält man einen etwas kleineren Wert für den Abstand der Sonne vom galaktischen Zentrum (10 kpc), als Shapley ihn erhalten hatte.

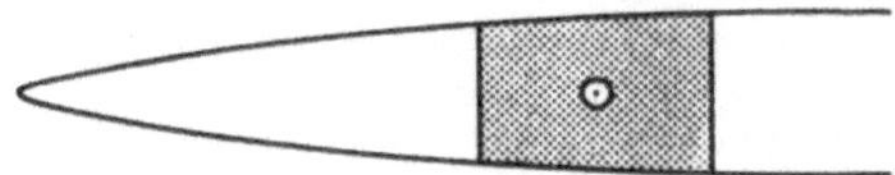

Bild 1-7 Die Wirkung der interstellaren Extinktion. Infolge der Absorption und Streuung des Lichts lassen sich nur die Sterne in dem schraffierten Ausschnitt aus der Milchstraßenscheibe leicht beobachten. Der Ort der Sonne ist wieder durch das Sonnensymbol markiert.

Extragalaktische Sternsysteme

Zur selben Zeit, als die Grobstruktur unseres eigenen Sternsytems aufgeklärt werden konnte, entstand ein Meinungsstreit darüber, ob das Milchstraßensystem dem ganzen Weltall gleichzusetzen ist, oder ob es andere Galaxien gibt. Wie schon erwähnt, betraf der Streit die als Nebel klassifizierten Objekte. Es war damals schon seit langem bekannt, daß das Weltall neben den Sternen auch nebelartig erscheinende Objekte enthält. Diese Nebel waren von Astronomen wie Wilhelm Herschel beobachtet und von dem französischen Astronomen Messier gegen Ende des 18. Jahrhunderts katalogisiert worden. Ein erheblich vollständigeres Verzeichnis, der *New General Catalogue*, wurde rund 100 Jahre später von Dreyer veröffentlicht. Selbst heute sind noch viele Galaxien unter der Bezeichnung bekannt, die sie in dem einen oder anderen dieser Kataloge erhalten haben. Die Andromeda Galaxie heißt z.B. M 31, und einer ihrer Begleiter ist als NGC 205 bekannt. Letztlich konnte man zeigen, daß diese nebelartigen Objekte in vier Klassen eingeteilt werden können: Sternhaufen (z.B. Kugelsternhaufen), echte Nebel (Gaswolken), Planetarische Nebel (eine einen Stern umgebende Gashülle, die er selbst erzeugt hat) und eine Gruppe, die wir heute als Galaxien kennen. Die Hauptvertreter dieser Gruppe waren zuvor als *Spiralnebel* bezeichnet worden, da sie eine spiralförmige Struktur zeigen, wie der Earl of Rosse als erster bemerkte. Schon lange bevor die Spiralstruktur entdeckt worden ist, hatten der Engländer Thomas Wright und der deutsche Philosoph Immanuel Kant die Vermutung ausgesprochen, daß einige dieser Nebel eigenständige *Welteninseln* sein könnten.

Es gab zwei gewichtige Gründe dafür, warum die Erkenntis, daß die Spiralnebel selbständige Sternsysteme sind, so lange auf sich warten ließ. Der erste Grund liegt in ihrer großen Entfernung, die verhinderte, daß man in ihnen Einzelsterne erkennen konnte, bevor nicht große optische Teleskope verfügbar waren. Die Beobachtungssituation verbesserte sich entscheidend, als das 100-inch-Mount Wilson-Teleskop im Jahre 1919 in Betrieb genommen werden konnte. Der zweite Grund liegt in der Verteilung der Nebel am Himmel: Anders als die Sterne schienen die Nebel nicht gleichförmig über den Himmel verteilt zu sein. Sie fehlten auffallenderweise weitgehend gerade in Richtung der Milchstraßenscheibe – ein Phänomen, das zur Einführung des Begriffs ‚nebelfreie Zone' (engl. 'zone of avoidance') geführt hat (Bild 1-8). In Blickrichtungen, die innerhalb oder nahe der Scheibe verlaufen, wurden nur wenige Nebel gefunden. Die Beobachtungen schienen also anzudeuten, daß zwischen dem System der Spiralnebel und dem Aufbau des Milchstraßensystems ein Zusammenhang besteht. Das wurde als Argument dafür verwendet, daß sie zur Milchstraße dazugehören oder daß es sich

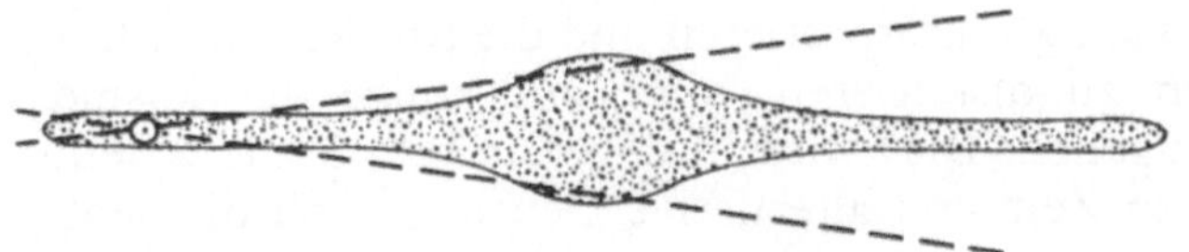

Bild 1-8 Die „nebelfreie Zone". Infolge der Absorption des Lichts durch interstellare Materie in und nahe der galaktischen Ebene kann man vom Ort der Sonne aus nur wenige Galaxien in dem durch die gestrichelten Linien eingegrenzten Bereich beobachten.

allenfalls um sehr nahe Begleiter handeln könnte. Diese Schlußweise wurde als falsch erkannt, sobald man die Absorption des Sternlichts durch die interstellare Materie entdeckt hatte. Diese Entdeckung machte klar, daß man Galaxien in der ,nebelfreien Zone' selbst dann nicht würde beobachten können, wenn es sie dort gäbe. Ungefähr zur selben Zeit wurde es auch möglich, auf photographischen Aufnahmen, die mit dem 100-inch-Teleskop gewonnen worden waren, zu erkennen, daß die nahen Spiralgalaxien aus einzelnen Sternen aufgebaut sind. Wenn man davon ausging, daß diese Sterne denen in unserem eigenen Sternsystem ähneln, dann konnte man abschätzen, daß diese nahen Galaxien sich in typischen Entfernungen von einigen Millionen Lichtjahren befinden, so daß sie weit außerhalb der Milchstraße sind. So setzte sich die Idee eines aus vielen Galaxien aufgebauten Weltalls durch.

Die Expansion des Weltalls

Der wahrscheinlich überzeugendste Beweis für die Eigenständigkeit der extragalaktischen Systeme wurde Mitte der 20er Jahre gefunden, vor allem durch die Arbeiten Hubbles und seiner Mitarbeiter. Wir haben bereits gesehen, daß sich die Radialgeschwindigkeit der Sterne im Milchstraßensystem mit Hilfe der Doppler-Verschiebung von Spektrallinien messen läßt. Hubble bestimmte auf dieselbe Weise die Radialgeschwindigkeit vieler Galaxien. Im Fall naher Galaxien kann die Doppler-Verschiebung entweder eine Rot- oder eine Blauverschiebung sein. Das zeigt, daß die Galaxien ähnlich wie die Sterne in der Sonnenumgebung zufällige Eigengeschwindigkeiten besitzen. Im Gegensatz dazu sind die Spektrallinien bei allen entfernteren Galaxien stets zum Roten hin verschoben. Deutet man diese Rotverschiebung als Doppler-Effekt, dann bedeutet dies, daß alle entfernteren Galaxien von uns wegzustreben scheinen. Dieser empirische Befund führte zu dem Konzept des *expandierenden Weltalls*. Die Diskussion und Deutung dieser Expansion ist Gegenstand der *Kosmologie*, die in diesem Buch nicht ausführlich behandelt werden kann. Es ist jedoch unmöglich, die Beobachtungen an entfernten Galaxien zu interpretieren und die Struktur und Entwicklung von Galaxien zu diskutieren, ohne auf einige der kosmologischen Aspekte einzugehen. Dies wird in den Kapiteln 3 und 8 deutlich werden. Von Zeit zu Zeit sind alternative Deutungen für die beobachteten Rotverschiebungen vorgeschlagen worden. Darunter befindet sich die Hypothese von der „Ermüdung des Lichts", derzufolge das Licht Energie verliert und beim Durchlaufen großer Distanzen deshalb rotverschoben erscheint. Weder dieser Vorschlag noch andere Ideen erscheinen jedoch ähnlich gut begründet wie die Deutung als Doppler-

Effekt, und wir wollen deshalb ohne weitere Diskussion annehmen, daß das Weltall tatsächlich expandiert. Von Bedeutung ist diese Annahme praktisch nur für den Inhalt des Kapitels 8.

Das in den 20er Jahren entwickelte Bild über die Struktur des Weltalls gilt noch heute. Viele neue Objektklassen sind seither in den Galaxien entdeckt worden, vor allem Dank neuer Beobachtungstechniken in neuen Zweigen der Astronomie wie der Radioastronomie, der Infrarot-, Ultraviolett- und Röntgenastronomie. Die in unserem Jahrhundert gemachte Erfahrung lehrt in der Tat, daß jedesmal, wenn eine neue Technik verfügbar wurde, eine völlig neue Klasse interessanter astronomischer Objekte entdeckt wurde. Die meisten Galaxien in unserer Nachbarschaft weisen eine relativ reguläre Struktur auf, vor kurzem hat man jedoch sogenannte „aktive Galaxien" entdeckt, unter denen sich einige offenbar im Zustand der Explosion befinden. Schließlich entdeckte man die *Quasare*. Diese Objekte zeigen die größten bisher jemals gemessenen Rotverschiebungen, und ihre Natur ist bis heute unklar. Die Eigenschaften der aktiven Galaxien und der Quasare werden im Kapitel 3 kurz beschrieben werden.

Die Hubble-Konstante

Ein Phänomen, das in den letzten 50 Jahren wiederholt zu beobachten war, ist die Tatsache, daß die Entfernungsabschätzungen für die entferntesten Objekte im Weltall immer wieder zu noch größeren Werten geführt haben. Wir werden gleich sehen, wie es dazu gekommen ist. Diese Entfernungsabschätzungen lassen sich durch einen einzigen Parameter charakterisieren, die sogenannte *Hubble Konstante*. Hubble konnte zeigen, daß die Fluchtgeschwindigkeit v entfernter Galaxien durch die Gleichung

$$v = Hr, \tag{1-1}$$

mit ihrer Entfernung von der Erde, r, verknüpft ist. Dabei ist H die Hubble-Konstante. Die Geschwindigkeit v wird üblicherweise in $\mathrm{km\,s^{-1}}$ gemessen, die Entfernung r in Mpc, so daß sich für H die Dimension $\mathrm{km\,s^{-1}\ Mpc^{-1}}$ ergibt. Das bedeutet, daß H^{-1} die Dimension einer Zeit (t_H) hat und in gewisser Weise das *Alter des Weltalls* mißt. Wir werden in Kapitel 8 eine exaktere Relation kennenlernen. Eine erste Bestimmung des Wertes von H durch Hubble ergab

$$H \approx 550\ \mathrm{km\,s^{-1}\,Mpc^{-1}}, \tag{1-2}$$

während heute i.a. der Wert

$$H \approx 50\ \mathrm{km\,s^{-1}\,Mpc^{-1}} \tag{1-3}$$

verwendet wird[4]. Die entsprechenden Hubble-Zeiten sind

$$t_H \approx 1{,}8 \cdot 10^9 \text{ a} \tag{1-4}$$

bzw.

$$t_H \approx 1{,}9 \cdot 10^{10} \text{ a.} \tag{1-5}$$

Die Entfernungsskala im Weltall – geeichte Entfernungsindikatoren

Wir wollen in diesem Buch davon ausgehen, daß die Entfernungen der Galaxien mit vernünftiger Genauigkeit bekannt sind. Aus diesem Grunde ist es wünschenswert, hier wenigstens einen kurzen Abriß der Methoden zu geben, mit denen Entfernungen im Weltall bestimmt werden, um so auch deutlich zu machen, wie es zu so unterschiedlichen Ergebnissen bei der Bestimmung der Hubble-Konstante kommen konnte. Es ist nicht möglich, auf wenigen Seiten die einzelnen Schritte zur Einführung einer kosmischen Entfernungsskala vollständig und ausführlich darzustellen. Es soll aber skizziert werden, in welchen Schritten man dabei vorgeht. Zunächst muß deutlich betont werden, daß die direkte Entfernungsbestimmungsmethode auf der Basis von Sternparallaxen nicht sehr weit führt. Schon der sonnennächste Stern hat eine Parallaxe von weniger als 1″. Es mag vielleicht unmöglich scheinen, so kleine Positionsänderungen eines einzelnen Sterns relativ zum Hintergrund der entfernteren Sterne überhaupt exakt zu messen. Tatsächlich kann man jedoch noch erheblich kleinere Parallaxen messen. Die kleinsten Werte, die sich noch mit vernünftiger Sicherheit bestimmen lassen, liegen bei (1/50)″. Das heißt, daß es auf diese Weise möglich ist, die Entfernung von Sternen bis zu einem Abstand von 50 pc zu messen. Wenn man sich verdeutlicht, daß das Zentrum unseres eigenen Sternsystems rund 10 kpc entfernt ist, wird klar, wie begrenzt diese Methode ist. Jenseits von etwa 50 pc ist man auf indirekte Methoden angewiesen. Sie alle basieren auf der Verwendung *geeichter Entfernungsindikatoren*. Darunter verstehen wir Objekte, die ein oder sogar mehrere beobachtbare Merkmale besitzen, die man wirklich gut versteht. Wenn ein solches Objekt dann auch in großer Entfernung an seinen Merkmalen erkannt wird, so kann man aus der Kenntnis der wahren Helligkeit bzw. des absoluten Durchmessers (wenn dies gerade die charakteristischen Größen sind) in Verbindung mit der gemessenen, scheinbaren Helligkeit

---

[4] Der Wert der Hubble-Konstanten ist nach wie vor lebhaft umstritten. Einige Autoren bevorzugen einen so großen Wert wie 100 km s^{-1} Mpc^{-1}, andere einen Wert von nur 40 km s^{-1} Mpc^{-1}. In den folgenden Kapiteln dieses Buches, in denen wir Entfernungen oder andere Parameter angeben, deren Wert von dem angenommenen Wert von H abhängt, werden wir 50 km s^{-1} Mpc^{-1} verwenden, außer wenn die Abhängigkeit von H explizit angegeben ist.

bzw. dem scheinbaren Durchmesser seine Entfernung bestimmen. Das Hauptproblem besteht dabei darin, geeignete Entfernungsindikatoren zu finden und diese an nahen Objekten, deren Entfernung anderweitig bekannt ist, zu eichen. Die Änderungen, die in den Entfernungsabschätzungen für Galaxien in der Vergangenheit zu verzeichnen waren, sind weitgehend auf die Fehler bei der Identifikation der jeweiligen Entfernungsindikatoren zurückzuführen.

Cepheiden-Veränderliche

Der erste Schritt muß in der Festlegung von Entfernungen innerhalb des Milchstraßensystems und zu den nächsten Galaxien bestehen. Dabei kann man sich vor allem auf zwei Hauptmethoden stützen: die *Cepheiden-Methode* und die *Hauptreihen-Anpassung*. Bei den Cepheiden handelt es sich um eine Gruppe von Sternen, deren Helligkeit sich periodisch ändert, wie dies in Bild 1-9 gezeigt ist. Obgleich die Lichtkurve eines veränderlichen Sterns nicht völlig glatt verläuft, ist sie doch für jeden einzelnen Veränderlichen sehr gut definiert, und es gibt einen allgemeinen Zusammenhang zwischen der Form der Lichtkurve und der Periode der Helligkeitsänderung. Was noch wichtiger ist, ist die Tatsache, daß eine Untersuchung der Cepheiden in einer der Begleitergalaxien des Milchstraßensystems, der *Kleinen Magellanschen Wolke*, ergeben hat, daß es eine strenge Korrelation zwischen der Periode und der Leuchtkraft (der gesamten abgestrahlten Lichtmenge) bei diesen Sternen gibt. Dieser Zusammenhang ließ sich an den Cepheiden der Magellanschen Wolken deshalb erkennen, weil – trotz ihrer zunächst

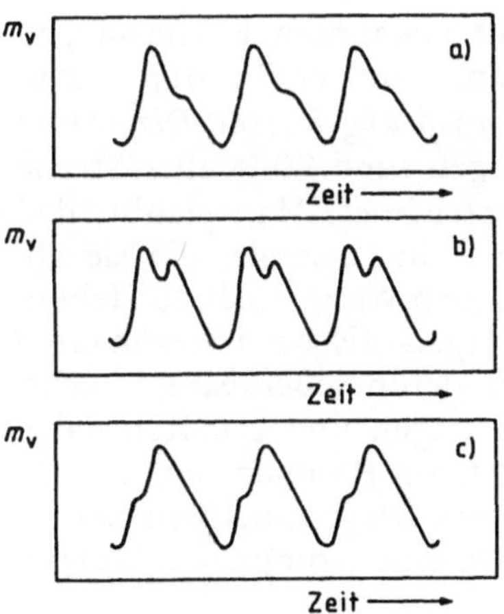

Bild 1-9

Die Lichtkurven einiger Cepheiden. Die charakteristische Form der Lichtkurve hängt von der Periode der Helligkeitsänderungen ab. Die oberste Lichtkurve gehört zu einem Cepheiden mit sehr kurzer Periode (Die absolute visuelle Helligkeit M_V ist proportional zu dem negativ genommenen Logarithmus der Leuchtkraft L_S).

unbekannten Entfernung von uns – die Unterschiede in ihren Entfernungen verglichen mit den Entfernungen selbst unwesentlich klein sind. Man darf daher annehmen, daß sie sich alle in derselben Entfernung befinden. Dann entspricht der beobachtete Zusammenhang zwischen der Periode und der scheinbaren Leuchtkraft völlig dem Zusammenhang zwischen der Periode und der absoluten Leuchtkraft.
Jetzt muß diese Relation geeicht werden. Dazu benötigt man die absolute Leuchtkraft für einige Cepheiden. Die ließe sich bestimmen, wenn es gelänge, die Entfernung einiger dieser Sterne in unserem Milchstraßensystem unabhängig zu messen. Leider gibt es keinen Cepheiden, der so nah wäre, daß sich seine Parallaxe messen ließe. Für lange Zeit war das ein Problem. Man konnte zwar die Entfernung zu anderen nahen Galaxien als Vielfaches der Entfernung zur Kleinen Magellanschen Wolke ausdrücken, diese selbst war aber nicht sehr gut bekannt. Dann entdeckte man eine kleine Zahl von Cepheiden in sogenannten *galaktischen* oder *offenen Sternhaufen*. Solche Haufen findet man in der galaktischen Scheibe. Sie enthalten weit weniger Sterne als die Kugelsternhaufen, die wir schon kennengelernt haben, sie bilden aber ebenfalls Sternaggregate, die durch die Schwerkraft zusammengehalten werden. Wenn es gelingt, die Entfernung zu solchen Sternhaufen zu bestimmen, dann gewinnt man damit zugleich die absolute Leuchtkraft der in ihnen befindlichen Cepheiden. Da wir deren Perioden ebenfalls kennen, wäre auf diese Weise die Perioden-Leuchtkraft-Relation geeicht.
Um die Entfernungen von galaktischen Haufen (oder Kugelhaufen) zu bestimmen, müssen wir einige der Eigenschaften der uns nächsten Sterne, deren Entfernung wir kennen, ausnutzen.

Hauptreihen-Anpassung für Sternhaufen

Wenn wir die Leuchtkraft von Sternen mit bekannten Entfernungen gegen ihre Oberflächentemperatur auftragen, dann ergibt sich das in Bild 1-10 wiedergegebene Diagramm, das *Hertzsprung-Russell-Diagramm* (abgekürzt: HRD). In diesem Diagramm liegen rund 90 % aller Sterne in einem Band, das man als *Hauptreihe* bezeichnet. Man glaubt, daß alle diese Sterne – ebenso wie die Sonne – die Energie, die sie abstrahlen, aus Kernprozessen gewinnen, bei denen Wasserstoff zu Helium verbrannt wird. Wenn wir dann die zu einem (galaktischen) Sternhaufen gehörenden Sterne betrachten, können wir deren *scheinbare* Leuchtkraft gegen ihre Oberflächentemperatur auftragen und erhalten dabei ein Diagramm, wie es in Bild 1-11 gezeigt ist. Im Rahmen der jetzigen Diskussion ist nur ein einziges Merkmal dieses Diagramms von Bedeutung. Das ist die Tatsache, daß wir wiederum eine Gruppe von Sternen

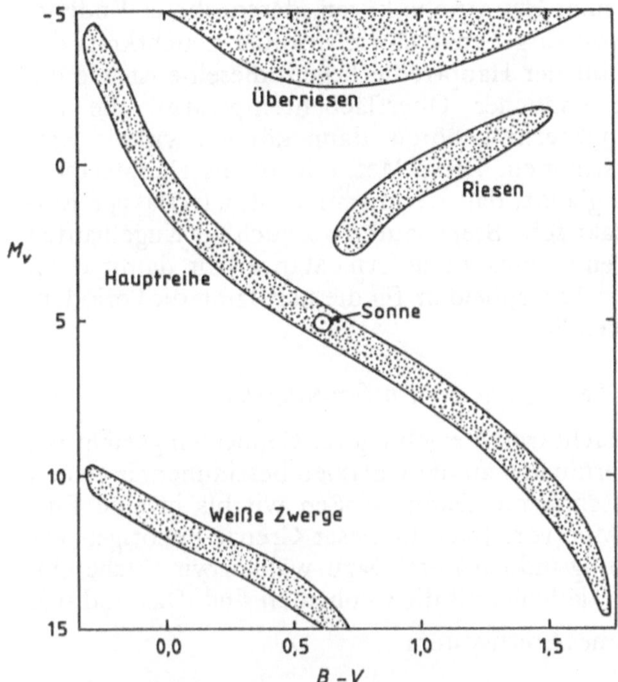

Bild 1-10 Das Hertzsprung-Russel-Diagramm für die sonnennahen Sterne. Die absolute visuelle Helligkeit M_V ist gegen den Farbenindex $B - V$ aufgetragen. Die meisten Sterne gehören zu einer von vier wohldefinierten Gruppen. (M_V ist proportional zu $-\log L_S$, und $B - V$ hängt mit der Oberflächentemperatur der Sterne zusammen. $B - V$ wird gemessen, indem man die Helligkeit in zwei Wellenlängenbändern mißt, die im blauen bzw. visuellen Bereich des optischen Spektrums liegen.)

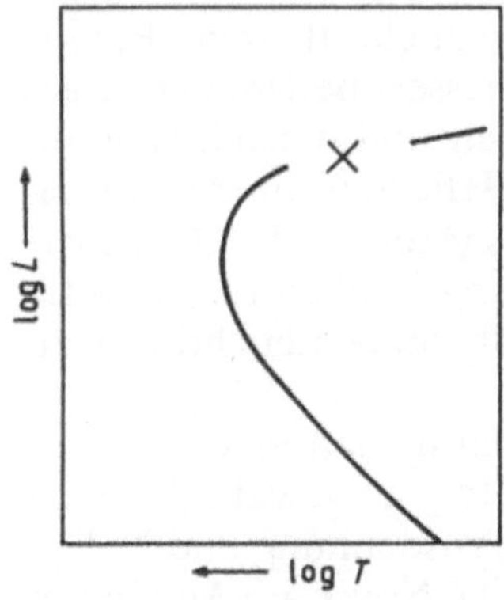

Bild 1-11

Das Hertzsprung-Russell-Diagramm für einen galaktischen Sternhaufen. Der Logarithmus der scheinbaren Leuchtkraft ist gegen den Logarithmus der Oberflächentemperatur aufgetragen. Das Kreuz markiert die Hertzsprung-Lücke, einen Bereich, in dem man nur wenige Sterne findet.

vor uns haben, die auf einer Hauptreihe liegen, deren oberes Ende jedoch fehlt. Wenn wir davon ausgehen, daß die absolute Leuchtkraft der Sterne des Haufens, die auf der Hauptreihe liegen, dieselbe ist wie die von Hauptreihensternen ähnlicher Oberflächentemperatur, die zur Gruppe der sonnennahen Sterne gehören, dann können wir die Entfernung des Haufens bestimmen. Diese Methode ist als Hauptreihen-Anpassung bekannt. Man glaubt, daß sie imstande ist, zuverlässige Entfernungen sowohl für galaktische Sternhaufen als auch für Kugelhaufen innerhalb des Milchstraßensystems zu liefern. Man erhält damit dann auch die Entfernungen von 15 Cepheiden, für die sich damit die Perioden-Leuchtkraft-Relation eichen läßt.

Die weiteren Schritte zur Festlegung der Entfernungsskala

Nachdem die Perioden-Leuchtkraft-Beziehung für Cepheiden geeicht ist, können wir nun die Entfernungen all der Galaxien bestimmen, in denen man Cepheiden beobachten kann. Damit stoßen wir bis in eine Entfernung von ungefähr 4 Mpc vor. Jenseits dieser Grenze benötigen wir weitere geeichte Entfernungsindikatoren. Dazu wählen wir solche Objekte in den Galaxien aus, die heller als die Cepheiden sind. Das sind u.a.

(a) die hellsten Sterne eines Sternsystem
(b) Kugelsternhaufen
(c) H II-Regionen
(d) Novae.

Von diesen bedürfen die unter (a) genannten Objekte keiner weiteren Definition, und die unter (b) genannten wurden bereits behandelt. Bei den *H II-Regionen* handelt es sich um leuchtende Wolken ionisierten Gases (vor allem Wasserstoff, daher der Name), die im optischen Bereich des Spektrums heller als die hellsten Sterne leuchten, so daß sie auch in entfernteren Galaxien noch beobachtet werden können. Außerdem erscheinen sie als ausgedehnte Objekte und nicht als reine Punktquellen, so daß sich ihr scheinbarer Durchmesser bestimmen läßt. *Novae* sind Sterne, die plötzlich hell aufleuchten und danach langsam wieder schwächer werden. Wir können ihre Helligkeit im Maximum durch Beobachtungen in unserem eigenen Sternsystem und in Nachbargalaxien bestimmen. Sie gelten als gute Entfernungsindikatoren, weil sie im Maximum ihrer Helligkeit stets die gleiche absolute Leuchtkraft zu erreichen scheinen.

Wenn alle Galaxien dieselbe Gestalt und Ausdehnung hätten, dann wäre es plausibel anzunehmen, daß die Leuchtkraft der jeweils hellsten Sterne, die Ausdehnung der H II-Regionen, die Ausdehnung und Helligkeit der Kugelsternhaufen und die Helligkeit der Novae im Maximum

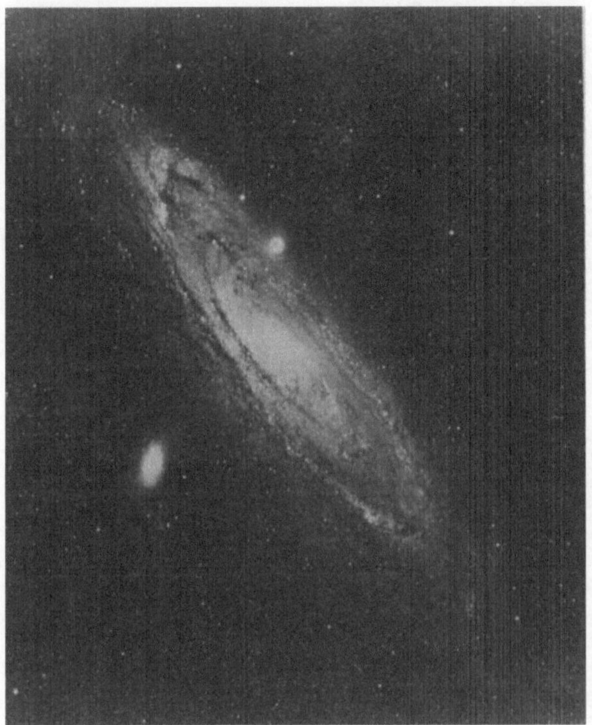

Bild 1-12 Eine Spiralgalaxie. Es handelt sich um M31, den großen Spiralnebel in der Andromeda. Man erkennt zusätzlich zwei Begleitersysteme. (Aufnahme der Hale Observatories)

für alle Systeme identisch wären. Die Untersuchung von Galaxien, deren Entfernung durch die Anwendung der Cepheiden-Methode bekannt ist, zeigt jedoch, daß die Eigenschaften der Galaxien in einem weiten Bereich variieren. Eine ausführliche Behandlung der Klassifikation von Galaxien wird erst in Kapitel 3 erfolgen, es sei jedoch schon hier erwähnt, daß es zwei Haupttypen gibt, die *Spiralgalaxien* und die *elliptischen Galaxien*. Aufnahmen naher Spiral- und elliptischer Galaxien sind in den Bildern 1-12 und 1-13 wiedergegeben. Spiralgalaxien werden nach dem Aussehen ihrer Spiralstruktur in Unterklassen unterteilt, bei elliptischen Galaxien ist der Grad der Abweichung von der Kugelgestalt das Kriterium für die weitere Unterteilung. Wenn man Entfernungsindikatoren

Bild 1-13 Eine nahe Zwerggalaxie vom elliptischen Typ (NGC 147) in Andromeda, die in Einzelsterne aufgelöst werden kann (Aufnahme der Hale Observatories).

wie die oben erwähnten benutzen will, dann muß man jeweils Galaxien ähnlichen Typs miteinander vergleichen. Man würde kaum brauchbare Ergebnisse erhalten, wenn man von den Eigenschaften einer kleinen Spiralgalaxie auf die eines elliptischen Riesensystems schließen wollte. Die am häufigsten verwendeten Entfernungsindikatoren sind die hellsten Sterne einer Galaxie (oder besser noch der Mittelwert aus den drei hellsten blauen Sternen, der selbst vom Typ der Galaxie abhängig ist, oder der hellsten roten Sterne) und die H II-Regionen. Letztere gelten als recht gute Entfernungsindikatoren bis zu Entfernungen von etwa 25 Mpc. Einer der Gründe dafür, warum Hubbles ursprüngliche Abschätzung von Entfernungen im Weltall zu falschen Ergebnissen führte, war die Verwechselung von H II-Regionen mit hellen Sternen. Er setzte für diese Objekte die absolute Leuchtkraft der hellsten Sterne ein und

nicht die größere absolute Leuchtkraft von H II-Regionen. Dadurch wurde die Entfernung der Galaxien unterschätzt.
Um in Entfernungen vorzustoßen, in denen H II-Regionen oder gegebenenfalls Kugelsternhaufen als Entfernungsindikatoren nicht mehr einsetzbar sind, muß man die Eigenschaften der Galaxien selbst ausnutzen. Man kann dann davon ausgehen, daß alle Galaxien eines bestimmten Typs dieselbe Ausdehnung und/oder Leuchtkraft besitzen, oder genauer, daß die mittleren Eigenschaften eines bestimmten Galaxientyps nicht von der Entfernung der Objekte von der Erde abhängen. Da die Klassifikation der Galaxien auf Einzelheiten ihrer morphologischen Struktur (wie ihre Gestalt, das Vorhandensein und die Form von Spiralarmen usw.) basiert, die sich auch noch in sehr großen Entfernungen erkennen lassen, hat diese Methode im Prinzip eine sehr viel größere Reichweite. Um in noch größere Entfernungen vorzustoßen, können wir die Tatsache ausnutzen, daß viele Galaxien zu Galaxienhaufen gehören, um so neue geeichte Entfernungsindikatoren für die letzten Stufen der Entfernungsskala im Weltall zu gewinnen.

Die zeitliche Änderung der Eigenschaften von Galaxien

Bei diesem letzten Schritt tritt eine fundamentalere Unsicherheit auf, als sie jedem der vorhergehenden Schritte anhaftet. Solange es um relativ kleine Entfernungen geht, haben wir keinen Zweifel, daß sich geeignete Entfernungsindikatoren finden lassen. Am Ende beobachten wir jedoch Galaxien und Galaxienhaufen in einem Zustand, der einer weit zurückliegenden Epoche entspricht, möglicherweise kurz nach ihrer Entstehung. Gibt es irgendeinen Grund für die Annahme, daß die Eigenschaften von Galaxien und Galaxienhaufen in diesen weit zurückliegenden Epochen dieselben waren wie wir sie heute bei nahen Galaxien und Haufen beobachten? Unsere Kenntnis über die Entwicklung von Sternen und die damit zusammenhängende Entwicklung von Galaxien deutet darauf hin, daß sich die Eigenschaften der Galaxien *gegenwärtig* in Zeiträumen von 10^9 Jahren oder mehr nicht wesentlich verändern. Wir können deshalb hoffen, zuverlässige Entfernungsindikatoren bis zu einer Entfernung von rund 300 Mpc zu haben. Jenseits dieser Entfernung wächst die Unsicherheit darüber, ob die Eigenschaften der Galaxien noch als zeitunabhängig betrachtet werden dürfen. Wie bereits erwähnt, ist es möglich, daß junge Galaxien wesentlich heller leuchten. Das führt zu Unsicherheiten in der Entfernungsskala. Zu den Veränderungen in den Eigenschaften der einzelnen Galaxien kommt die Tatsache hinzu, daß in sehr großen Entfernungen die scheinbare und absolute Leuchtkraft eines Objekts nicht mehr durch ein einfaches

$1/r^2$-Gesetz (r = Entfernung) miteinander verknüpft sind. Das hat mehrere Ursachen: Wegen der Rotverschiebung des Spektrums entfernter Galaxien darf man die in einem festen Wellenlängenband gemessene Strahlung für Galaxien unterschiedlicher Entfernung nicht mehr direkt miteinander vergleichen. Hinzu kommt, daß wir glauben, daß das Weltall expandiert und daß seine großräumige Struktur durch die Gesetze der Einsteinschen *Allgemeinen Relativitätstheorie* beschrieben wird, d.h. das einfache Entfernungskonzept Euklids verliert seine Gültigkeit. Wir sehen daraus, daß die Frage der kosmischen Entfernungsskala in fast untrennbarer Weise mit den *kosmologischen Theorien* verknüpft ist, die wir in Kapitel 8 kurz beschreiben werden.

Zum Inhalt dieses Buches

Die Unsicherheiten, die wir gerade erwähnt haben, spielen für die meisten Abschnitte dieses Buches keine Rolle, nämlich für all diejenigen Abschnitte, in denen wir uns vor allem mit unserem eigenen Sternsystem beschäftigen werden, sowie mit anderen Galaxien, die sich im Typ unterscheiden, aber etwa genauso alt wie das Milchstraßensystem sind. Im folgenden setzen wir die Entfernungen der Galaxien stets als bekannt voraus, außer wenn das, was wir gerade diskutieren, selbst von Bedeutung für die Entfernungsbestimmung sein könnte. In den nächsten beiden Kapiteln werden die Eigenschaften von Galaxien beschrieben. Dabei ist Kapitel 2 dem Milchstraßensystem gewidmet, Kapitel 3 anderen Galaxien. Diese Aufteilung bietet sich vor allem deshalb an, weil die Methoden, mit denen wir unser eigenes Sternsystem untersuchen können, sich i.a. von denen unterscheiden, die wir bei anderen Galaxien anwenden. Obgleich in beiden Kapiteln vor allem Beobachtungsergebnisse dargestellt werden sollen, werden wir schnell zu der Feststellung gelangen, daß es nur wenige reine Beobachtungsfakten gibt und daß man in den meisten Fällen theoretische Modellvorstellungen mit heranziehen muß, bevor man die Beobachtungen korrekt interpretieren kann. Dabei wird auffallen, daß die Reihenfolge, in der der Stoff dieses Buches angeordnet ist, nicht streng logisch ist. Viele Teilaspekte unserer Thematik hängen eng miteinander zusammen. Ein Beispiel dafür war die Unmöglichkeit, die Frage der kosmischen Entfernungsskala zu behandeln, ohne zugleich auf die Eigenschaften des Milchstraßensystems und anderer Galaxien einzugehen.

Nach diesen zwei vor allem den Beobachtungen gewidmeten Kapiteln folgen fünf Kapitel, in denen theoretische Überlegungen stärker im Vordergrund stehen. Kapitel 4 ist relativ unabhängig von den übrigen Kapiteln dieses Buches, obgleich einige der darin beschriebenen Ergebnisse in späteren Abschnitten gebraucht werden. In diesem Kapitel werden die Galaxien als Sternsysteme behandelt, auf die die Methoden der statistischen Physik anwendbar sind, die uns von der kinetischen Gatheorie her wohlvertraut sind. Die Sterne in den Galaxien spielen dabei die Rolle der Moleküle in einem Gas. In Kapitel 5 behandeln wir dann die Frage, wie sich die Massen der Galaxien bestimmen lassen. In gewissem Sinne könnte man die Massen als Beobachtungsparameter auffassen, so daß ihre Diskussion eigentlich in die Kapitel 2 und 3 gehört hätte. Die theoretischen Überlegungen, die nötig sind, um aus den Messungen die Massen zu berechnen, sind jedoch so umfangreich, daß es günstiger schien, dieser Frage ein volles Kapitel zu widmen. In Kapitel 6 beschäftigen wir uns dann mit den übrigen Konstituenten, die neben den Sternen in einer Galaxie auftreten (Gas und Staub, kosmische Primärstrahlung und Magnetfelder) und diskutieren die Rolle, die sie für die Gesamtstruktur der Objekte spielen. In Kapitel 7, in dem es um die chemische Entwicklung der Galaxien geht, wird das interstellare Gas noch einmal unter anderem Gesichtspunkt behandelt. Diskutiert wird, wie die chemische Zusammensetzung des interstellaren Mediums und damit die der neu entstehenden Sterne verändert wird, wenn eine Galaxie sich entwickelt, da durch Kernreaktionen im Innern von Sternen schwere Elemente aus leichten aufgebaut werden und ein Teil dieser umgewandelten Materie von den Sternen an das interstellare Medium zurückgegeben wird. Kapitel 8 ist der spekulativste Abschnitt dieses Buches. Hier werden die Entstehung und die Anfangsphasen der Entwicklung der Galaxien und damit zusammenhängende kosmologische Fragen behandelt. Schließlich wird in Kapitel 9 ein Versuch gemacht, unsere heutige Kenntnis zusammenzufassen und darauf hinzuweisen, was zu erforschen bleibt.

Die Frage des Aufbaus und der Entwicklung von Galaxien wird gegenwärtig sowohl von theoretischer Seite wie auch von Seiten der Beobachtung intensiv untersucht. Trotz der dabei erzielten Fortschritte bleibt festzustellen, daß viele der neuen Entdeckungen eher in Frage stellen, was zuvor als Faktum galt. Durch dieses Buch hindurch habe ich den Versuch gemacht, die jeweiligen Grundideen darzulegen und zu vermeiden, gesichertes Wissen vorzutäuschen, wenn diese Sicherheit heute noch nicht existiert. Dieses Buch hat dann seinen Zweck erfüllt, wenn es den Leser überzeugt hat, daß es sich um eine faszinierende Thematik handelt und daß es deshalb lohnt, auch die weiteren Entwicklungen zu verfolgen. Gegenwärtig scheint es, als würden eher noch Jahrzehnte als nur Jahre vergehen, bevor sich ein Buch mit bleibendem Inhalt über dieses Thema schreiben läßt.

Kapitel 2

Beobachtungen unserer Milchstraße

Einleitung

Dieses Kapitel enthält eine Beschreibung der Eigenschaften des Milchstraßensystems. Dabei geht es vor allem um die Darstellung von Beobachtungen, obgleich – wie schon erwähnt – viele der Messungen einen erheblichen Aufwand an Interpretation erfordern, bevor sie verstehbar werden. Die Milchstraße besteht vor allem aus Sternen, und wir beginnen dieses Kapitel mit einer zusammenfassenden Beschreibung einiger Eigenschaften von Sternen unterschiedlichen Typs. Wie wir später sehen werden, besteht erhebliche Unsicherheit bezüglich der Gesamtmasse des Milchstraßensystems und der Massenbeiträge der einzelnen Konstituenten, aber es ist sicher nicht ganz falsch, wenn wir davon ausgehen, daß rund 95 % der Gesamtmasse des Milchstraßensystems in Sternen steckt (tote, ausgebrannte Sterne eingeschlossen) und ca. 5 % im *interstellaren Gas und Staub*. Ferner gibt es *kosmische Primärstrahlungsteilchen*, extrem hochenergetische, geladene Partikel, die nur wenig zur Gesamtmasse beitragen, deren Gesamtenergie jedoch von großer Bedeutung für die Diskussion der Struktur des interstellaren Mediums ist, wie wir in Kapitel 6 sehen werden. Schließlich ist das galaktische Gas durchdrungen von einem *Magnetfeld*, das um seiner selbst willen schon wichtig ist, aber auch, weil es zur Ausweitung unserer Kenntnis über die Milchstraße wesentlich beigetragen hat. Eine Eigenschaft dieses Magnetfeldes besteht darin, daß es die Bewegungsmöglichkeiten der kosmischen Primärstrahlungsteilchen einschränkt, so daß sie sich viel länger in unserer Galaxie aufhalten, als das sonst möglich wäre. Wir werden nun die einzelnen Komponenten der Reihe nach diskutieren, wobei allerdings ein Teil der ausführlicheren Diskussion der nicht-stellaren Komponenten bis zum Kapitel 6 zurückgestellt wird. Zunächst beschäftigen wir uns mit dem System der Sterne.

Einige Eigenschaften der Sterne

Wir haben schon dargestellt, wie sich die Entfernung, Eigenbewegung und Radialgeschwindigkeit naher Sterne bestimmen lassen. Wie wir erläutert haben, sind diese Messungen im wesentlichen auf Sterne in der unmittelbaren Sonnenumgebung beschränkt, insbesondere wegen der Schwierigkeiten bei der Bestimmung von Parallaxen. Wenn wir die Eigenschaften einzelner Sterne in einem weiteren Raumbereich studieren wollen, werden wir andere Methoden der Entfernungsabschätzung benötigen, die die Parallaxen-Methode und andere in Kapitel 1 erwähnte Verfahren, wie die Verwendung von Cepheiden und die Hauptreihen-Anpassung, ergänzen. Bei den Cepheiden handelt es sich um einen besonderen, seltenen Typ von Sternen, und die Methode der Hauptreihen-Anpassung liefert lediglich die Entfernung von Sternhaufen, nicht aber die einzeln stehender Sterne. Bevor wir eine andere Methode der Entfernungsabschätzung diskutieren, müssen wir kurz einige Eigenschaften der Sterne zusammenstellen, soweit sie für unsere Thematik von Bedeutung sind.

In Bild 1-10 haben wir bereits das Hertzsprung-Russell-Diagramm (HRD) für die sonnennahen Sterne dargestellt und weiter haben wir erläutert, wie der Vergleich mit dem HRD eines Sternhaufens (Bild 1-11) zur Methode der Hauptreihen-Anpassung für die Bestimmung der Haufen-Entfernungen führt. Die meisten Sterne *sind* Hauptreihensterne, so daß man in den meisten Fällen eine vernünftige Entfernungsabschätzung für einen einzelnen Stern dadurch gewinnen kann, daß man annimmt, seine Leuchtkraft entspreche derjenigen eines Hauptreihensterns gleicher Oberflächentemperatur. Diese Methode liefert natürlich für diejenigen wenigen Sterne, die keine Hauptreihensterne sind, d.h. für Riesen, Überriesen und Weiße Zwerge, ein völlig falsches Ergebnis. Glücklicherweise gibt es von der Entfernung unabhängige Unterscheidungsmerkmale, mit deren Hilfe man erkennen kann, ob ein Stern zu einer dieser Kategorien gehört. Diese Methoden setzen eine genaue Analyse der Eigenschaften des vom Stern emittierten Lichts, seines *Spektrums*, voraus.

Spektraltypen

Man hat die Sterne in *Spektraltypen* unterteilt. Diese Klassifikation hängt von dem Hervortreten bestimmter Spektrallinien im Spektrum eines Sterns ab. Als man dieses Klassifikationsschema einführte und die Klassen mit A, B, C, ... bezeichnete, war die Reihenfolge der Klassen in gewisser Weise willkürlich. Man glaubte, daß die unterschiedlichen Spektraltypen Unterschiede in der chemischen Zusammensetzung der Objekte widerspiegeln. Dann konnte gezeigt werden, daß die Oberflächentemperatur eines Sterns und nicht seine chemische Zusammensetzung der bestimmende Faktor ist, der darüber entscheidet, welche Spektrallinien stark sind und welcher Klasse ein Stern demnach zuzuordnen ist.

Einige der ursprünglich eingeführten Spektralklassen erwiesen sich dabei als überflüssig. Die übriggebliebenen lassen sich in einer Sequenz abnehmender Oberflächentemperatur anordnen

O B A F G K M R N S.[5])

Die wichtigsten spektralen Kennzeichen jeder Klasse und die entsprechenden Oberflächentemperaturen sind in Tabelle 2-1 zusammengestellt. Man beachte, daß die monotone Temperatursequenz mit der Klasse K aufhört und daß geringe Unterschiede in der chemischen Zusammensetzung bei den späteren Spektraltypen eine Rolle spielen, bei denen Molekülbanden zum wichtigsten spektralen Charakteristikum werden. Sterne der Spektralklassen O, B, A nennt man Sterne *frühen Spektraltyps*, F und G Sterne *mittleren Spektraltyps* und K, M, R, N und S Sterne *späten Spektraltyps*. Man weiß heute, daß Änderungen der chemischen Zusammensetzung von Stern zu Stern viel kleiner sind, als man zu Beginn der Klassifizierung von Sternspektren annahm. Wie wir später (insbesondere in Kapitel 7) sehen werden, sind die geringen Unterschiede jedoch von großer Bedeutung.

Tabelle 2-1 Ursprung der jeweils am deutlichsten hervortretenden Linien im Spektrum von Sternen unterschiedlichen Spektraltyps und die Oberflächentemperaturen der Sterne (in K)

Typ	Hauptmerkmale	Temperatur
O	Ionisiertes Helium und ionisierte Metalle, Wasserstofflinien schwach	$5 \cdot 10^4$ K
B	Neutrales Helium, ionisierte Metalle, Wasserstofflinien stärker	$2 \cdot 10^4$
A	Balmerlinien des Wasserstoffs dominierend, einfach ionisierte Metalle	$1 \cdot 10^4$
F	Wasserstoff schwächer, neutrale und einfach ionisierte Metalle	$7{,}5 \cdot 10^3$
G	Einfach ionisiertes Calcium am stärksten, Wasserstoff schwächer, neutrale Metalle	$6 \cdot 10^3$
K	Neutrale Metalle, Molekülbänder erscheinen	$5 \cdot 10^3$
M	Titanoxid dominierend, neutrale Metalle	$3{,}5 \cdot 10^3$
R, N	CN, CH, neutrale Metalle	$3 \cdot 10^3$
S	Zirkoniumoxid, neutrale Metalle	$3 \cdot 10^3$

[5]) Diese Reihenfolge läßt sich leicht mit Hilfe des Spruchs 'Oh be a fine girl kiss me right now, sweetheart' merken.

Leuchtkraft-Kriterien

Wir können jetzt fragen, ob es möglich ist, Riesen- und Hauptreihensterne zu unterscheiden, beispielsweise auf Grund ihres Spektrums. Um eine Antwort zu finden, müssen wir zunächst überlegen, worin der Hauptunterschied zwischen Riesen- und Hauptreihensternen derselben Oberflächentemperatur besteht. Wir wissen aus Bild 1-10, daß die Leuchtkraft der Riesen erheblich größer ist als die der Hauptreihensterne. Würden Sterne wie *Schwarze Körper* strahlen, dann gäbe es einen einfachen Zusammenhang zwischen ihrer Leuchtkraft L_s, ihrem Radius r_s, und ihrer Oberflächentemperatur T_s:

$$L_s = \pi a c r_s^2 T_s^4, \qquad (2\text{-}1)$$

wobei a die Strahlungskonstante und c die Lichtgeschwindigkeit bezeichnen. Für die meisten Sterne weicht der tatsächliche Zusammenhang zwischen diesen Größen nicht wesentlich von Gl. (2-1) ab[6]. Wenn zwei Sterne dieselbe Oberflächentemperatur besitzen, aber der eine viel leuchtkräftiger ist als der andere, dann muß er einen größeren Radius aufweisen. Das bedeutet, daß Riesen und Überriesen viel größer sind als die Hauptreihensterne der gleichen Oberflächentemperatur (daher auch die Namensgebung). Entsprechend sind Weiße Zwerge viel kleiner als Hauptreihensterne der gleichen Oberflächentemperatur.

Das Spektrum eines Sterns wird zum Teil durch seine chemische Zusammensetzung bestimmt, in viel stärkerem Maße aber durch den Ionisations- und Anregungszustand der verschiedenen Atome in der sichtbaren Oberflächenschicht des Sterns. Der Ionisationszustand hängt vor allem von der lokalen Temperatur ab, ist aber auch eine Funktion der Dichte, wobei eine niedrige Dichte einen höheren Ionisationsgrad mehr begünstigt als eine hohe Dichte (siehe Anhang 1). Obgleich Riesen eine ähnliche Masse besitzen wie die Hauptreihensterne, haben sie einen viel größeren Radius und entsprechend eine niedrigere Dichte. Das hat zur Folge, daß der Ionisationszustand in der Atmosphäre eines Riesen sich von dem eines Hauptreihensterns unterscheidet. Die Spektrallinien, die das Spektrum eines Riesensterns dominieren, unterscheiden sich deshalb geringfügig von denen bei einem Hauptreihenstern. Diese Tatsache erlaubt es, *Leuchtkraft-Kriterien* zu definieren, mit deren Hilfe man entscheiden

---

[6] In der theoretischen Astrophysik führt man gern den Begriff der *effektiven Temperatur* T_{eff} ein, die man durch

$$L_s = \pi a c r_s^2 T_{eff}^4 \qquad (2\text{-}1a)$$

definieren kann. Dies ist die Temperatur, die ein Schwarzer Körper haben müßte, um bei gleichem Radius die gleiche Leuchtkraft zu haben wie ein Stern.

kann, ob ein bestimmter Stern ein Riese ist. Entsprechend läßt sich eine viel zuverlässigere Entfernung für ihn ableiten. Auf diese Weise kann man dann ein grobes Bild von der Verteilung der Sterne im Milchstraßensystem gewinnen, das Entfernungsbereiche einschließt, die weit über die hinausgehen, in denen Parallaxen bestimmt werden können.

Die Masse-Leuchtkraft-Beziehung und das Alter der Sterne

Als nächstes wollen wir einige Eigenschaften der Sterne diskutieren, die Aufschluß über ihr Alter geben. Wir beginnen mit der Masse-Leuchtkraft-Beziehung (Bild 2-1) für Hauptreihensterne. Für nahe Hauptreihensterne findet man, daß ihre Leuchtkraft L_s mit ihrer Masse M_s korreliert ist, wobei die Masse mit hoher Potenz eingeht. Der Zusammenhang ist in Wahrheit nicht durch ein einfaches Potenzgesetz darstellbar, für einen weiten Massenbereich darf man aber trotzdem als gute Näherung die Beziehung

$$L_s \sim M_s^4 \tag{2-2}$$

verwenden. Die Hauptreihensterne gewinnen die Energie, die sie abstrahlen, aus Kernreaktionen in ihrem Zentralbereich, bei denen Wasserstoff in Helium umgewandelt wird. Da bei diesen Reaktionen ein bestimmter Bruchteil der Ruhmassenenergie des Wasserstoffs freigesetzt wird, gilt für den Gesamtvorrat an thermonuklearer Energie E_N,

$$E_N \sim M_s . \tag{2-3}$$

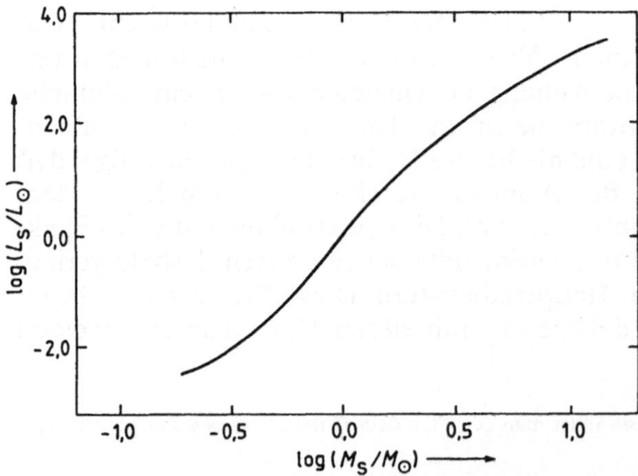

Bild 2-1 Die Masse-Leuchtkraft-Beziehung für sonnennahe Hauptreihensterne. Aufgetragen ist der Logarithmus der Leuchtkraft gegen den Logarithmus der Masse.

Tabelle 2-2 Ungefähre Hauptreihen-Lebensdauer (in Jahren) für Sterne verschiedener Masse. Das Zeichen ⊙ steht für die Sonne.

$M/M_\odot$	Lebensdauer	$M/M_\odot$	Lebensdauer
15,0	$1{,}0 \cdot 10^{7}$	1,5	$1{,}7 \cdot 10^{9}$
9,0	$2{,}2 \cdot 10^{7}$	1,25	$3{,}0 \cdot 10^{9}$
5,0	$6{,}8 \cdot 10^{7}$	1,0	$8{,}2 \cdot 10^{9}$
3,0	$2{,}3 \cdot 10^{8}$	0,75	$2{,}4 \cdot 10^{10}$
2,25	$5{,}0 \cdot 10^{8}$	0,5	$1{,}2 \cdot 10^{11}$

Damit erhält man für die Gesamtzeit, die ein Stern auf der Hauptreihe verweilen kann t_{ms}, in guter Näherung das Ergebnis

$$t_{ms} \sim M_s^{-3}. \tag{2-4}$$

Das bedeutet, daß die Zeitspanne, für die ein Stern Hauptreihenstern bleiben kann, mit zunehmender Masse des Sterns rapide abnimmt. Aus Sternentwicklungsrechnungen ergeben sich die in Tabelle 2-2 zusammengestellten Werte für die Hauptreihen-Lebenszeit.

Da der Energiebetrag, der bei der Umwandlung von Helium in schwerere Elemente freigesetzt wird, viel kleiner ist als der Energiebetrag, der bei der Umwandlung von Wasserstoff zu Helium gewonnen wird, unterscheidet sich die Hauptreihen-Lebensdauer nur unwesentlich von der Gesamtlebenserwartung eines Sterns. Das bedeutet, daß z.B. alle massereichen Sterne, die entstanden sind, als das Milchstraßensystem noch ganz jung war (vor 10^{10} Jahren oder noch weiter zurück), ihr Leben bereits vor langer Zeit beendet haben. Wenn wir unsere Betrachtung auf Hauptreihensterne beschränken, dann können wir die in Tabelle 2-2 angegebenen Zahlen als grobe Maximalabschätzung für ihr Alter betrachten. Diese oberen Grenzen erweisen sich für die Sterne frühen Spektraltyps (O, B und A) als sehr wichtig. Demnach müssen sich die heute sichtbaren O- und B-Sterne erst in jüngster Vergangenheit gebildet haben. Im Gegensatz dazu geben die oberen Grenzen für einzelne G-, K- und M-Sterne keine solchen Aufschlüsse. Ein Hauptreihenstern, der zu einer dieser Spektralklassen gehört und der entstanden ist, als das Milchstraßensystem selbst entstanden ist (vor rund 10^{10} oder $2 \cdot 10^{10}$ Jahren), wäre auch heute noch ein Hauptreihenstern. Da solche Hauptreihensterne sich noch nicht von der Hauptreihe weg entwickelt haben, ist die heutige Gesamtzahl der G-, K- und M-Zwerge[7)] ein Maß für die Gesamt-

7) Die Hauptreihensterne werden oft als Zwergsterne bezeichnet, da sie viel kleiner als die Riesen sind.

zahl von Sternen niedriger Masse, die sich im Laufe der galaktischen Entwicklung gebildet haben. Wir werden später sehen, daß die Kenntnis über das Alter der Sterne außerordentlich wichtig ist, insbesondere für die Diskussion der chemischen Entwicklung des Milchstraßensystems (Kapitel 7).

Die Position und Bewegung der Sonne

Nach diesem kurzen Überblick über einige der Eigenschaften der Sterne kehren wir zu der Frage der Positionsbestimmung und der Bewegung der Sterne in der Sonnenumgebung zurück, wobei wir jetzt wissen, daß wir zwischen Riesen und Zwergen mit befriedigender Genauigkeit unterscheiden und folglich deren Entfernung bestimmen können. Die Beobachtungen legen nahe, daß die meisten Sterne in Sonnennähe und darüberhinaus im ganzen Milchstraßensystem auf eine dünne Scheibe konzentriert sind, vgl. Bild 1-6. Die Symmetrieebene unseres Sternsystems ist durch das Milchstraßenband gut definiert. Das Zentrum der Milchstraße befindet sich in Richtung der dichtesten Sternwolken im Sternbild Sagittarius. Da das Milchstraßenband einen Großkreis am Himmel beschreibt, muß sich die Sonne in der Nähe der Symmetrieebene befinden. Neuere Untersuchungen zeigen, daß ihr Abstand von dieser Ebene nicht mehr als 10 pc beträgt. Obgleich die meisten Sterne

Tabelle 2-3 Die Dicke der galaktischen Scheibe, wie sie sich für Sterne der verschiedenen Spektraltypen sowie für die interstellare Materie ergibt. Die zwei letzten Zeilen beziehen sich auf Objekte, die eher dem Halo als der Scheibe zuzurechnen sind.

Spektraltyp des Objektes	Dicke der Scheibe/pc
O-Sterne	100
B-Sterne	120
A-Sterne	230
F-Sterne	380
G-Zwerge	680
K-Zwerge	700
M-Zwerge	700
G-Riesen	800
K-Riesen	540
interstellares Gas und Staub	200
Schnelläufer	6000
Kugelsternhaufen	8000

der Sonnenumgebung zu dieser dünnen Scheibe gehören, hängt die Dicke, die man für diese Scheibe bestimmt, vom Spektraltyp der betrachteten Sterne ab. Die entsprechenden Beobachtungsergebnisse sind in Tabelle 2-3 zusammengefaßt. Man kann daraus ablesen, daß Sterne frühen Spektraltyps, bei denen es sich notwendigerweise um junge Sterne handeln muß, auf eine dünnere Scheibe konzentriert sind, als Sterne späten Spektraltyps, die ein größeres mittleres Alter besitzen.

Obgleich die Sonne sich heute in der Nähe der galaktischen Symmetrieebene aufhält, steht sie an dieser Stelle sicher nicht still, sondern muß sich unter dem Gravitationseinfluß aller anderen Sterne bewegen. Wie können wir feststellen, in welcher Richtung und mit welcher Geschwindigkeit die Sonne sich bewegt? Dazu müssen wir zunächst die typischen Geschwindigkeiten der Sterne betrachten. Ihre Geschwindigkeit ist so groß, daß sie die galaktische Scheibe in weniger als einigen 10^7 Jahren durchqueren würden. Das ist eine Zeitspanne, die im Vergleich zum Alter des Milchstraßensystems sehr klein ist. Wenn sich ein Stern von der Symmetrieebene wegbewegt, dann wird er durch die Anziehungskraft der anderen Sterne zurückgezogen. Das muß zur Folge haben, daß die Sterne im Laufe der galaktischen Entwicklung schon häufig durch die Scheibe hindurchgependelt sein müssen[8]). Dann sollte sich das System der Sterne aber in einem statistischen Gleichgewichtszustand befinden, bei dem z.B. die Anzahl der Sterne, die sich gerade von der Mittelebene wegbewegen, gleich der Anzahl der Sterne ist, die sich auf diese zubewegen. Das sollte sichtbar werden, wenn wir das System der Sterne in einem geeigneten Bezugssystem betrachten. Da man nicht annehmen kann, daß die Sonne in diesem Bezugssystem ruht, müssen wir eine Asymmetrie der Geschwindigkeitsverteilung der Sterne relativ zur Sonne erwarten, und die zeigt sich auch.

Das lokale Bezugssystem

Wir wollen jetzt ein örtliches Bezugssystem in der Weise definieren, daß die Geschwindigkeitsverteilung der Sterne in diesem System so weit wie möglich symmetrisch wird. Danach können wir dann die Bewegung der Sonne relativ zu diesem Bezugssystem bestimmen. Wenn wir ein möglichst vollständiges Ensemble von Sternen in der Sonnenumgebung betrachten und annehmen, daß der *i*-te Stern die Geschwindigkeitskomponenten (u_i, v_i, w_i) in einem bestimmten, auf die Sonne bezogenen Koordinatensystem besitzt, in dem die Sonne selbst ruht, dann können wir

---

[8]) Diese Oszillationsbewegungen der Sterne werden in Kapitel 4 ausführlicher behandelt.

zunächst die mittlere Geschwindigkeit der lokalen Gruppe von Sternen relativ zur Sonne berechnen. Für diese gilt

$$(\bar{u}, \bar{v}, \bar{w}) = (\Sigma u_i/N, \ \Sigma v_i/N, \ \Sigma w_i/N), \tag{2-5}$$

wobei N die Gesamtzahl der berücksichtigten Sterne ist und Σ eine Summe über alle diese Sterne beschreibt[9]). Das einzuführende Bezugssystem soll sich dann *per definitionem* mit dieser mittleren Geschwindigkeit relativ zur Sonne bewegen und umgekehrt gilt für die Bewegung der Sonne in diesem Bezugssystem

$$(u_\odot, v_\odot, w_\odot) = -(\bar{u}, \bar{v}, \bar{w}). \tag{2-6}$$

Die Bewegung der Sonne und die zufälligen Geschwindigkeiten der Sterne

Wenn man das skizzierte Verfahren anwendet, dann ergeben sich zwei wichtige Resultate.

Das eine betrifft die Verteilung der zufälligen Geschwindigkeiten der Sterne $(u_i - \bar{u}, v_i - \bar{v}, w_i - \bar{w})$. Diese sind in Bezug auf das lokale Bezugssystem nicht isotrop verteilt. Bisher haben wir noch kein bestimmtes Koordinatensystem festgelegt. Jetzt wählen wir ein Zylinderkoordinatensystem $\tilde{\omega}$, ϕ, z, das in Bild 2-2 skizziert ist. In diesem Koordinatensystem soll die z-Richtung senkrecht zur galaktischen Ebene verlaufen und $\tilde{\omega}$ den radialen Abstand von der Symmetrieachse beschreiben, die durch das Zentrum des Milchstraßensystems geht. Führt man dieses Koordinatensystem so ein, daß der Ursprung des lokalen Bezugssystems in ihm ruht, und bezeichnen $v_{\tilde{\omega}}$, v_ϕ, v_z die Geschwindigkeitskomponenten der Sterne im lokalen Bezugssystem, dann gilt

$$\langle v_\phi^2 \rangle \approx \langle v_z^2 \rangle \approx 0{,}4 \langle v_{\tilde{\omega}}^2 \rangle, \tag{2-7}$$

wobei die spitzen Klammern $\langle \rangle$ Mittelwerte anzeigen. Wie wir noch sehen werden, befindet sich das Milchstraßensystem als ganzes in Rotation. Der Ursprung des lokalen Bezugssystems besitzt deshalb in einem an dieser Milchstraßenrotation nicht teilnehmenden Bezugssystem die Geschwindigkeit $v_{\phi 0}$. Es ist geschickter, dieses neue Bezugssystem zu verwenden und anstelle von Gl. (2-7) zu schreiben

$$\langle (v_\phi - v_{\phi 0})^2 \rangle \approx \langle v_z^2 \rangle \approx 0{,}4 \langle v_{\tilde{\omega}}^2 \rangle. \tag{2-8}$$

---

[9]) So wie es hier beschrieben ist, gehen die Beobachtungen aller Sterne mit gleichem Gewicht ein. Da einige Messungen deutlich unsicherer sind als andere, gibt man üblicherweise denen, die man für die besten hält, ein größeres Gewicht.

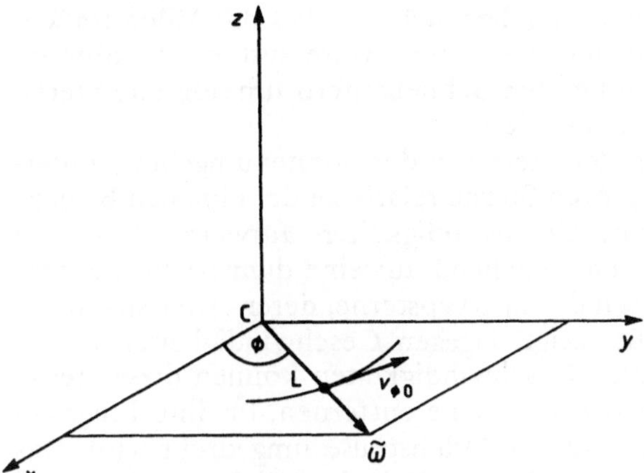

Bild 2-2 Das Zylinderkoordinatensystem $\tilde{\omega}$, ϕ, z, das man zur Beschreibung der Struktur des Milchstraßensystems verwendet. C bezeichnet das Zentrum des Systems, L den lokalen Bezugspunkt, und $v_{\phi 0}$ ist die Geschwindigkeit, mit der dieser um das galaktische Zentrum umläuft.

Die hieraus erkennbare Tatsache, daß die Sterne in radialer Richtung größere zufällige Geschwindigkeiten besitzen als in den beiden anderen Richtungen, wird sich in Kapitel 4 als sehr wichtig erweisen. Die gegenwärtig beste Abschätzung der Geschwindigkeit der Sonne in diesem System liefert

$$\begin{aligned} v_{\tilde{\omega}\odot} &= -10{,}4\ \mathrm{km\,s^{-1}}, \\ v_{\phi\odot} &= 14{,}8\ \mathrm{km\,s^{-1}}, \\ v_{z\odot} &= 7{,}3\ \mathrm{km\,s^{-1}}. \end{aligned} \tag{2-9}$$

Schnelläufer

Das zweite Ergebnis der Untersuchung der Sonnenbewegung ist, daß wir etwas unterschiedliche Resultate erhalten, je nachdem, ob wir Sterne frühen oder späten Spektraltyps betrachten. Zu einem noch anderen Ergebnis kommt man, wenn man ausschließlich solche Sterne betrachtet, die in Bezug auf die Sonne sehr hohe Relativgeschwindigkeiten aufweisen. Diese werden als *Schnelläufer* bezeichnet. Die Frühtypsterne sind, wie wir am Anfang dieses Kapitels gesehen haben, junge Sterne, während Sterne späten Spektraltyps Sterne jeden Alters einschließen.

Das bedeutet, daß wir davon ausgehen müssen, daß das Milchstraßensystem in gewisser Weise aus mehr als einem Untersystem von Sternen besteht. Dabei dürfte es sich bei den Schnelläufern um sehr alte Sterne handeln, wie wir jetzt erläutern wollen.

Wenn man die Bewegungen der Sterne in der Sonnenumgebung untersucht, findet man, daß alle jungen Sterne relativ zu dem lokalen Bezugssystem vergleichsweise kleine Geschwindigkeiten aufweisen (etwa 10 bis 20 $\mathrm{km\,s^{-1}}$) und daß sie entsprechend auf eine dünne Scheibe konzentriert sind. Ein kleiner Teil der Spättypsterne, deren Alter sich nicht unmittelbar bestimmen läßt, zeigt dagegen Geschwindigkeiten bis zu einigen 100 $\mathrm{km\,s^{-1}}$. Mit diesen Geschwindigkeiten können diese Sterne sich viele kpc von der galaktischen Ebene entfernen, bis ihre Flugrichtung durch das Gravitationsfeld der Milchstraße umgedreht wird. Das bedeutet, daß sie sich die meiste Zeit im *Halo* des Milchstraßensystems aufhalten, in dem sich auch die Kugelsternhaufen befinden (siehe Bild 1-6). Hierin zeigt sich eine sehr wichtige Eigenschaft unseres Sternsystems, die wir in Kapitel 4 weiter diskutieren wollen: Eine Galaxie ist ein dynamisches System, in dem sich alle Sterne unter dem Einfluß der von allen anderen Sternen ausgehenden Schwerkraft bewegen. Alle Sterne, die sich im Halo aufhalten, müssen sich in periodischen Abständen durch die Scheibe hindurchbewegen. Dies ist in Bild 2-3 gezeigt und bedeutet, daß diejenigen Sterne, die sich jetzt gerade in der Sonnenumgebung befinden, sich nicht immer dort befinden werden. Obgleich wir uns nicht in den Halo begeben können, um die dortige Sternpopulation zu untersuchen, können wir Aufschlüsse über sie gewinnen, indem wir diejenigen Halo-Sterne untersuchen, die sich dicht an uns vorbeibewegen. Auf diese Weise befinden wir uns vielleicht in einer günstigeren Lage, als wenn wir uns auf einem Planeten befänden, der einen solchen Halo-Stern umkreist. Wir würden im letzteren Falle Sterne inner-

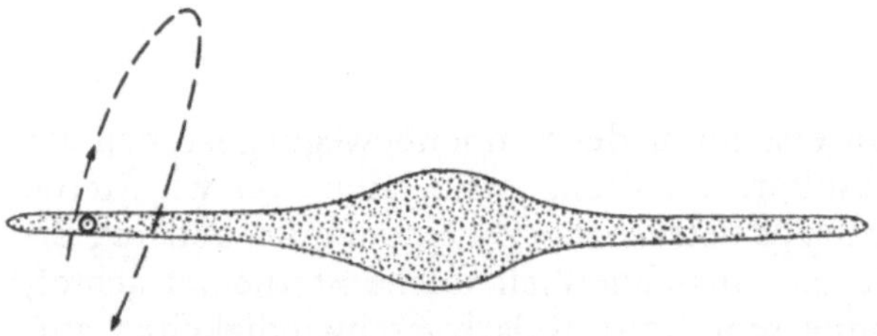

Bild 2-3 Die Bahn eines Halo-Sterns, die durch die Scheibe des Milchstraßensystems hindurchführen muß. Die Position der Sonne ist durch das Sonnensymbol markiert. Sie befindet sich relativ zu dem verwendeten Bezugssystem in Ruhe.

halb der Scheibe nur dann aus der Nähe betrachten können, wenn wir gerade dann lebten, wenn unsere Sonne einen ihrer periodischen Durchgänge durch die Scheibe machte. Als Ausgleich dafür könnten wir uns von einem Beobachtungsort im Halo aus allerdings ein sehr viel klareres Bild von der Gesamtstruktur des Milchstraßensystems machen.

Die Abhängigkeit der chemischen Zusammensetzung der Sterne von ihrem Alter und ihrer Position im Milchstraßensystem

Wir glauben, daß die Schnelläufer zu der sogenannten Halo-Population gehören, zu der vor allem die Kugelsternhaufen zu zählen sind. Tatsächlich wissen wir, daß Sterne im Laufe der Entwicklung eines Sternhaufens aus diesem entweichen können, und es ist *möglich*, daß alle Einzelsterne mit hohen Geschwindigkeiten ursprünglich Haufenmitglieder waren. Sie könnten im Innern von Haufen entstanden und anschließend aus diesen entwichen sein. Die Untersuchung des Hertzsprung-Russell-Diagramms von Kugelsternhaufen erlaubt es, deren Alter zu bestimmen. Dabei erhält man typische Alterswerte von $1{,}5 \cdot 10^{10}$ Jahren. Obgleich diese Zahl eine Unsicherheit von vielleicht 50 % aufweist, sind die Kugelsternhaufen ohne Zweifel die ältesten Objekte, die wir im Milchstraßensystem kennen. Die Schnelläufer weisen im Vergleich zu den meisten Sternen der galaktischen Scheibe in ihrer chemischen Zusammensetzung auch einen viel geringeren Massenanteil derjenigen (als „Metalle" bezeichneten) Elemente auf, die schwerer als Wasserstoff und Helium sind. Bei Sternen der Scheibenpopulation liegt der Metallgehalt typisch zwischen dem halben und dem doppelten solaren Wert, und bei der Sonne selbst beträgt der Massenanteil aller Elemente außer Wasserstoff und Helium etwa 2 %. Im Gegensatz dazu weisen einige Kugelhaufensterne und einige Schnelläufer einen Metallgehalt auf, der nur 1/200 des solaren Wertes beträgt oder sogar noch darunterliegt.

Wir stellen eine tiefergehende Diskussion des Zusammenhangs zwischen der chemischen Zusammensetzung, dem Alter der Sterne und ihrer Position im Milchstraßensystem bis zum Kapitel 7 zurück und wollen hier nur anmerken, daß es sich um wichtige Eigenschaften handelt, die im Rahmen der Untersuchung der Entwicklung des Milchstraßensystems zu erklären sein werden. Eine weitere Bemerkung über Kugelsternhaufen sollte jedoch schon hier gemacht werden. Obgleich wir von ihnen als von Halo-Objekten reden, bilden sie ein nahezu sphärisches System, das konzentrisch mit der Milchstraße ist. Einige Kugelhaufen bewegen sich nie mehr als einige kpc vom galaktischen Zentrum weg. Betrachtet man die chemische Zusammensetzung der Kugelhaufen in Abhängigkeit von dem Maximalabstand, den sie von galaktischen Zentrum aus gesehen erreichen können, dann zeigt sich, daß im Mittel diejenigen Haufen einen größeren Metallgehalt besitzen, die auf die nahe Umgebung des Zentrums beschränkt sind. An dieser Stelle ist ein weiterer Kommentar zur chemischen Zusammensetzung der Sterne angebracht: Es wird oft angenommen, daß die ursprüngliche chemische Zusammensetzung der Materie im Milchstraßensystem keine schweren Elemente aufwies. Demnach müßten auch die ersten entstandenen Sterne frei von Metallen gewesen sein. Obgleich wir Sterne mit einem sehr niedrigen Anteil schwerer Elemente kennen, finden wir doch keine, die überhaupt keine Metalle aufweisen. Ist das so, weil es sie nicht gibt, oder könnten sie sich in den äußeren Bereichen des Halos verstecken? Der Punkt, den wir klar machen möchten, ist, daß auch die Halo-Sterne in periodischen Abständen sich durch die Scheibe hindurchbewegen müssen, so daß sich auf Grund der Tatsache, daß man völlig metallfreie Sterne bisher überhaupt nicht gefunden hat, etwas über deren Häufigkeit aussagen läßt. Darauf werden wir in den Kapiteln 5 und 7 zurückkommen.

Die Rotation der Milchstraße

Wir haben bereits erwähnt, daß das Milchstraßensystem als ganzes rotiert, so daß sich der Ursprung des lokalen Bezugssystems um das galaktische Zentrum herumbewegt. Wir wollen jetzt die Art dieser Rotation näher untersuchen. Man hat die Tatsache, daß die Milchstraße rotiert, Mitte der 20er Jahre entdeckt, und es wurde rasch klar, daß dieser Effekt im Hinblick auf die Interpretation der Abplattung der galaktischen Scheibe von großer Bedeutung ist. Es ist natürlich immer möglich, ein Koordinatensystem so zu wählen, daß der Ursprung des lokalen Bezugssystems nicht um das galaktische Zentrum zu rotieren scheint. Wir wollen deshalb genauer erläutern, was wir mit der Rotation des Milchstraßensystems meinen. Wir sollten die Frage stellen, ob das Milchstraßensystem im Bezug auf den Massenschwerpunkt des beobachtbaren Weltalls rotiert. Diese Frage läßt sich nicht exakt beantworten, aber wir können die Bewegung des Ursprungs des lokalen Bezugssystems relativ zu der Gruppe der nahen Galaxien untersuchen, und wir werden das dabei gefundene Ergebnis in Kürze diskutieren. Es gibt eine andere, triviale Weise, wie wir ableiten können, daß das Milchstraßensystem rotieren muß. Wie wir sehen werden, hängt die Winkelgeschwindigkeit von der Entfernung vom galaktischen Zentrum ab, so daß es überhaupt kein starres Bezugssystem geben kann, in dem das gesamte System nicht rotiert. Wir betrachten jetzt zwei Verfahren, mit denen man die Umlaufgeschwindigkeit des Ursprungs des lokalen Bezugssystems feststellen kann. Beide Verfahren haben ihre Unsicherheiten, aber beide deuten darauf hin, daß sich der Ursprung des lokalen Bezugssystems mit einer Geschwindigkeit $v_{\phi 0}$ von rund 250 km s^{-1} um das galaktische Zentrum herumbewegt, vgl. Gl. (2-8). Dieser Wert ist viel größer als die im lokalen Bezugssystem gemessene Geschwindigkeit der Sonne und der meisten sonnennahen Sterne. Beide Methoden sind von der Grundidee her einfach, in der praktischen Durchführung treten jedoch Schwierigkeiten auf. Sie basieren auf der Beobachtung von Kugelsternhaufen und von Mitgliedern der lokalen Gruppe von Galaxien.

Das System der Kugelhaufen ist nicht stark abgeplattet, im Gegensatz zur Scheibe. Wie schon erwähnt wurde und noch ausführlicher diskutiert werden wird, führen wir die starke Abplattung der Scheibe auf die Rotation zurück. Dieser Sachverhalt legt nahe, daß das System der Kugelhaufen entweder gar nicht oder nur sehr langsam rotiert. Betrachten wir zuerst den Fall, daß es gar nicht rotiert. Da wir aber eine Rotation des Systems der Kugelhaufen im lokalen Bezugssystem messen, können wir diesen Beobachtungsbefund jetzt dadurch erklären, daß der Ursprung des lokalen Bezugssystems selbst um das galaktische Zentrum rotiert, wobei er sich durch ein nicht-rotierendes System von Kugelsternhaufen hindurchbewegt. Zwei unabhängige Beobachter haben Messungen an Kugelsternhaufen dazu benutzt, um $v_{\phi 0}$ zu bestimmen. Ihre Ergebnisse waren:

$$\left.\begin{aligned} v_{\phi 0} &= 200 \pm 25 \text{ km s}^{-1}, \\ v_{\phi 0} &= 167 \pm 30 \text{ km s}^{-1}. \end{aligned}\right\} \tag{2-10}$$

Der zweite Wert stammt aus der neueren Untersuchung und sollte wohl eher verwendet werden, obwohl beide Ergebnisse im Rahmen der Unsicherheiten mit einander übereinstimmen.

Wie wir im nächsten Kapitel sehen werden, gehört die Milchstraße zu einem System von Galaxien, das wir als *lokale Gruppe* bezeichnen. Sie ist der Masse nach das zweitgrößte Mitglied der Gruppe. Das massereichste ist die große Spiralgalaxie im Sternbild Andromeda (M 31). Wir können dann die Annahme machen, daß die lokale Gruppe von Galaxien nicht rotiert und die scheinbare Rotationsgeschwindigkeit dazu benutzen, die Umlaufgeschwindigkeit des Ursprungs des lokalen Bezugssystems zu bestimmen. Wieder haben zwei unabhängige Beobachter nahezu identische Werte gemessen:

$$\left.\begin{aligned} v_{\phi 0} &= 300 \pm 25 \text{ km s}^{-1}, \\ v_{\phi 0} &= 292 \pm 32 \text{ km s}^{-1}. \end{aligned}\right\} \tag{2-11}$$

Die aus den Kugelhaufen- und Galaxienbeobachtungen abgeleiteten Ergebnisse Gl. (2-10) bzw. Gl. (2-11) stimmen nicht überein. Sie legen aber nahe, daß die Geschwindigkeit des Ursprungs des lokalen Bezugssystems zwischen 200 und 300 km s^{-1} betragen dürfte und daß weder das System der Kugelhaufen noch das der lokalen Gruppe von Galaxien eine hohe Eigenrotationsgeschwindigkeit besitzt. Besonders interessant ist, daß beide Ergebnisse mit der Schlußfolgerung verträglich sind, daß die Bewegung senkrecht zur Richtung zum galaktischen Zentrum und in der galaktischen Ebene verläuft. Das ist genau das, was man für den Fall erwartet, daß es sich um eine Umlaufgeschwindigkeit handelt. Wir werden später sehen, daß andere Methoden einen Wert von 250 km s^{-1} für die Rotationsgeschwindigkeit nahelegen.

Auswirkungen der Rotation der Milchstraße in der Sonnenumgebung

Die erwähnten Beobachtungen zeigen, daß die Milchstraße rotiert; direkten Aufschluß über diese Rotationsbewegung geben sie aber nur für die unmittelbare Sonnenumgebung. Wir können diese Untersuchungen kaum ausdehnen, solange wir uns auf die Sterne beschränken, da – wie wir schon in Kapitel 1 betont haben – der interstellare Staub es für uns sehr schwierig macht, Sterne in großen Entfernungen zu beobachten. Glücklicherweise können wir die Rotation des Milchstraßensystems auch mit Hilfe von Beobachtungen des interstellaren Gases studieren. Diese Methode wollen wir später in diesem Kapitel behandeln. Zuvor wollen wir zeigen, wie man durch die Beobachtung relativ sonnennaher Sterne etwas über die Änderung der Rotationsgeschwindigkeit in Abhängigkeit von der Entfernung vom galaktischen Zentrum lernen kann.

Für die meisten Scheibensterne gilt, daß ihre zufälligen Geschwindigkeiten gemessen im lokalen Bezugssystem sehr klein sind im Vergleich zu der Geschwindigkeit, mit der der Ursprung dieses Bezugssystems um das galaktische Zentrum rotiert. Man kann deshalb in erster Näherung annehmen, daß die Bewegung der Sterne eine reine Rotationsbewegung um das galaktische Zentrum ist. Wir vernachlässigen also sowohl die zufälligen Geschwindigkeiten in der Ebene wie auch diejenigen senkrecht zur Ebene. Erst gegen Ende des Kapitels 4 werden wir auf das Ausmaß der Abweichungen von einer reinen Kreisbahnbewegung eingehen. Wir gehen also davon aus, daß sich die im Abstand $\tilde{\omega}$ vom galaktischen Zentrum befindenden Sterne mit einer Winkelgeschwindigkeit $\omega(\tilde{\omega})$ bewegen, und daß die Entfernung des Ursprungs des lokalen Bezugssystems (L) vom galaktischen Zentrum (C) R_0 und die Winkelgeschwindigkeit des lokalen Bezugssystems ω_0 beträgt. Die entsprechende Rotationsgeschwindigkeit der Sterne sei $v_{\text{circ}}(\tilde{\omega})$, die des Punktes L sei $v_{\text{circ}}(R_0) \equiv v_{\phi 0}$.

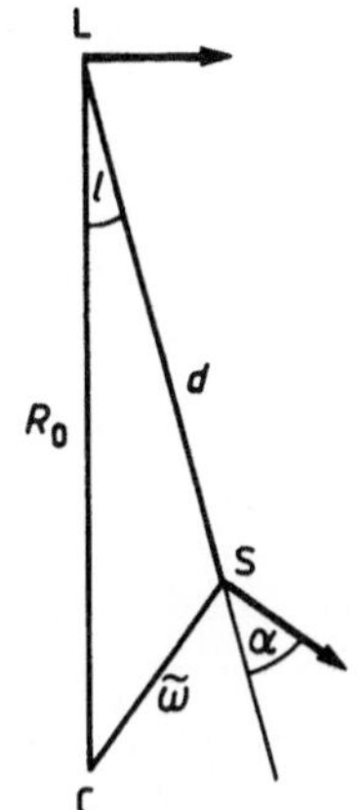

Bild 2-4

Die Lage des Ursprungs des lokalen Bezugssystems, L, und eines Sterns S relativ zum Zentrum C des Milchstraßensystems. Die Pfeile geben die Umlaufgeschwindigkeiten in den Punkten L und S wieder.

Wir betrachten jetzt die Bewegung des Sterns S in Richtung der galaktischen Länge l, die in Bild 2-4 definiert ist. Dieser Stern soll relativ nahe bei der Sonne sein, die sich im Punkt L befindet[10]. In der Abbildung sind die Abstände übertrieben, um die Situation deutlicher zu machen. Wenn man vom Punkt L aus beobachtet, dann bewegt sich der Stern S mit der Radialgeschwindigkeit v_R und mit der Tangentialgeschwindigkeit v_T bzw. der Eigenbewegung μ. Wie wir in Kapitel 1 erläutert haben, mißt man tatsächlich μ und nicht v_T. Die Geschwindigkeitskomponenten v_R und v_T lassen sich nun leicht durch ω, ω_0, l und d (mit d wollen wir den Abstand der Sterne von L bezeichnen) ausdrücken. Es gilt zunächst

$$v_R = \omega(\tilde{\omega})\,\tilde{\omega}\cos\alpha - \omega_0 R_0 \sin l, \tag{2-12}$$

$$v_T = \omega(\tilde{\omega})\,\tilde{\omega}\sin\alpha - \omega_0 R_0 \cos l. \tag{2-13}$$

Es ist leicht, aus diesen Gleichungen α zu eliminieren. Aus Bild 2-5 liest man ab:

$$\overline{CP} = R_0 \sin l = \tilde{\omega}\cos\alpha \tag{2-14}$$

und

$$\overline{LP} = R_0 \cos l = d + \tilde{\omega}\sin\alpha. \tag{2-15}$$

---

[10] Da das lokale Bezugssystem auf Grund der Bewegung der Sterne relativ zur Sonne definiert ist, fällt sein Ursprung im Augenblick mit der Position der Sonne zusammen. Da seine Geschwindigkeit von der der Sonne verschieden ist, wird das nicht immer so sein. Zu einem späteren Zeitpunkt können wir jedoch wiederum ein neues lokales Bezugssystem definieren, dessen Ursprung wiederum mit der Sonne zusammenfällt. Hier interessiert uns die Struktur des Milchstraßensystems aber nur zu einem bestimmten Zeitpunkt.

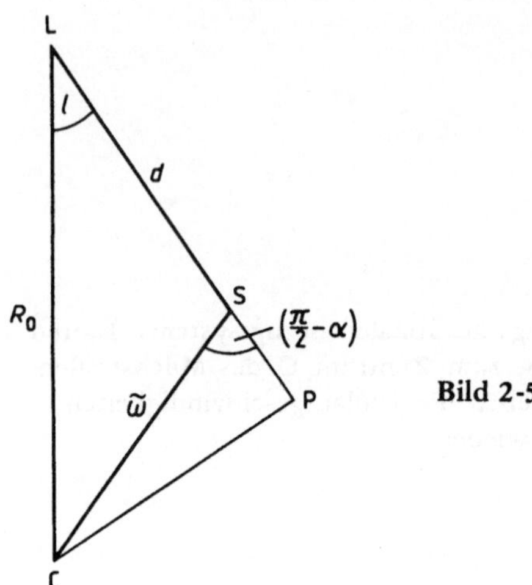

Bild 2-5

Setzt man Gln. (2-14) und (2-15) in Gl. (2-12) und Gl. (2-13) ein, so erhält man:

$$v_R = (\omega - \omega_0) R_0 \sin l, \tag{2-16}$$

$$v_T = (\omega - \omega_0) R_0 \cos l - \omega d. \tag{2-17}$$

Die Oortschen Konstanten

Die Gültigkeit dieser Gleichungen hängt nicht davon ab, daß S in der Nähe von L liegt. Wenn diese Bedingung erfüllt ist, dann können wir allerdings ω in eine Taylor-Reihe um ω_0 entwickeln. In diesem Fall ist also

$$\omega - \omega_0 \approx \left(\frac{d\omega}{d\widetilde{\omega}}\right)_{R_0} (\widetilde{\omega} - R_0) \tag{2-18}$$

und ferner

$$R_0 \approx \widetilde{\omega} + d \cos l. \tag{2-19}$$

Setzt man Gl. (2-18) und Gl. (2-19) in Gl. (2-16) und Gl. (2-17) ein, so folgt

$$v_R = -\frac{1}{2} R_0 \left(\frac{d\omega}{d\widetilde{\omega}}\right)_{R_0} d \sin 2l, \tag{2-20}$$

$$\begin{aligned} v_T &= -R_0 \left(\frac{d\omega}{d\widetilde{\omega}}\right)_{R_0} d \cos^2 l - \omega d \\ &= -\frac{1}{2} R_0 \left(\frac{d\omega}{d\widetilde{\omega}}\right)_{R_0} d \cos 2l - \left[\omega + \frac{1}{2} R_0 \left(\frac{d\omega}{d\widetilde{\omega}}\right)_{R_0}\right] d. \end{aligned} \tag{2-21}$$

Die Gln. (2-20) und (2-21) werden gewöhnlich in der Form

$$v_R = A d \sin 2l, \tag{2-22}$$

$$v_T = A d \cos 2l + B \tag{2-23}$$

geschrieben, wobei A und B als die *Oortschen Konstanten* der galaktischen Rotation bezeichnet werden. Sie werden i.a. durch die lokale Rotationsgeschwindigkeit und deren Ableitung ausgedrückt. Sie lauten dann

$$A = \frac{1}{2}\left[\frac{v_{\phi 0}}{R_0} - \left(\frac{\mathrm{d}\, v_{\mathrm{circ}}}{\mathrm{d}\tilde{\omega}}\right)_{R_0}\right], \tag{2-24}$$

$$B = \frac{1}{2}\left[\frac{v_{\phi 0}}{R_0} + \left(\frac{\mathrm{d}\, v_{\mathrm{circ}}}{\mathrm{d}\tilde{\omega}}\right)_{R_0}\right]. \tag{2-25}$$

Die Bestimmung der Oortschen Konstanten

A und B hängen beide von der Geschwindigkeit $v_{\phi 0}$ des Ursprungs des lokalen Bezugssystems, der ersten Ableitung der Kreisbahngeschwindigkeit und von der Entferung R_0 vom galaktischen Zentrum ab.
Falls A und B unabhängig bestimmt werden könnten, brauchten wir nur eine weitere Beobachtung, um alle drei Größen zu erhalten.
Wie lassen sich die Werte von A und B bestimmen? Wir wollen zunächst Sterne betrachten, deren Entfernung bekannt ist und deren Radialgeschwindigkeiten gemessen worden sind. Dann folgt aus Gl. (2-22)

$$\frac{v_R}{d} = A \sin 2l. \tag{2-26}$$

Diese Gleichung zeigt, daß sich eine Sinuskurve mit der Amplitude A ergeben sollte, wenn man v_R/d gegen die galaktische Länge l aufträgt. In der Praxis treten jedoch immer Komplikationen auf, weil sich die Sterne im Milchstraßensystem nicht auf reinen Kreisbahnen bewegen. Die erste Schwierigkeit resultiert aus der Tatsache, daß wir Radialgeschwindigkeiten zunächst nur relativ zur Sonne messen können und nicht relativ zum lokalen Bezugssystem. Wenn wir Sterne in der galaktischen Ebene beobachten, und wenn wir die Komponenten der Sonnenbewegung in der Ebene mit $v_{\tilde{\omega}\odot}$ und $v_{\phi\odot}$ bezeichnen, dann lassen sich die Gln. (2-17) und (2-18) leicht entsprechend umschreiben, vgl. Bild 2-6. In Bezug auf die Sonne gilt

$$v_{R\odot} = A d \sin 2l + v_{\tilde{\omega}\odot} \cos l - v_{\phi\odot} \sin l, \tag{2-27}$$

$$v_{T\odot} = A d \cos 2l + B d - v_{\tilde{\omega}\odot} \sin l - v_{\phi\odot} \cos l. \tag{2-28}$$

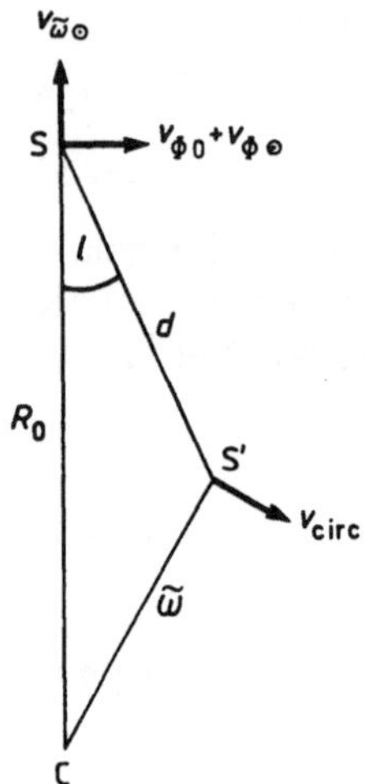

Bild 2-6 Die Bewegung der Sonne

Da die Geschwindigkeitskomponenten $v_{\tilde{\omega}\odot}$ und $v_{\phi\odot}$ bekannt sind, können die beobachteten Radialgeschwindigkeiten auf das lokale Bezugssystem umgerechnet und in Gl. (2-26) eingesetzt werden.
Es gibt zwei weitere Gründe, warum die beobachteten Werte nicht den glatten Verlauf zeigen, den man auf Grund von Gl. (2-26) erwartet. Der erste ist, daß die untersuchten Sterne sich nicht auf reinen Kreisbahnen bewegen. Der zweite ist, daß selbst bei Sternen, deren Entfernungen als bekannt gelten, erhebliche Entfernungsunsicherheiten bestehen. In erster Näherung sollten beide Ursachen zu einer Streuung führen und nicht zu systematischen Effekten, wie sie durch die Bewegung der Sonne verursacht werden. Tatsächlich läßt sich eine mittlere Sinuskurve durch die beobachteten Punkte legen (vgl. Bild 2-7) und auf diese Weise folgender Wert für A ableiten [11]):

$$A \approx 15 \text{ km s}^{-1} \text{kpc}^{-1}. \tag{2-29}$$

Wenn wir als nächstes Sterne mit bekannter Eigenbewegung betrachten, d.h. mit bekannten v_T/d-Werten, dann gilt in unserem einfachen Modell

$$\frac{v_T}{d} = A \cos 2l + B. \tag{2-30}$$

[11]) Die Größe A hat an sich die Dimension einer Frequenz. Für die Anwendung erweist sich jedoch die hier getroffene Wahl von Einheiten als vorteilhaft.

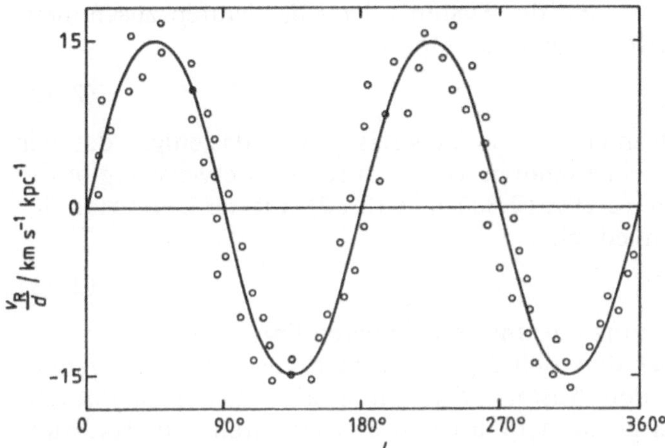

Bild 2-7 Zur Bestimmung von A aus Radialgeschwindigkeitsmessungen. Die Abbildung veranschaulicht in schematischer Weise den Zusammenhang zwischen v_R/d und l. Eine Sinuskurve, deren Amplitude gleich A ist, wurde an die simulierten Meßpunkte angepaßt.

Häufig findet man in Büchern über die Struktur der Milchstraße die Aussage, daß Gl. (2-30) erlaubt, durch Messungen der Eigenbewegungen von Sternen die Konstanten A und B zu bestimmen, selbst wenn die Entfernungen der Sterne unbekannt sind. Es ist offensichtlich, daß diese Aussage keine strenge Gültigkeit besitzt, wenn man sich bewußt macht, daß die Eigenbewegungen relativ zur Sonne gemessen werden. Dividiert man Gl. (2-28) durch d, so wird deutlich, daß die an der Eigenbewegung anzubringende Korrektur von d abhängt. Tatsächlich reicht die gegenwärtig erreichbare Genauigkeit von Eigenbewegungsmessungen nicht aus, um A und B zuverlässig zu bestimmen. Der Wert, den man für A erhält, beträgt 20 km s^{-1} kpc^{-1}. Für B ergaben sich zahlreiche, einander widersprechende Werte, deren Mittelung zu

$$B \approx -10 \text{ km s}^{-1} \text{kpc}^{-1} \tag{2-31}$$

führt. In Zukunft können wir hoffen, daß mehr und verbesserte Eigenbewegungsmessungen zu genaueren Werten für A und B führen werden.

In Kapitel 1 wurde bereits eine Methode erwähnt, mit deren Hilfe sich R_0 bestimmen läßt. Dieses Verfahren basiert auf der Annahme, daß die

Zentren der Milchstraße und des Systems der Kugelhaufen zusammenfallen. Die jüngste Anwendung dieser Methode liefert

$$R_0 \approx 10\,\mathrm{kpc}. \tag{2-32}$$

Dieses Verfahren gilt nicht als so zuverlässig wie dasjenige, das wir später in diesem Kapitel behandeln wollen. Interessanterweise ergibt die Verknüpfung von Gln. (2-29), (2-31) und (2-32) mit der Definition der Oortschen Konstanten jedoch

$$v_{\phi 0} \approx 250\,\mathrm{km\,s^{-1}}, \tag{2-33}$$

in voller Übereinstimmung mit unserem früheren Ergebnis.

Ein anderer Weg, über den sich R_0 bestimmen läßt, ist der folgende: Sterne, die ebenfalls den Abstand R_0 vom galaktischen Zentrum aufweisen, besitzen relativ zu dem lokalen Bezugssystem die Radialgeschwindigkeit Null, wenn man von ihren Pekuliargeschwindigkeiten einmal absieht. Aus Bild 2-5 erkennt man leicht, daß für diese Sterne

$$d = 2R_0 \cos l \tag{2-34}$$

gelten muß, so daß R_0 bestimmt werden kann, wenn d und l bekannt sind. Die Untersuchung solcher Sterne mit der Radialgeschwindigkeit Null hat ebenfalls $R_0 \approx 10\,\mathrm{kpc}$ ergeben. Weiteren Aufschluß über die Rotation des Milchstraßensystems erhält man aus der Beobachtung des interstellaren Gases. Wir stellen diese Diskussion jedoch zunächst zurück, bis wir einen allgemeinen Überblick über die Eigenschaften des interstellaren Mediums gegeben haben.

Das interstellare Medium

Die Existenz eines interstellaren Mediums ergibt sich aus einer ganzen Reihe von Beobachtungen, von denen einige schon sehr lange bekannt sind. Hierzu gehören die dunklen Felder inmitten dichter Sternwolken (Bild 2-8), die vermutlich auf absorbierendes Material zwischen uns und diesen Sternen zurückgehen. Der erste wirklich überzeugende Nachweis für die Existenz eines allgemeinen interstellaren Mediums gelang jedoch erst in den 20er Jahren. Man fand, daß in bestimmten Gebieten des Himmels viele Sterne Absorptionslinien in ihren Spektren zeigten, die stets bei denselben Wellenlängen auftraten. Im Gegensatz dazu erschienen die meisten Linien in den Sternspektren mehr oder weniger stark zu kürzeren oder längeren Wellenlängen hin verschoben, je nach der Radialgeschwindigkeit der Sterne. Dieser Befund ließ sich nur verstehen, wenn sich absorbierendes Material zwischen den Sternen und dem Beobachter befand, das diese Linien erzeugte (Bild 2-9). Diese Spektrallinien ließen sich auf Elemente wie das neutrale Natrium oder das ein-

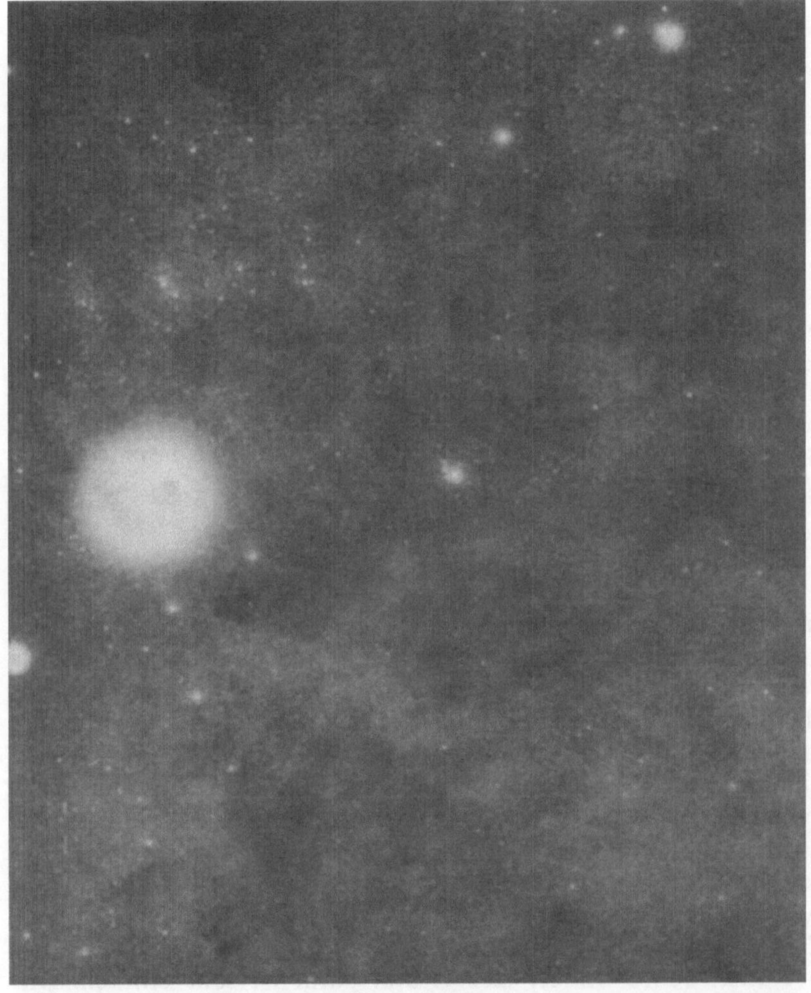

Bild 2-8 Eine große absorbierende Staub- und Gaswolke am Südhimmel, die als „Kohlensack" bekannt ist. Der helle Fleck auf der linken Bildseite ist ein stark überbelichtetes Bild des Sterns α Crucis, dem hellsten Stern im Kreuz des Südens. (Aufnahme mit dem 1,2 m-UK-Schmidt-Teleskop, wiedergegeben mit Genehmigung des Royal Observatory Edinburgh.)

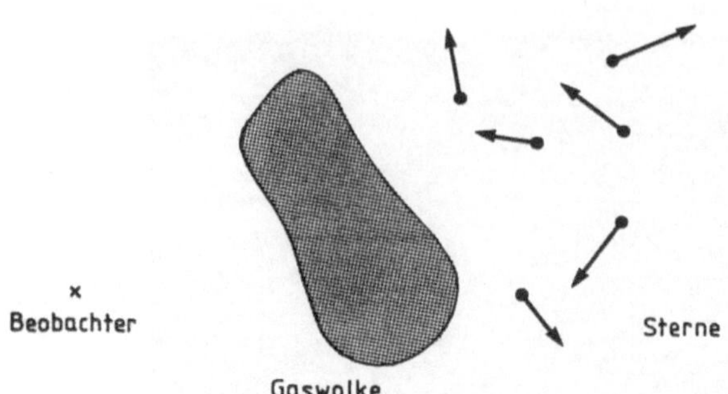

Bild 2-9 Zur Entstehung interstellarer Absorptionslinien. Wenn ein Beobachter Sterne untersucht, die sich mit den eingezeichneten zufälligen Geschwindigkeiten bewegen und die er durch eine dichte Gaswolke hindurch sieht, werden die in dieser Wolke den Spektren aufgeprägten Absorptionslinien bei denselben Wellenlängen in allen Spektren auftreten, während die stellaren Absorptionslinien in unterschiedlichem Maße Doppler-verschoben sein werden.

fach ionisierte Calcium zurückführen. In den Folgejahren wurde deutlich, daß in der chemischen Zusammensetzung der meisten Sterne Wasserstoff dominiert. Das hatten wir bereits erwähnt. Es galt als wahrscheinlich, daß die interstellare Materie die gleiche chemische Zusammensetzung besitzen würde, besonders, wenn man glaubt, daß die Sterne sich aus interstellarem Gas gebildet haben und immer noch bilden. Tatsächlich gibt es einige Gaswolken um heiße Sterne herum, die so hohe Temperaturen besitzen, daß Spektrallinien des Wasserstoffs im Emissionsspektrum dieser Wolken auftreten. Trotzdem blieb es lange Zeit unklar, wie es gelingen könnte, den Wasserstoff, der in den absorbierenden Wolken vorhanden sein mußte, nachzuweisen, selbst wenn er die häufigste Konstituente bildet. Der Grund dafür ist sehr einfach. Die Wolken müssen kalt sein, sonst wären Natrium und Calcium nicht neutral bzw. nur einfach ionisiert. Kalter Wasserstoff besitzt jedoch keine Absorptionslinien im optischen Bereich. Wenn Wasserstoff sich im Grundzustand befindet, dann ist die Anregung selbst des niedrigsten angeregten Zustands nur mit Ultraviolett-Photonen möglich (Bild 2-10), und dieser Bereich des Spektrums kann vom Erdboden aus nicht beobachtet werden.

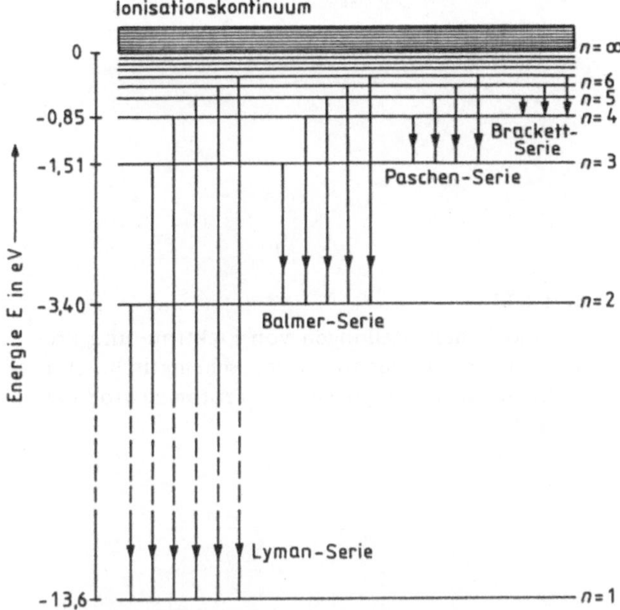

Bild 2-10 Das Energieniveauschema des Wasserstoffatoms. Eingezeichnet sind einige Übergänge, die in Serien (je nach der Hauptquantenzahl *n* des Endniveaus) zusammengefaßt werden.

Die 21-cm-Linie

Das Problem, kalten interstellaren Wasserstoff nachzuweisen, löste sich durch das Aufkommen der Radioastronomie und die Erkenntnis, daß selbst kalter Wasserstoff Strahlung absorbieren und emittieren kann, und zwar bei einer ganz bestimmten Wellenlänge, nämlich bei 21,1 cm (= 0,211 m). Diese Möglichkeit resultiert daraus, daß sowohl das Proton als auch das Elektron, die zusammen das Wasserstoffatom bilden, einen Spin und ein magnetisches Moment besitzen. Da sich die Wasserstoffatome wie kleine Dipole verhalten, gibt es eine kleine Energiedifferenz zwischen dem Spin-parallel und dem Spin-antiparallel Zustand, wobei der erste energetisch etwas höher liegt (Bild 2-11). Wenn die Spins aus der Parallel- in die Antiparallelstellung umklappen, dann wird Strahlung mit der Wellenlänge 21,1 cm emittiert. Man beachte, daß diese Energiedifferenz zwischen den beiden Niveaus des Grundzustands nur das $6 \cdot 10^{-7}$-fache der Energiedifferenz zwischen dem Grundzustand und dem ersten angeregten Zustand ausmacht. Hieraus erklärt sich die sehr große Wellenlänge der Strahlung.

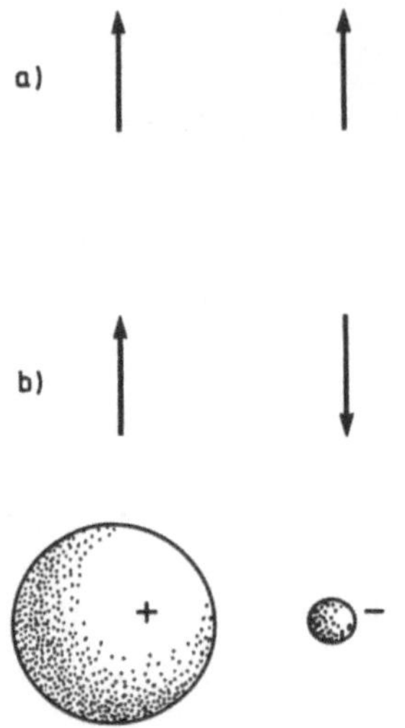

Bild 2-11
Die möglichen Stellungen von Elektron- und Protonspin im Wasserstoffatom, schematisch. (Das Elektron ist im Vergleich zum Proton zu groß dargestellt.)

Die Existenz dieser 21-cm-Strahlung und ihre mögliche Bedeutung für die Astronomie war von dem holländischen Astronomen van de Hulst in der Mitte des Zweiten Weltkriegs vorhergesagt worden. Sobald es möglich war, wieder astronomische Messungen zu machen, entwickelten mehrere Gruppen auf der Erde Empfänger, um diese Strahlung nachzuweisen. Sie wurde 1951 entdeckt. Sofort ließen sich aus den Beobachtungen wichtige Aufschlüsse über die Struktur der Milchstraße und insbesondere über die galaktische Rotation gewinnen. Wir werden sehen, daß die Interpretation der Beobachtungen allerdings nicht völlig problemlos ist, da es keine direkte Möglichkeit gibt, die Entfernung eines Radiostrahlung aussendenden Objekts zu bestimmen. Folglich erfordert die Interpretation Annahmen, die im Detail falsch sein können. Wir gehen wie im Fall der Sterne von der Annahme aus, daß das Gas sich auf reinen Kreisbahnen um das galaktische Zentrum bewegt, wobei wir von der thermischen Bewegung der Atome absehen.

Die Rotation der Milchstraße aus radioastronomischer Sicht

Wenn wir in Richtung einer bestimmten galaktischen Länge l schauen, so könnte das Radiospektrum in der Umgebung der Wellenlänge von 21 cm so aussehen, wie es in Bild 2-12 gezeigt ist. Strahlung wird nicht nur bei der Wellenlänge von 21 cm selbst beobachtet, sondern in einem breiteren Band, da es zu Doppler-Verschiebungen kommt, die ihre Ur-

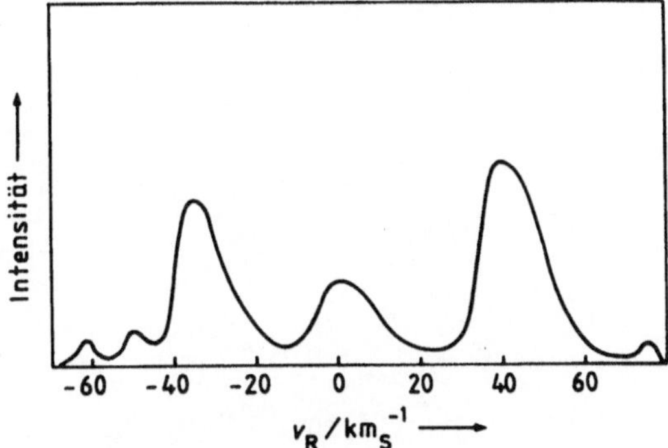

Bild 2-12 Ein 21-cm-Emissionsprofil, wie es in Richtung einer bestimmten galaktischen Länge l beobachtet werden könnte. Die Wellenlängen sind in Geschwindigkeiten umgerechnet. Positive und negative Werte entsprechen einem Wegfliegen bzw. einer Annäherung des emittierenden Gases. Die einzelnen Maxima entsprechen einzelnen interstellaren Wolken. Ihre Breite mißt die interne Geschwindigkeitsdispersion in den Wolken.

sache sowohl in der Tatsache haben, daß das Gas sich insgesamt auf uns zu oder von uns weg bewegt, als auch in den zufälligen Geschwindigkeiten der Wasserstoffatome in der jeweiligen Gaswolke. In dem in Bild 2-12 gezeigten Profil finden wir Hinweise auf die Existenz mehrerer diskreter Wolken in Richtung der galaktischen Länge l. Jedes Maximum im Spektrum kann vermutlich mit einer Wolke assoziiert werden, und die Breite dieser Maxima wird durch die zufälligen Geschwindigkeiten in den Wolken bestimmt. Die Wolken müßten sich dann in unterschiedlichen Entfernungen relativ zum Ursprung des lokalen Bezugssystems befinden.

Wir wollen jetzt überlegen, wodurch die Radialgeschwindigkeit bestimmt wird, wenn die Wolken eine reine Kreisbahnbewegung ausführen. Es gilt die Gleichung

$$v_R = (\omega - \omega_0) R_0 \sin l. \tag{2-16}$$

Angenommen, $\omega(\tilde{\omega})$ fällt nach außen hin mit wachsendem Abstand von der Rotationsachse ab. Wir werden später sehen, daß das sowohl in unserem Milchstraßensystem als auch in anderen Galaxien so ist; außerdem zeigen die Werte von A und B, daß es zumindest in der Sonnenumgebung zutrifft. Dann kann man aus Gl. (2-16) ablesen, daß $(\omega - \omega_0)$ und folglich auch v_R bis zu einem bestimmten Punkt P anwachsen

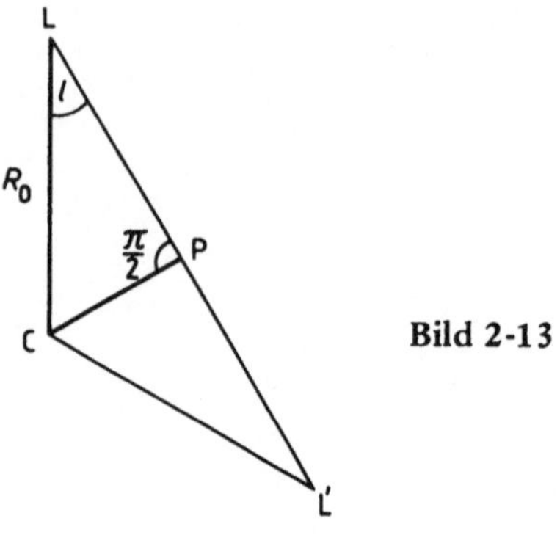

Bild 2-13

(siehe Bild 2-13), wenn wir uns entlang der durch die galaktische Länge l festgelegten Raumrichtung voranbewegen. Hinter diesem Punkt P nimmt die Radialgeschwindigkeit wieder ab, erreicht bei L′ den Wert Null und ist danach negativ. Wenn es entlang des ganzen Sehstrahls Gas gäbe, könnte man schließen, daß die größte in Richtung l beobachtete Geschwindigkeit, oder genauer, die Geschwindigkeit der sich am schnellsten bewegenden Wolke, der Geschwindigkeit im Punkt P entspricht. Die Radialgeschwindigkeit dieser Wolke läßt sich leicht aus der gemessenen Wellenlängenverschiebung mit Hilfe der bekannten Doppler-Formel berechnen. Nimmt man an, daß R_0 durch die Anwendung der oben skizzierten Methoden bekannt sei, dann kennt man auch $\overline{\mathrm{CP}}$ und kann leicht die Winkelgeschwindigkeit im Abstand $\overline{\mathrm{CP}}$ vom galaktischen Zentrum berechnen. Durch Beobachtungen bei verschiedenen galaktischen Längen l läßt sich so die Rotationskurve im gesamten Entfernungsbereich bis R_0 gewinnen. Auch wenn R_0 selbst nicht bekannt wäre, wäre $\overline{\mathrm{CP}}$ als Bruchteil von R_0 ($\mathrm{CP}/R_0 = \sin l$) bekannt, so daß die Rotationskurve immer noch abgeleitet werden könnte. Da sich eventuell keine Gaswolke genau in dem Punkt befindet, in dem die Geschwindigkeit für die vorgegebene Länge l am größten wäre, gilt, daß der größte tatsächlich gemessene Wert kleiner oder gleich dem wahren Maximalwert ist.

Die galaktische Rotationskurve

Wendet man das beschriebene Verfahren an und berücksichtigt ferner, daß $v_{\phi 0}$ und der Gradient von $v_{\phi 0}$ durch Messungen an nahen Sternen bekannt sind, dann erhält man eine Rotationskurve, die etwa den in Bild 2-14 wiedergegebenen Verlauf zeigt. Der genaue Verlauf im zentrumsnahen Bereich ist relativ unsicher, was jedoch sicher scheint, ist

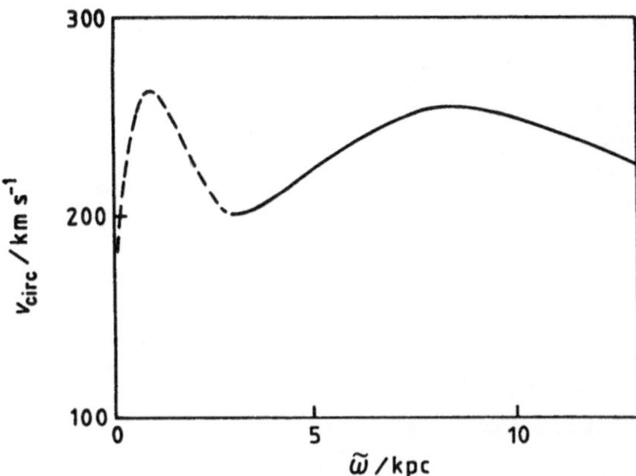

Bild 2-14 Eine geglättete Rotationskurve für das Milchstraßensystem. Im gestrichelten Bereich ist der Verlauf unsicherer als dort, wo die Kurve durchgezogen ist.

der einem raschen Anstieg in Zentrumsnähe folgende nur noch schwach variable Verlauf über einen weiten Entfernungsbereich. Dies zeigt, daß das Milchstraßensystem differentiell rotiert, wobei die Winkelgeschwindigkeit nach außen hin abfällt. Das Minimum in der Rotationskurve, das dem anfänglichen Abstieg folgt, ist nicht tief genug, um den monotonen Abfall der Winkelgeschwindigkeit zu verhindern. Wir werden sehen, daß sich das Auftreten der differentiellen Rotation unmittelbar verstehen läßt, wenn man den Zusammenhang zwischen der Rotationsgeschwindigkeit und der Massenverteilung in der Milchstraße betrachtet (Kapitel 5). Wir werden dann auch erkennen, daß sich aus der Tatsache, daß das Milchstraßensystem differentiell rotiert, einige sehr wichtige Konsequenzen für die Spiralstruktur der Milchstraße und anderer Galaxien ergeben.

Obgleich die Rotationskurve in der in Bild 2-14 wiedergegebenen Form im wesentlichen korrekt zu sein scheint, stimmen die Einzelergebnisse für positive und negative galaktischen Breiten, die für eine reine Rotationsbewegung identisch sein sollten, im Detail nicht überein (Bild 2-15). Es erscheint nicht plausibel, daß man die Abweichungen allein auf das mögliche Fehlen von Gas an den erwarteten Stellen maximaler Dichte zurückführen kann. Die einfachste Erklärung wäre in der Tat eine Abweichung von einer reinen Rotationsbewegung, insbesondere im inneren Teil der Milchstraße. Man kann leicht einsehen, daß z.B. die Überlage-

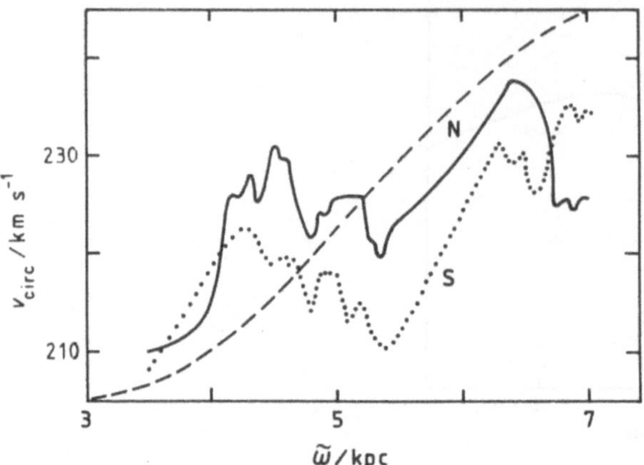

Bild 2-15 Ein Vergleich der bei nördlichen (N) und südlichen (S) galaktischen Breiten bestimmten Rotationskurve. Die gestrichelte Linie entspricht einem Ausschnitt aus der in Bild 2-14 wiedergegebenen geglätteten Rotationskurve.

rung einer allgemeinen Expansionsbewegung über die reine Kreisbewegung zu einer Asymmetrie in den Radialgeschwindigkeitskurven für positive und negative Längen l führen würde. Diese müßte ebenfalls in den Rotationskurven sichtbar werden, die unter der Annahme reiner Kreisbahnbewegungen abgeleitet werden. Es scheint tatsächlich so zu sein, daß Gas aus dem galaktischen Zentrum ausströmt, möglicherweise als Folge eines Explosionsvorgangs im Kernbereich, der vor einigen Millionen Jahren stattgefunden haben könnte. Wir werden in Kapitel 3 auf das Auftreten sehr großer Geschwindigkeiten in den Zentralbereichen einiger anderer Galaxien näher eingehen.

Wir wollen diese Diskussion mit der Beschreibung einer Methode abschließen, mit der man aus Beobachtungen des Gases einen Wert für $A \cdot R_0$ und damit für R_0 ableiten kann, wenn man annimmt, daß A bekannt sei. Dazu betrachten wir Werte von $\tilde{\omega}$ in der Nähe von R_0. Aus den Gln. (2-16) und (2-18) sowie der Definition von A folgt dann

$$v_R = 2A(R_0 - \tilde{\omega}) \sin l. \qquad (2\text{-}35)$$

Aus Bild 2-13 lesen wir ab, daß v_R in einer gegebenen Richtung l maximal wird, wenn

$$\tilde{\omega} = R_0 \sin l. \qquad (2\text{-}36)$$

Dieser Wert von $\tilde{\omega}$ muß nahe bei R_0 liegen, wenn $l \approx 90°$. Setzt man Gl. (2-36) in Gl. (2-35) ein, so erhält man

$$v_{R\,max} = 2AR_0(1-\sin l)\sin l. \qquad (2\text{-}37)$$

Mißt man bei galaktischen Längen l, die nahezu aber nicht exakt gleich 90° sind, so erhält man einen Wert für $A \cdot R_0$. Die Zahlenwerte liegen im Bereich zwischen 135 und 150 km s^{-1}. Dem entspricht ein R_0-Wert zwischen 9 und 10 kpc für A = 15 km s^{-1} kpc^{-1}.
Heute werden allgemein folgende Werte angenommen:

$$A = 15\ \text{km}\,\text{s}^{-1}\,\text{kpc}^{-1},$$
$$B = -10\ \text{km}\,\text{s}^{-1}\,\text{kpc}^{-1},$$
$$R_0 = 10\ \text{kpc},$$
$$v_{\phi 0} = 250\ \text{km}\,\text{s}^{-1}.$$

Die Verteilung des Gases

Das Wasserstoffgas ist weitestgehend auf eine dünne Scheibe konzentriert, die in ihrer Dicke derjenigen vergleichbar ist, auf die sich die jungen Sterne verteilen. Das Gas, das man auf Grund seiner 21 cm-Strahlung entdeckt, ist kalt und erfüllt die Ebene nicht gleichmäßig, sondern tritt in Wolken auf, wie schon in Bild 2-12 angedeutet wurde. Daneben gibt es Hinweise für die Existenz eines heißeren und dünneren Gases zwischen den Wolken. Außerdem wird Gas, das sich zufällig in der Nähe eines Sterns sehr hoher Oberflächentemperatur befindet, durch die Ultraviolett-Strahlung des Sterns ionisiert und bildet eine H II-Region von der Art, wie sie schon im Kapitel 1 erwähnt wurde. Auch die Wolken kalten Gases sind nicht gleichförmig in der Ebene verteilt. Vielmehr gibt es Bereiche erhöhter Häufigkeit, die ein Spiralarmbild ergeben, das in seinen Grundzügen mit dem aus der Position der hellsten blauen Sterne und den H II-Regionen abgeleiteten übereinstimmt. Obgleich kein Zweifel daran bestehen kann, daß das Milchstraßensystem eine Spiralgalaxie ist, ist es nicht leicht, die Einzelheiten dieser Spiralstruktur von unserer Position innerhalb der Scheibe aus zu bestimmen. Aus diesem Grund wollen wir hier auch kein Spiralarmbild für die Milchstraße wiedergeben. Ein viel eindeutigeres Bild ergibt sich für Galaxien wie M 51. Photographiert man dieses Objekt im Licht der H_α-Linie, so treten die Spiralarme sehr deutlich hervor und zeigen einen Verlauf, wie er in Bild 2-16 schematisch dargestellt ist. Es gilt als sehr unwahrscheinlich, daß das Milchstraßensystem eine ähnlich reguläre Spiralstruktur besitzt.

Bild 2-16
Skizze der Spiralstruktur in M 51. Das Bild dieser Galaxie ist in Bild 3-4 gezeigt. Das irreguläre Begleitersystem befindet sich offenbar nahe dem Ende des unteren Spiralarms in dieser Skizze.

Bild 2-17 Die Gasscheibe der Milchstraße, schematisch. Sie weist in großen Entfernungen vom galaktischen Zentrum Verformungen auf. Die Position der Sonne ist durch das Sonnensymbol gekennzeichnet.

Es gibt heute Hinweise dafür, daß Gas nicht nur in der Milchstraßenscheibe vorhanden ist, sondern daß es auch außerhalb der Scheibe auftritt, und daß die Gasscheibe in ihren äußeren Bereichen stark verformt ist (Bild 2–17). Wir kommen darauf in Kapitel 3 zurück. Da wir aus der 21-cm-Emission nur eine Radialgeschwindigkeit, nicht aber direkt eine Entfernung bestimmen können, ist es schwierig, zu entscheiden, ob die in hohen galaktischen Breiten beobachteten sogenannten "high velocity clouds", d.h. Wolken mit großen Radialgeschwindigkeiten, zu unserem Milchstraßensystem gehören, oder ob es sich um intergalaktische Wolken handelt. Selbst wenn sie sich in oder nahe unserer Galaxie befinden sollten, wäre nicht klar, ob es sich um Wolken handelt, die durch denselben Mechanismus, der auch für die Verformung der Gasscheibe verantwortlich, aus der Scheibe herausgezogen worden sind, oder ob es sich um Wolken aus intergalaktischem Gas handelt, die durch die Milchstraße akkretiert (eingefangen) werden. Wir werden auf diesen Punkt zurückkommen, wenn wir im nächsten Kapitel die lokale Gruppe von Galaxien behandeln.

Interstellarer Staub

Wir haben schon mehrfach erwähnt, welche wichtige Rolle der interstellare Staub als Teil der interstellaren Materie spielt. Es ist der Staub und nicht das Gas, der für den größten Teil der Absorption des Sternlichts verantwortlich ist. Es soll jetzt kurz geschildert werden, wie dieser Staub entdeckt wurde und was heute über ihn bekannt ist. Das von einem entfernten Stern ausgestrahlte Licht kann durch die interstellare Materie sowohl *gestreut* als auch *absorbiert* werden. Streuung bedeutet lediglich eine Änderung der Ausbreitungsrichtung der Strahlung. Im Fall der Absorption verschwindet ein Photon dagegen. Die absorbierte Strahlung wird zwar anschließend wieder re-emittiert, dabei tritt im allgemeinen neben einer Richtungsänderung aber auch noch eine Frequenzänderung ein. Würden Absorption und Streuung für Strahlung aller Wellenlängen dieselben sein, dann würde der Stern einfach schwächer leuchten und uns entfernter erscheinen als er ist. Tatsächlich gibt es jedoch eine starke Wellenlängenabhängigkeit der Absorption, wobei blaues Licht stärker betroffen ist als rotes. Dies hat zur Folge, daß sich die Farbe eines Sterns verändert, nicht aber sein Linienspektrum, das in der Atmosphäre des Sterns erzeugt wird. Der Stern besitzt dann – gemessen an seiner Farbe – scheinbar einen falschen Spektraltyp. Aus dieser Tatsache kann man sowohl den Gesamtbetrag der Absorption als auch deren Wellenlängenabhängigkeit zu bestimmen versuchen.
Dazu nimmt man an, daß es im interstellaren Raum bestimmte absorbierende Teilchen gibt, die sowohl qualitativ wie quantitativ die richtige Absorption liefern. Dabei erweist es sich als völlig unmöglich, die beobachteten Effekte zu deuten, wenn man versucht, sie auf Atome oder Moleküle zurückzuführen. Die Messungen lassen sich dagegen viel eher verstehen, wenn man die Annahme macht, daß es im interstellaren Medium kleine Staubteilchen gibt, deren Durchmesser von der gleichen Größenordnung wie die Lichtwellenlänge ist. Es besteht noch keine völlige Einigkeit über die chemische Zusammensetzung dieser Staubteilchen. Man hat Graphit, Silicate und „schmutziges Eis" (Eis mit Verunreinigungen) vorgeschlagen, und sie alle können einige der charakteristischen Eigenschaften der interstellaren Absorption erklären. Vermutlich gibt es sogar verschiedene Sorten interstellarer Staubteilchen.

Die Polarisation des Sternlichts

Es gibt eine Reihe weiterer Beobachtungen, die auf die Existenz interstellarer Staubteilchen hindeuten. Als Beispiel sei die Polarisation des Sternlichts genannt. Das Licht einiger Sterne ist erheblich polarisiert, wobei man diese Polarisation in den meisten Fällen dann bei allen

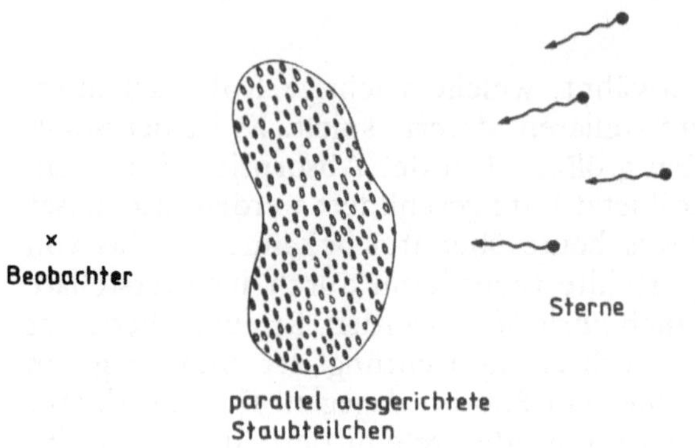

Bild 2-18
Die Polarisation des Sternlichts. Das Sternlicht wird den Beobachter polarisiert erreichen, wenn es durch parallel ausgerichtete Teilchen (hier idealisiert dargestellt) gestreut wird.

Sternen aller Typen in einer bestimmten Himmelsrichtung feststellt. Das zeigt, daß es kaum wahrscheinlich ist, daß die Strahlung schon polarisiert war, als sie emittiert wurde, sondern daß die Polarisation die Folge eines Streuprozesses im interstellaren Medium ist. Zunächst unpolarisiertes Licht wird also dadurch polarisiert, daß es so absorbiert und gestreut wird, daß Licht bestimmter Polarisationsrichtung dabei besonders betroffen ist. Das wird beispielsweise dann passieren, wenn die streuenden Teilchen unsymmetrisch sind und nicht regellos im Raum orientiert, sondern parallel ausgerichtet sind (Bild 2-18). Man glaubt, daß die Streuung durch interstellare Staubteilchen verursacht wird, die länglich sind und die infolge des *interstellaren Magnetfelds* teilweise parallel zueinander ausgerichtet werden.

Das interstellare Magnetfeld und die kosmische Primärstrahlung

Eine tiefergehende Diskussion der Eigenschaften des interstellaren Magnetfelds und der kosmischen Primärstrahlung ist bis zum Kapitel 6 zurückgestellt, in dem die Dynamik des interstellaren Mediums behandelt wird. Einige dieser Eigenschaften sollen jedoch schon hier zusammengestellt werden. Bei der *kosmischen Strahlung*, die man am Ort der Erde beobachtet, handelt es sich um extrem hochenergetische, geladene Teilchen, die mit annähernd gleicher Intensität aus allen Raumrichtungen auf die Erde einströmen. Da sie sich fast mit Lichtgeschwindigkeit bewegen, könnten sie in einer Zeit von der Größenordnung 10^5 Jahre aus dem Milchstraßensystem in den intergalaktischen Raum entweichen, wenn es nichts gäbe, was sie daran hinderte. In Kapitel 6 beschäftigen wir uns mit Hinweisen dafür, daß die kosmische Strahlung eher 10^7 Jahre in der galaktischen Scheibe verbringt und daß sie durch die Wirkung des Magnetfeldes in der Scheibe gefangen gehalten wird. Das ist der zweite Hinweis auf die Existenz eines großräumigen interstellaren Magnetfeldes. Wenn sich geladene Teilchen in einem Magnetfeld bewegen, dann müssen sie Strahlung aussenden, und man kann die Radiostrahlung, die man in der Scheibe und im Halo des Milchstraßensystems beobachtet, und die nicht von interstellaren Gaswolken oder diskreten Radioquellen herstammt, am leichtesten erklären, wenn man annimmt, daß es sich um die Ausstrahlung der Elektronen in der kosmischen Primärstrahlung handelt, die sich im Magnetfeld bewegen. Das legt nahe, daß sowohl die kosmische Strahlung als auch das Magnetfeld im gesamten Milchstraßensystem eine Rolle spielen.

Interstellare Moleküle

Die wichtigste Entdeckung, die man in den letzten Jahren im interstellaren Medium gemacht hat, betrifft interstellare Moleküle. Diese wurden vor allem mit radioastronomischen Methoden entdeckt. Viele Moleküle besitzen zahlreiche Spektrallinien im Mikrowellen- und Infrarotbereich des elektromagnetischen Spektrums, und die meisten Moleküle wurden durch Beobachtungen bei Wellenlängen etwas unterhalb der 21-cm-Linie des neutralen Wasserstoffs gefunden. Das erste Molekül, das man auf diese Weise entdeckte, war das OH-Radikal, das eine weite Verteilung innerhalb des Milchstraßensystems zeigt. Andere Moleküle, die sich auf diese Weise identifizieren ließen und die man an vielen Stellen in der Milchstraße fand, sind Kohlenmonoxid und Formaldehyd. Auch Wasser findet sich an vielen Orten. Ohne Zweifel muß H_2 das häufigste Molekül sein, trotzdem wurde es erst vor kurzem im Ultraviolett-Bereich des Spektrums entdeckt. Das war nur mit Hilfe der auf Satelliten montierten Ultraviolett-Teleskope möglich. Es könnte sein, daß die Gesamtmenge des H_2 sogar der des neutralen Wasserstoffs vergleichbar ist.

Die Existenz relativ kleiner Moleküle hat niemanden überrascht. Um so größer war die Überraschung, als man dichte Gaswolken fand, in denen verhältnismäßig komplexe Moleküle in großer Häufigkeit auftreten. Eine (unvollständige) Liste der bisher entdeckten Moleküle und Radikale ist in Tabelle 2-4 zusammengestellt. Man sieht, daß selbst solche großen Moleküle wie Ethanol oder Cyanoacetylen entdeckt worden sind. Es erscheint fast sicher, daß man schließlich noch größere Moleküle finden wird. Im Gegensatz zu den einfachen Molekülen hat man die komplexen Moleküle nur in einer kleinen Zahl dichter Wolken gefunden. Die größte, bisher entdeckte Ansammlung von Molekülen befindet sich in unmittelbarer Nähe zum galaktischen Zentrum. Da Radiowellen nur in ganz geringem Maße durch die interstellare Materie absorbiert werden, kann man die Moleküle in Zentrumsnähe beobachten, obgleich das Licht eines

Tabelle 2-4 Eine (unvollständige) Liste der im interstellaren Medium entdeckten Moleküle und Radikale

OH	SiO	HNCO	HCCCN
CN	NH_3	H_2CNH	HCCCCCN
CH	C_3N	H_3CCN	HCCCCCCCN
CO	HCN	H_3CCCH	CH_3CHO
H_2O	HNC	HCOOH	CH_3OH
H_2	H_2CO	H_3COH	$(CH_3)_2O$
CS	H_2CS	H_2NCOH	CH_3CH_2OH
H_2S	OCS		

Sterns, der sich dort befindet, extrem stark abgeschwächt wird. Die Entstehung dieser komplizierten Moleküle, und die Frage, wie sie vor einer Zerstörung bewahrt bleiben, sind ein sehr interessantes Problem. Sie können selbst in den dichtesten Wolken nur sehr langsam durch wiederholte Stöße zwischen Atomen und Molekülen entstehen, da selbst in diesen Wolken – gemessen an Laborverhältnissen – Vakuum herrscht. Bei Dichten von etwa 10^{12} m^{-3} und Temperaturen von etwa 10 K sind die Stoßzeiten selbst für zwei Wasserstoffatome nicht kürzer als 10^6 s, und für andere Atome und Moleküle mit viel niedrigerer Häufigkeit sind sie erheblich länger. Wenn man tatsächlich die komplexen Moleküle durch wiederholte Stöße erzeugen will, dann muß man sie vor der Ultraviolett-Strahlung heißer Sterne abschirmen, die sofort ihre Dissoziation bewirken würde. Demnach scheint ihre Bildung und ihre Stabilität im Innern dichter staubhaltiger Wolken, die das auf die Wolken einfallende Sternlicht absorbieren, am ehesten möglich. Man beobachtet tatsächlich die zu erwartende Korrelation zwischen Staub und Molekülen. Da diese dichten Wolken erheblich dichter sind als das allgemeine interstellare Medium, befinden sie sich vermutlich nicht in einem Gleichgewichtszustand, sondern ziehen sich unter dem Einfluß der Gravitation zusammen. Dieser Prozeß dürfte 10^6 bis 10^7 Jahre dauern, so daß den Molekülen dieser Zeitraum für ihre Entstehung zur Verfügung steht. In diesen kontrahierenden dichten Wolken dürften mit großer Wahrscheinlichkeit in naher Zukunft neue Sterne entstehen.

Ein großer Teil der übrigen Kapitel dieses Buches befaßt sich mit unserem Milchstraßensystem und dabei insbesondere mit der Frage, was sich aus den in diesem Kapitel behandelten Beobachtungen lernen läßt. Bevor wir diese Diskussion jedoch fortsetzen, werden in Kapitel 3 zunächst die Eigenschaften anderer Galaxien und deren Verteilung im Weltall kurz beschrieben.

Zusammenfassung

In diesem Kapitel haben wir erläutert, daß sich die meisten Sterne sowie das Gas und der Staub des Milchstraßensystems auf eine sehr dünne Scheibe konzentrieren. Daneben gibt es die nahezu sphärische Verteilung der Kugelsternhaufen und der Schnelläufer, den galaktischen Halo. Die Abplattung der Scheibe wird auf ihre rasche Rotation zurückgeführt. Wir haben diskutiert, wie sich aus Beobachtungen der scheinbaren Bewegung des Systems der Kugelsternhaufen und der lokalen Gruppe von Galaxien, unter denen die Milchstraße das zweitgrößte Mitglied ist, die Rotationsgeschwindigkeit der Sonne um das galaktische Zentrum ableiten läßt. Auch die Beobachtung der Bewegung der Sterne in der Sonnenumgebung und die der in größeren Entfernungen befindlichen Gaswolken liefert Aufschluß über die Rotation der Milchstraße und über den Abstand der Sonne vom Zentrum. Insbesondere zeigt sich, daß unsere Galaxie nicht wie ein starrer Körper rotiert; die Winkelgeschwindigkeit nimmt mit wachsendem Abstand vom Zentrum ab. Auch die zufälligen Geschwindigkeiten der sonnennahen Sterne lassen sich messen. Dabei ergibt sich, daß diese zufälligen Geschwindigkeiten – außer bei einer kleinen Zahl von Schnelläufern – viel kleiner sind als die Umlaufgeschwindigkeiten. Zusätzlich zeigt sich, daß die Geschwindigkeitsamplituden in Richtung zum galaktischen Zentrum bzw. von diesem weg größer sind als die zufälligen Geschwindigkeiten in anderen Richtungen. Die Analyse der chemischen Zusammensetzung der Sterne ergibt, daß fast alle Sterne vor allem aus Wasserstoff und Helium bestehen und daß in den Halosternen im Vergleich zu den Scheibensternen die Häufigkeit der schweren Elemente geringer ist.

Das interstellare Gas, der Staub und die kosmische Primärstrahlung sind ebenfalls auf eine dünne Scheibe konzentriert, wobei das Gas eine Spiralstruktur zeigt, die derjenigen der hellsten jungen Sterne entspricht. Ein großer Teil des Gases steckt in kalten interstellaren Wolken, die vor allem aus Wasserstoff bestehen, und zwischen denen sich ein heißeres, dünneres Gas befindet. Ein Teil des Gases steckt in dichten Wolken, in denen es zahlreiche größere Moleküle gibt, darunter Ethanol. Die Hauptkonstituente dieser Wolken ist jedoch der molekulare Wasserstoff. Es scheint in der Scheibe des Milchstraßensystems ein großräumiges Magnetfeld zu geben. Dieses Magnetfeld hält die kosmischen Primärstrahlungsteilchen für viel längere Zeit in der Milchstraße zurück, als es sonst möglich wäre. Gäbe es kein Magnetfeld, dann würde die kosmische Strahlung in weniger als 10^5 Jahren aus dem System entweichen. Die Teilchen sind jedoch gezwungen, sich auf Helixbahnen um die Magnetfeldlinien herum zu bewegen.

Kapitel 3

Die Eigenschaften anderer Galaxien

Einleitung: Die Hubble-Klassifikation für Galaxien

In dem vorgangegangenen Kapitel haben wir sehr ins einzelne gehend die Eigenschaften einer bestimmten Galaxie, der Milchstraße, behandelt. In diesem Kapitel beschäftigen wir uns mit anderen Galaxien (*extragalaktischen Systemen*), vergleichen ihre Eigenschaften mit denen des Milchstraßensystems und arbeiten die Unterschiede heraus. Diejenige Eigenschaft einer Galaxie, die sich am leichtesten beschreiben läßt, ist ihr optisches Erscheinungsbild. Schon bald nachdem zu Anfang der 20er Jahre klar geworden war, daß extragalaktische Sternsysteme existieren, bemerkte man, daß sich die Galaxien mit regulärer Struktur in zwei Hauptklassen unterteilen lassen: *Spiralgalaxien* und *elliptische Galaxien*. Später stellte man fest, daß die Spiralen weiter unterteilt werden sollten in gewöhnliche Spiralen und *Balkenspiralen* und daß eine weitere Klasse, die *linsenförmigen Galaxien*, eingeführt werden muß. Zusätzlich gibt es *irreguläre Systeme*, das sind Galaxien, die keine offensichtliche Symmetrie aufweisen. In den 30er Jahren führte Hubble sein Klassifikationsschema für Galaxientypen ein, das mit einigen Modifikationen noch heute in Gebrauch ist. Die Hubble-Klassifikation ist in ihrer einfachsten Form in Bild 3-1 dargestellt. Zu der Zeit, als Hubble sein Klassifikationsschema einführte, glaubte er, daß es eine Entwicklungssequenz repräsentiere, in der sich aus elliptischen Systemen Spiralgalaxien entwickeln. Wie wir später sehen werden, hat sich diese Annahme als unwahrscheinlich erwiesen. Es gibt noch andere Klassifikationsschemata für Galaxien, das Hubblesche ist für die Zwecke dieses Buches jedoch völlig ausreichend. Wir beschreiben im folgenden das optische Erscheinungsbild der verschiedenen Galaxientypen etwas genauer, ohne allerdings schon eine Verknüpfung zwischen diesem Erscheinungsbild und den physikalischen Eigenschaften der Systeme herzustellen.

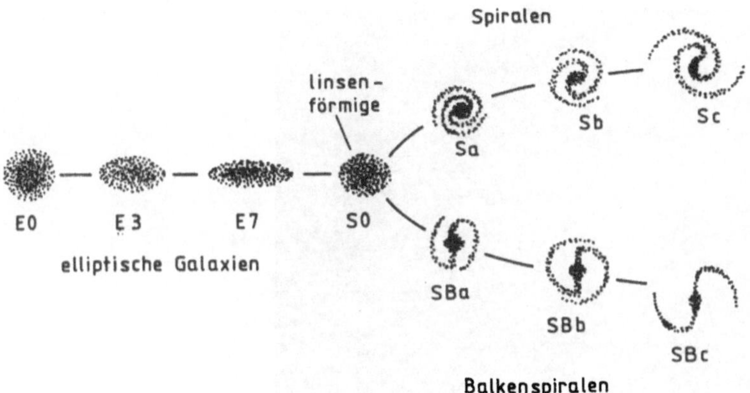

Bild 3-1 Die Hubble-Klassifikation der Galaxien. Die elliptischen Systeme sind in seitlicher Ansicht dargestellt, die linsenförmigen Galaxien, die Spiralen und Balkenspiralen in Aufsicht.

Elliptische (sphäroidische) Galaxien

Die elliptischen Galaxien (oder besser, die sphäroidischen, denn sie zeichnen sich alle durch das Vorhandensein einer Symmetrieachse aus)[12], werden entsprechend dem Verhältnis ihrer großen zu kleinen Achsen weiter unterteilt. Wenn a und b die scheinbaren (Halb-)Achsenlängen sind, dann wird eine Galaxie als E_n System bezeichnet, mit

$$n = \frac{10\,(a-b)}{a}\,. \tag{3-1}$$

Man hat bisher keine elliptische Galaxie entdeckt, für die n größer als 7 wäre. Aufgrund von Projektionseffekten ist der gemessene Wert von n stets kleiner oder höchstens gleich dem wahren Wert. In Aufsicht, d.h. in Richtung ihrer kleinen Achse beobachtete sphäroidische Galaxien erscheinen zudem immer kreisförmig. Trotzdem deutet die Tatsache, daß größere Werte als $n = 7$ nicht gefunden wurden, darauf hin, daß elliptische Systeme mit noch größerer Abplattung wohl nicht existieren können. Dieses Ergebnis steht im Widerspruch zu dem bei allen anderen Galaxien mit regulärer Gestalt (wie den linsenförmigen, den Spiralen und Balkenspiralen) gefundenen, die wir unsere eigene

---

12) Kürzlich wurde die Vermutung geäußert, daß einige dreiachsig sein könnten.

Bild 3-2 Eine EO-Galaxie. Es handelt sich um die große elliptische Galaxie M 87 in Virgo. (Aufnahme der Hale Observatories, Palomar; 5 m-Teleskop)

Bild 3-3 Eine E 4-Galaxie (NGC 1389 im Fornax-Haufen. Aufnahme mit dem 3,9 m-Anglo-Australischen Teleskop; wiedergegeben mit Genehmigung des Anglo-Australien Telescope Board)

Galaxie hochgradig abgeflacht sind. In den Bildern 3-2 und 3-3 sind Photographien elliptischer Galaxien unterschiedlichen Typs wiedergegeben.

Spiralen, Balkenspiralen und linsenförmige Galaxien

Die Spiralgalaxien waren die ersten extragalaktischen Systeme, die man entdeckte. Sie erhielten ihren Namen wegen der annähernd spiralförmigen Helligkeitsverteilung, die man auch auf der als Bild 3-4 wiedergegebenen Photographie einer Spiralgalaxie erkennt. Zunächst erschien es so, als wiesen Spiralsysteme keinerlei Axialsymmetrie auf. Heute weiß man jedoch, daß die Massenverteilung weit weniger asymmetrisch als

Bild 3-4 Eine Spiralgalaxie vom Typ Sc, hier M 51 in Canes Venatici. Dieses System hat einen irregulären Begleiter. (Aufnahme der Hale Observatories, Palomar; 5 m-Teleskop)

Bild 3-5 Eine seitlich gesehene Spiralgalaxie vom Typ Sb, hier NGC 4565 in Coma Berinices. (Aufnahme der Hale Observatories, Palomar; 5 m-Teleskop)

die Helligkeitsverteilung ist. Das Licht wird hauptsächlich durch massereiche junge Sterne erzeugt, die sich auf die Spiralarme konzentrieren. Entweder sieht man diese Sterne direkt, oder sie verraten ihre Gegenwart durch heiße Gaswolken (H II-Gebiete), welche durch die in sie eingebetteten Sterne aufgeheizt werden und daher im optischen Bereich hell leuchten. Im Gegensatz dazu steckt der größte Teil der Masse in älteren, masseärmeren Sternen, die praktisch gleichförmig über die Scheibe verteilt sind. Wie in Bild 3-5 deutlich wird, sind Spiralgalaxien hochgradig abgeflacht.

Der Hauptunterschied zwischen Balkenspiralen und Spiralen besteht darin, daß der zentrale Kern, der im Fall gewöhnlicher Spiralen annähernd sphärisch ist, bei den Balkenspiralen deutlich in einer Richtung zu einem Balken ausgezogen ist. Da im Kern stets eine erhebliche Masse steckt, sind die Balkenspiralen mit Sicherheit asymmetrisch. In der Hubble-Klassifikation (Bild 3-1) werden die gewöhnlichen Spiralen in

Bild 3-6 Eine Balkenspirale (NGC 2442 in Volans. Aufnahme mit dem 1,2 m-UK-Schmidt-Spiegel; wiedergegeben mit Genehmigung des Royal Observatory Edinburgh)

die Unterklassen Sa, Sb, Sc und die Balkenspiralen in die Unterklassen SBa, SBb, SBc eingeteilt. Die Klassifikation a, b, c beschreibt in beiden Fällen die Größe des Kerns und die Enge der Wicklung der Spiralstruktur. Von a nach c nimmt die Größe des Kerns ab, und die Arme sind weniger eng gewickelt. Bild 3-6 zeigt die Photographie einer Balkenspirale. Die linsenförmigen Systeme (Bild 3-7) ähneln den Spiralgalaxien darin, daß sie ebenfalls stark abgeplattet sind, weisen jedoch keinerlei Spiralstruktur auf.

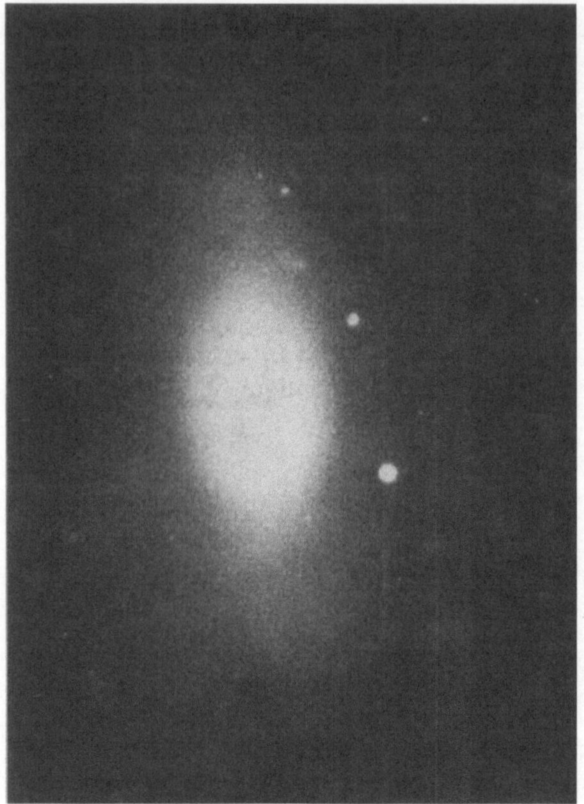

Bild 3-7 Ein linsenförmiges System (NGC 1380 im Fornax-Haufen. Aufnahme mit dem 3,9 m-Anglo-Australian Telescope; wiedergegeben mit Genehmigung des Anglo-Australian Telescope Board)

Irreguläre Galaxien

Außer den vier bisher beschriebenen Typen von Galaxien gibt es verschiedene Typen irregulärer Galaxien. Diese lassen sich grob in zwei Gruppen unterteilen: Irr I und Irr II. Dabei erscheinen Galaxien vom Typ Irr I zwar irregulär, sind es in Wirklichkeit aber nicht, während Galaxien vom Typ Irr II eine irreguläre Struktur zeigen und auch besitzen. Der Unterschied besteht darin, daß die Massenverteilung in Irr I-Galaxien, wie in den beiden nächsten Begleitern des Milchstraßensystems, der Großen und Kleinen Magellanschen Wolke (engl. Abk.

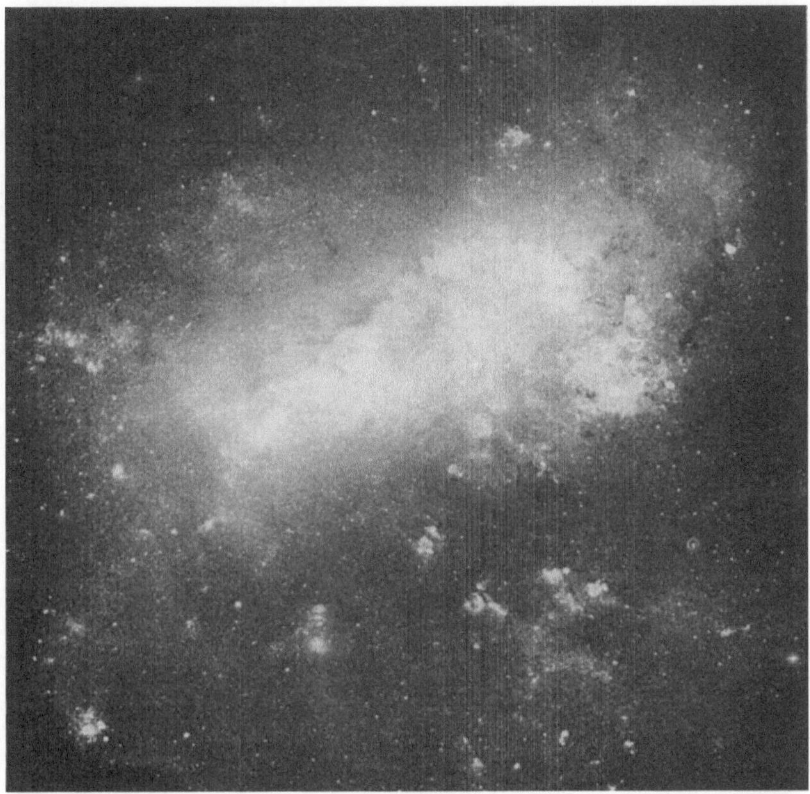

Bild 3-8 Eine Galaxie vom Typ Irr I. Die Große Magellansche Wolke. (Die Aufnahme wurde mit dem 1,2 m-UK-Schmidt-Teleskop gewonnen; Wiedergabe mit Genehmigung des Royal Observatory Edinburgh.)

LMC und SMC), erheblich weniger irregulär ist als die Helligkeitsverteilung. Diese Eigenschaft haben sie mit den Spiralgalaxien gemein, und es scheint so, als bestünde die Chance, daß sie zu Spiralgalaxien werden, nur haben sie diese Chance bisher nicht wahrgenommen. Bei den wirklich irregulären Systemen (Irr II) handelt es sich i.a. um Galaxien, in denen es vor kurzem zu einer starken Explosion gekommen ist, oder die durch die Nähe einer (oder mehrerer) anderen (anderer) Galaxie(n) stark verformt werden. Es ist tatsächlich nicht leicht zu verstehen, wie eine allein stehende irreguläre Galaxie, mit all ihren Sternen, die alle ihre Pekuliargeschwindigkeit besitzen, als irreguläres System für tau-

Bild 3-9 Eine Galaxie vom Typ Irr II. Eine elektronographische Aufnahme von M 82 in Ursa Major mit dem 1 m Teleskop des Wise Observatoriums der Universität von Tel Aviv (D. J. Axon).

sende von Millionen Jahren überleben kann. Am Ende dieses Kapitels werden wir noch einmal auf irreguläre und pekuliare (aktive) Galaxien zurückkommen. Die Bilder 3-8 und 3-9 zeigen Photographien von Irr I- und Irr II-Systemen.

Zur Deutung der Hubble-Klassifikation

Die beschriebene Hubble-Klassifikation ist zunächst eine rein phänomenologische Beschreibung der Galaxien. Diese wurden auf Grund ihrer Morphologie in verschiedene Klassen unterteilt, bisher wurde aber keine physikalische Deutung dieses Klassifikationsschemas versucht. Wie schon erwähnt, glaubte Hubble ursprünglich, daß sein Schema eine Entwicklungssequenz darstellen könnte, so daß sich eine Galaxie im Laufe ihres Lebens entlang dieser Sequenz entwickeln würde. Das erscheint heute jedoch nicht mehr sehr wahrscheinlich. Dafür gibt es mehrere Gründe. Am wichtigsten sind vielleicht die Unterschiede im Massenspektrum der elliptischen Galaxien und der Spiralen. Sowohl die massereichsten als auch die masseärmsten Sternsysteme sind vom elliptischen Typ, während die Masse der Spiralgalaxien in einem viel kleineren Bereich variiert. Selbst wenn man annimmt, daß sich Galaxien mit unterschiedlichen Massen unterschiedlich schnell entlang der Hubble-Sequenz entwickeln, dürfte sich diese Schwierigkeit nicht überwinden lassen.

Heute wird im allgemeinen angenommen, daß die morphologischen Unterschiede unterschiedliche Bedingungen bei der Entstehung der Galaxien widerspiegeln. Es gibt bei einer prägalaktischen Wolke mehrere Eigenschaften, die von Wolke zu Wolke variieren können und die einen Einfluß auf die Eigenschaften der entstehenden Galaxie haben. Die beiden wichtigsten Parameter sind vielleicht die *Masse* und der *Drehimpuls* der Wolke, und man ist versucht, die Hubble-Sequenz für Galaxien fester Masse auf das Anwachsen des Drehimpulses pro Masseneinheit zurückzuführen. Danach sollten die am stärksten abgeplatteten Systeme diejenigen mit dem größten Drehimpuls sein, und umgekehrt würde aus einer nicht rotierenden prägalaktischen Wolke ein sphärisches System entstehen. In Kapitel 8 werden wir sehen, daß die endgültige Deutung der Hubble-Sequenz wohl nicht ganz so einfach sein dürfte. So wird das resultierende Sternsystem z.B. weniger abgeplattet sein, wenn schon zu Beginn des Kollapses der prägalaktischen Wolke Sterne entstehen und nicht erst, wenn die Gaswolke ihren Kollpas vollständig beendet hat.

Selbst wenn der Drehimpuls pro Masseneinheit diejenige Größe wäre, die darüber entscheidet, ob sich eine elliptische Galaxie oder ein hochgradig abgeplattetes System bildet, scheint es so, als müßte es mindestens einen zweiten Parameter geben, der für die Unterteilung der abgeplatteten Systeme in Spiralen, Balkenspiralen, linsenförmige Systeme und Irreguläre vom Typ der Magellanschen Wolken verantwortlich ist. Dieser zusätzliche physikalische Parameter läßt sich zur Zeit nicht angeben. Van den Bergh hat kürzlich vorgeschlagen, daß die linsenförmigen Systeme in eine Sequenz S0a, S0b, S0c unterteilt werden sollten, die parallel zu den Sequenzen der Spiralen und Balkenspiralen verläuft, wobei sich die Größe der zentralen Verdickung entlang der Sequenz ändert, so daß den linsenförmigen Systemen keine Zwischenstellung zwischen den elliptischen und den Spiralsystemen

mehr zukäme. Weiter schlägt van den Bergh vor, daß die irregulären Galaxien vom Typ der Magellanschen Wolken (Irr I) in die Unterklassen Irr Ia, b, c eingeteilt werden sollten. Sollten diese Vorschläge allgemein angenommen werden, dann bliebe zu erklären, welcher physikalische Parameter dafür verantwortlich ist, daß eine Galaxie zum Beispiel zu einem S0a-, Sa-, SBa- oder Irr Ia-System wird.
Obwohl die Hubble-Sequenz wahrscheinlich keine Entwicklungssequenz darstellt, muß man feststellen, daß die Unterschiede zwischen elliptischen Galaxien und Spiralen erheblich kleiner wären, wenn sich einige der kürzlich angestellten theoretischen Überlegungen als richtig erweisen sollten. Diese besagen, daß Spiralgalaxien wie unsere eigene von massereichen sphäroidischen Halos geringer Dichte umgeben sein könnten, die erheblich weniger abgeplattet wären als die beobachten Spiralen. Träfe das zu, dann könnte der Drehimpuls-Unterschied zwischen spiralförmigen und elliptischen Systemen weit geringer sein, als allgemein angenommen wird. Wir werden in diesem Buch noch mehrfach zu der Diskussion massereicher Halos zurückkehren, insbesondere in Kapitel 5.

Die Messung der Rotationsgeschwindigkeit von Spiralgalaxien

Im letzten Kapitel haben wir beschrieben, wie sich die Rotation des Milchstraßensystems beobachten läßt. Welche Möglichkeit gibt es bei anderen Spiralgalaxien? Um die Rotation messen zu können, muß die Galaxie von der Seite oder nahezu von der Seite beobachtet werden, so daß die Bewegung zu einem erheblichen Teil auf den Beobachter zu oder von ihm weg erfolgt. Im Fall einer solchen seitlich beobachteten Galaxie ist es dann möglich, sofern sie weder zu nah noch zu fern ist, ein Spektrum des Gesamtobjekts aufzunehmen, indem man dafür sorgt, daß der Spektrographenspalt entlang der Hauptachse der Galaxie verläuft (Bild 3-10). Nimmt man an, daß die Galaxie so rotiert, daß sich die linke Hälfte der Hauptachse in Bild 3-10 auf uns zu und die rechte Hälfte von uns wegbewegt, dann müßte sich das in Bild 3-11 gezeigte Spektrum ergeben, falls die Galaxie mit einheitlicher Geschwindigkeit rotiert. Die Spektrallinien wären alle geneigt, weil das Licht von der linken Seite der Galaxie eine Doppler Verschiebung zu kürzeren Wellenlängen hin erführe und es eine entsprechende Rotverschiebung auf der

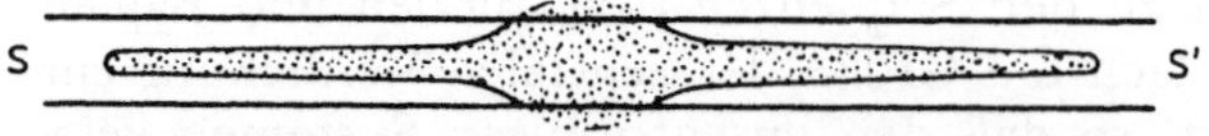

Bild 3-10 Die Bestimmung der Rotationskurve einer Galaxie. Der Spektrographenspalt SS' ist parallel zur Hauptachse des Systems orientiert.

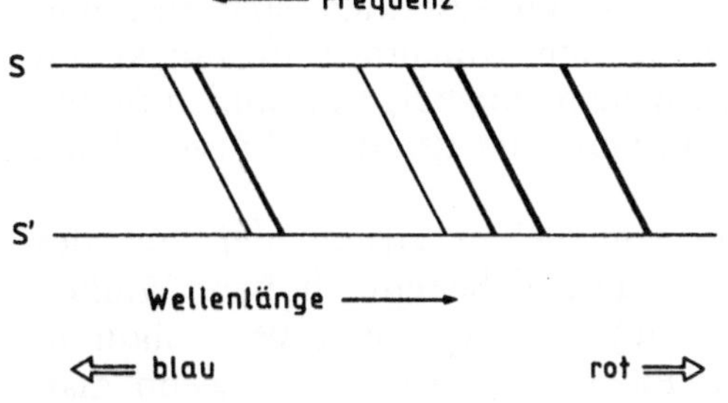

Bild 3-11
Das Spektrum einer mit einheitlicher Geschwindigkeit rotierenden Galaxie

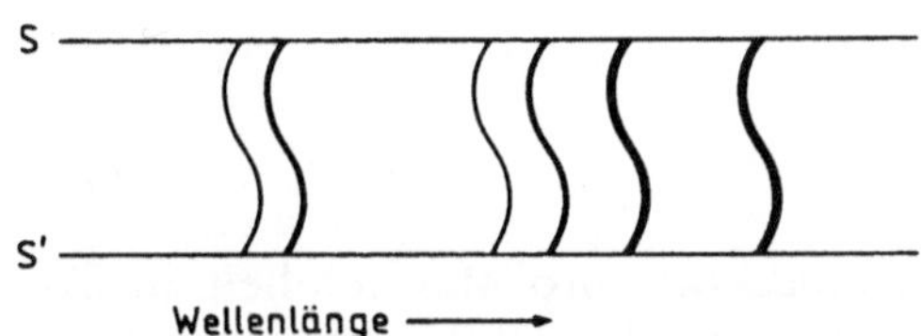

Bild 3-12
Das Spektrum einer differentiell rotierenden Galaxie

rechten Seite der Galaxie gäbe. Dabei muß man beachten, daß diese Verschiebungen sich einer etwa vorhandenen Verschiebung des gesamten Spektrums überlagern würden, die daraus resultiert, daß sich die Galaxie auf uns zu oder von uns weg bewegt. Aus einem solchen Spektrum könnte man leicht die scheinbare Rotationsgeschwindigkeit eines Systems ableiten und daraus die wirkliche Rotationsgeschwindigkeit erhalten, indem man für die Neigung der Galaxie korrigiert, wenn sie nicht exakt von der Seite beobachtet wird.

Die Spektren, die man tatsächlich beobachtet, sehen in der Regel mehr wie das in Bild 3-12 und nicht wie das in Bild 3-11 gezeigte aus. Die Struktur der Linien in Bild 3-12 zeigt an, daß die Galaxie nicht mit einheitlicher Geschwindigkeit rotiert. Aus einem solchen Spektrum läßt sich die Änderung der Rotationsgeschwindigkeit in Abhängigkeit vom Abstand vom Zentrum der jeweiligen Galaxie ermitteln. Die resultierende Rotationskurve kann mit der für unsere Galaxie gefundenen und in Bild 2-15 dargestellten verglichen werden. Die Hauptschwierigkeit besteht dabei in der Breite der beobachteten Spektrallinien. Zwei Effekte tragen zu dieser Verbreiterung bei. Das Licht einer Galaxie ist die Überlagerung des Lichts der Sterne in ihr: Da die Spektrallinien der einzelnen Sterne verbreitert sind, vor allem weil diese rotieren, so daß eine Seite sich auf uns zu und eine von uns weg bewegt, sind auch die Spektrallinien der Galaxie verbreitert. Außerdem besitzen die Sterne Pekuliargeschwindigkeiten und rotieren um das Zentrum des Systems.

In Spiralgalaxien, nicht jedoch in elliptischen Systemen, sind die Pekuliargeschwindigkeiten im Vergleich zu den Umlaufgeschwindigkeiten vernachlässigbar, so daß sich im allgemeinen einige Spektrallinien finden lassen, die für eine zuverlässige Bestimmung der Rotationskurve schmal genug sind.
Die beobachteten Rotationskurven ähneln im allgemeinen der des Milchstraßensystems, wobei die Zentralbereiche eine höhere Winkelgeschwindigkeit aufweisen als die äußeren Regionen. Wie schon in Kapitel 2 bemerkt, läßt sich diese Eigenschaft verstehen, wenn man berücksichtigt, daß die Umlaufgeschwindigkeit in bestimmtem Abstand vom Zentrum mit der zum Zentrum hin gerichteten Gravitationskraft durch die Beziehung

$$\frac{v_{\mathrm{circ}}^2}{\varpi} = -g_{\varpi}, \tag{3-2}$$

verknüpft ist, wobei g_{ϖ} die Anziehungskraft pro Masseeinheit in ϖ-Richtung beschreibt. Geht man zu hinreichend großen Abständen vom Zentrum, dann ist das Gravitationsfeld dem einer Punktmasse sehr ähnlich, so daß für große Abstände

$$v_{\mathrm{circ}} \sim \varpi^{-1/2}. \tag{3-3}$$

Die beobachteten Rotationskurven geben sowohl über die Massenverteilung in den Galaxien als auch über deren Gesamtmasse Auskunft. Ein Teil des Kapitels 5 wird der Beschreibung der entsprechenden Verfahren und ihrer Genauigkeiten gewidmet sein. In diesem Kapitel beschränken wir uns darauf, die Ergebnisse zu zitieren.

Die Rotation der Galaxien und ihre Spiralstruktur

Obgleich sich die *differentielle Rotation* der Galaxien mit Hilfe der Gl. (3-2) auf die gleiche Weise verstehen läßt wie die durch das Keplersche Gesetz (Gl. (3-3)) beschriebene differentielle Rotation der Planeten im Sonnensystem, treten massive Probleme auf, wenn wir die Spiralstruktur von Galaxien betrachten. Angenommen, eine Galaxie besitzt zu einem bestimmten Zeitpunkt die in Bild 3-13a gezeigte idealisierte Spiralstruktur. Diese Galaxie habe nun eine Rotationskurve wie wir sie diskutiert haben, d.h. die Winkelgeschwindigkeit in Zentrumsnähe sei erheblich größer als in den Randbereichen. Jetzt wollen wir die Entwicklung dieses Systems über einen Zeitraum verfolgen, in dem die Zentralbereiche mehrere volle Umdrehungen machen, die Außenbereiche jedoch noch nicht einmal eine einzige Umdrehung beenden. Man sieht leicht, daß sich dann eine Struktur ergeben muß, wie sie in Bild 3-13b gezeigt ist. Die Spiralstruktur wird rasch auseinandergezogen

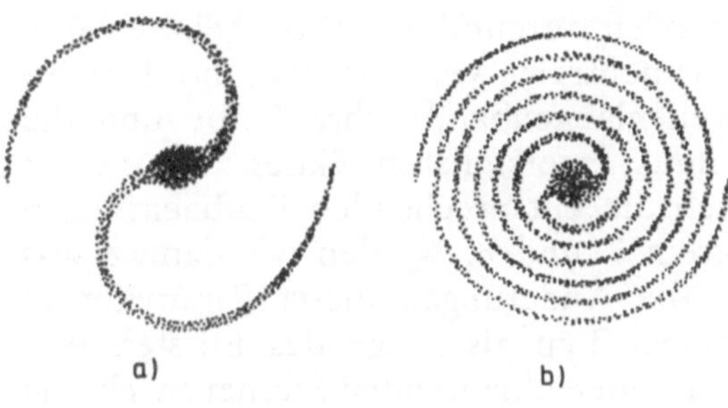

Bild 3-13
Das Aufwickeln eines Spiralmusters infolge differentieller Rotation

und aufgewickelt, so daß das zunächst relativ einfache Spiralmuster zerstört wird. Aus den beobachteten Rotationskurven muß man schließen, daß sich solche Aufwickeleffekte bereits auf einer Zeitskala von 10^9 Jahren deutlich auswirken sollten, während das Alter der meisten Galaxien auf 10^{10} Jahre oder mehr geschätzt wird. Da es eine große Zahl regulärer Spiralgalaxien gibt, muß es sich bei der Spiralstruktur um ein langlebiges Phänomen handeln, das trotz der erwarteten Änderungen durch die differentielle Rotation erhalten bleibt.
Dieser Umstand hat zu der Überlegung geführt, daß es nicht immer dasselbe Material ist, das sich in den Spiralarmen befindet. Wären es immer dieselben Gaswolken und dieselben Sterne, die sich in den Spiralarmen aufhalten, dann müßte die differentielle Rotation mit Sicherheit zu dem in Bild 3-13 gezeigten Effekt führen. Es wurde stattdessen vorgeschlagen, daß es sich bei dem Spiralmuster um eine *Dichtewelle* handelt. In diesem Fall befindet sich trotz des ständig vorhandenen Spiralmusters stets anderes Materials in den Spiralarmen. Diese Situation läßt sich mit der bei anderen Wellenphänomen, z.B. in Wasserwellen, vergleichen. Es ist allerdings klar, daß eine solche Dichtewelle eine Reihe komplizierter Eigenschaften aufweisen muß. So muß sie selbst differentiell rotieren, um der Rotation der Galaxie entgegenzuwirken und das Spiralmuster für längere Zeiträume aufrechtzuerhalten, als es sonst möglich wäre. Wir werden auf das Thema Spiralstruktur und Hinweise für die Richtigkeit der Dichtewellentheorie in Kapitel 6 zurückkommen.

Die Eigenschaften von Galaxien unterschiedlichen Typs

Im vorangehenden Kapitel haben wir die Eigenschaften des Milchstraßensystems ausführlich beschrieben. Wir wollen davon absehen, eine solche Darstellung noch für eine zweite Galaxie zu geben. Stattdessen wollen wir uns darauf konzentrieren, die Ähnlichkeiten und die Unterschiede in den Eigenschaften von Galaxien unterschiedlichen Typs zu diskutieren. Das läßt sich am einfachsten anhand einiger weniger *integraler Eigenschaften* von Galaxien durchführen. Dazu gehören ihre Masse, ihr Gasgehalt (i.a. die Masse neutralen Wasserstoffs), ihre Leuchtkraft (in einem bestimmten Wellenlängenband), ihre Farbe und die chemische Zusammensetzung ihres interstellaren Gases. In diesem Kapitel wollen wir ausschließlich die entsprechenden Beobachtungen behandeln. Später, in den Kapiteln 7 und 8, werden wir dann etwas darüber aussagen, wieweit sich die Änderungen dieser Parameter in Abhängigkeit vom morphologischen Typ als Folge des Entstehungsprozesses der Galaxien bzw. der in ihnen ablaufenden Sternentwicklung verstehen lassen.

Die Leuchtkraft und die Farbe einer Galaxie lassen sich im Prinzip am leichtesten beobachten. Die scheinbare Helligkeit kann man in jedem Fall messen und daraus eine absolute Leuchtkraft ableiten, wenn die Entfernung der Galaxie bekannt ist. In Kapitel 1 haben wir kurz beschrieben, wie sich Entfernungen bestimmen lassen; wir haben aber auch deutlich gemacht, welche Unsicherheiten dabei bestehen. Diese führen zu entsprechenden Unsicherheiten in den absoluten Leuchtkräften der Galaxien. Die Farbe einer Galaxie ist unabhängig von ihrer Entfernung, zumindest solange die Rotverschiebung ihres Spektrums noch keine Rolle spielt.

Die Massen der Galaxien

Wie schon erwähnt, werden die Methoden der Massenbestimmung für Galaxien in Kapitel 5 behandelt werden. Die Ergebnisse sollen jedoch schon hier verwendet werden Dabei fällt als erstes auf, daß die Massen der Galaxien in einem sehr weiten Bereich variieren und daß die meisten Abschätzungen höchstwahrscheinlich nur untere Grenzwerte liefern. Dies resultiert aus der in Kapitel 5 ausführlicher diskutierten Tatsache, daß es i.a. nicht möglich ist, wirklich die *Gesamtmasse* eines Systems zu bestimmen. Stattdessen läßt sich nur die Masse bestimmen, die sich innerhalb eines gegebenen Abstands vom Zentrum befindet. Im Fall einer Spiralgalaxie kann das zum Beispiel diejenige Entfernung sein, bis zu der sich die Rotationskurve messen läßt. In vielen Fällen könnten die äußeren Regionen einer Galaxie so viel Masse enthalten, daß sich die Gesamtmasse um eine Größenordnung erhöhen würde. Diese Möglichkeit muß im Auge behalten werden, wenn man die weiter unten angegebenen Werte verwendet.

Es läßt sich nicht entscheiden, welche Mindestmasse eine Galaxie haben muß. Das hat zwei Gründe. Zum einen ist es äußerst schwierig, sehr kleine Galaxien zu entdecken, selbst wenn sie sich in nächster Nachbarschaft zum Milchstraßensystem befinden. Zum andern fehlt uns eine exakte Definition dafür, wann wir von einer Galaxie sprechen sollen.

Wir könnten sie als großes, allein im Raum stehendes System von Sternen definieren. Dann wären Kugelhaufen von Galaxien unterschieden, weil sie nicht für sich allein im Raum stehen. Es bleibt aber offen, ob es sich bei einem ziemlich kleinen System von Sternen, das wir vielleicht beobachten, um eine eigenständige Galaxie handelt, oder um einen Kugelhaufen, der aus einer Galaxie entwichen ist. Das Fehlen einer präzisen Definition ist jedoch nicht wirklich wichtig, und wir wissen, daß es Zwerggalaxien gibt, die nicht massereicher sind als große Kugelhaufen (ca. $10^6\ M_\odot$). Aus den im letzten Abschnitt diskutierten Gründen gibt es auch hinsichtlich der größten möglichen Masse einer Galaxie Unsicherheiten. Es gibt mit Sicherheit riesige elliptische Galaxien, deren Masse mehr als $10^{12} M_\odot$ beträgt, und selbst Massen über $10^{13} M_\odot$ scheinen möglich. Das bedeutet, daß unser Milchstraßensystem mit einer Masse von etwa $1{,}5 \cdot 10^{11} M_\odot$ über dem Durchschnitt liegt, aber sicher nicht zu den massereichsten Galaxien gehört.
Als man anfing, sich mit Galaxien zu beschäftigen, glaubte man, daß es eine charakteristische Masse und eine Verteilung um diesen Wert herum gibt, wie sie in Bild 3-14 gezeigt ist. Heute weiß man, daß dieses Bild völlig falsch ist und daß es nur dazu gekommen war, weil man nicht imstande war, lichtschwache Galaxien niedriger Masse nachzuweisen. Es gibt gegenwärtig keinerlei Hinweis dafür, daß die Zahl der Galaxien zu kleineren Massen hin abnimmt. Die Kurve b in Bild 3-14 macht das deutlich. Obgleich ihre Gesamtzahl immer noch unsicher ist, dürften die massearmen Galaxien kaum imstande sein, einen wesentlichen Beitrag zur Gesamtmasse zu leisten, die überhaupt in Galaxien steckt. Wie in Kapitel 8 deutlich werden wird, ist dies eine im Hinblick auf die Entwicklung des gesamten Weltalls äußerst wichtige Größe. Unter Berücksichtigung der bisher gemachten Bemerkungen können wir jetzt die gegenwärtig akzeptierten Werte für die Massen von Galaxien in Tabelle 3-1 angeben. Aus dieser Tabelle läßt sich ablesen, daß sowohl die massereichsten wie auch die masseärmsten Galaxien ellip-

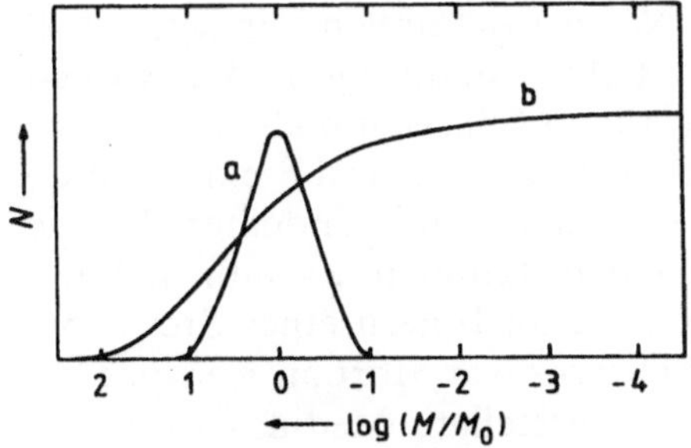

Bild 3-14
Schematische Darstellung der Massenverteilung der Galaxien. Die Kurve a entspricht früheren Vorstellungen, die Kurve b gibt die neueren Ergebnisse wieder.

Tabelle 3-1 Die Massen von Galaxien. Die angegebenen Werte gelten nur näherungsweise. Falls Galaxien einen massereichen Halo besitzen, könnten die Massenwerte bis zu einem Faktor 10 über den angenommenen Werten liegen.

Typ oder Name	Masse/$M_\odot$
große elliptische Systeme	10^{13}
M 31	$3 \cdot 10^{11}$
die Milchstraße	$1{,}5-2 \cdot 10^{11}$
kleine Spiralgalaxien	10^{10}
typische Irr I-Systeme	10^{10}
elliptische Zwerggalaxien	10^{6}

tische Systeme sind, während die Massen der Spiralen und irregulären Systeme in einem engeren Bereich variieren. Auf diese Tatsache hatten wir schon hingewiesen.

Das Masse-Leuchtkraft-Verhältnis für Galaxien

Außer durch ihre Masse werden die Galaxien gewöhnlich durch ihr *Masse-Leuchtkraft-Verhältnis* (M/L) sowie durch den Quotienten aus der *Masse neutralen Wasserstoffs* und ihrer *Gesamtmasse* ($M_{\text{H I}}/M$) charakterisiert. Die Galaxien desselben morphologischen Typs weisen nicht alle dieselben M/L- und $M_{\text{H I}}/M$-Werte auf, die Streuung dieser Werte innerhalb eines morphologischen Typs ist jedoch geringer als die Variation von Typ zu Typ. Diese ist in Tabelle 3-2 dargestellt. Da die Massenabschätzungen unsicherer sind als die Leuchtkraftabschätzungen und da die Massen unterschätzt sein könnten, könnten die angegebenen M/L-Werte zu niedrig sein.

Aus Tabelle 3-2 läßt sich ablesen, daß das Masse-Leuchtkraft-Verhältnis bei elliptischen Galaxien am größten ist und daß die niedrigsten Werte bei Sc-Galaxien und bei irregulären Systemen gefunden werden. Das Umgekehrte gilt für $M_{\text{H I}}/M$. In erster Näherung können wir sagen, daß es in elliptischen Galaxien keine interstellare Materie gibt. Wir wollen hier auf die Frage der interstellaren Materie in Galaxien nicht weiter eingehen, außer daß wir im Hinblick auf die Kapitel 7 und 8 eine Anmerkung machen. Das interstellare Gas, das wir heute in irgendeiner Galaxie beobachten, kann aus einer von drei Quellen stammen. Es kann sich um galaktisches Gas handeln, das sich noch nie im Innern eines Sterns befand, oder um Gas, das im Innern eines Sterns war, dort an Kernprozessen teilnahm und anschließend an das interstellare Medium zurückge-

Tabelle 3-2 Masse-Leuchtkraft-Verhältnis und Massenanteil neutralen Wasserstoffs in Abhängigkeit vom Galaxien-Typ. Die Zahlen sind unsicher, zeigen aber den richtigen Trend. Falls Galaxien massereiche Halos besitzen, könnten die M/L-Werte um bis zu einer Zehnerpotenz größer und die $M_{\mathrm{H\,I}}/M$-Werte entsprechend kleiner sein. Außer dem H I-Gas gibt es natürlich auch noch anderes Gas in den Galaxien.

Galaxien-Typ	$(M/M_\odot)/(L/L_\odot)$	$M_{\mathrm{H\,I}}/M$
E	20–40	~ 0
S0	10	0,005
Sa	10	0,03
Sb	10	0,05
Sc	< 10	0,07
Irr I	< 10	0,2

flossen ist, oder um intergalaktisches Gas, das von der Galaxie auf ihrem Weg durch das intergalaktische Medium „aufgefegt" (akkretiert) worden ist. Der Massenanteil und die chemische Zusammensetzung der interstellaren Materie in einer Galaxie müssen letztlich im Rahmen des Sternentstehungsprozesses, der Masseverlustprozesse der Sterne und möglicherweise der Akkretion intergalaktischen Gases verstanden werden.

Das M/L-Verhältnis hängt zum einen von dem Anteil leuchtender und nicht-leuchtender Materie in einer Galaxie ab, zum andern von der Leuchtkraftfunktion der Sterne in der Galaxie. In Kapitel 2 haben wir gesehen, daß die Leuchtkraft der Hauptreihensterne steil mit der Masse ansteigt. Näherungsweise gilt

$$L_s \sim M_s^4, \tag{2-2}$$

während der nukleare Energievorrat eines Sterns die Relation

$$E_N \sim M_s \tag{2-3}$$

erfüllt, so daß die Hauptreihen-Lebenszeit eines Sterns durch

$$t_{ms} \sim M_s^{-3} \tag{2-4}$$

gegeben ist. Dabei ist die Hauptreihen-Lebenszeit, wie wir wissen, die längste Zeitspanne im Leben eines Sterns.

Massereiche Sterne erzeugen pro Masseneinheit eine viel höhere Leuchtkraft als massearme Sterne, dafür ist ihre Lebenserwartung jedoch auch viel geringer. Elliptische Galaxien, in denen die größten M/L-Werte beobachtet werden, besitzen wenig oder überhaupt kein interstellares Gas.

Das bedeutet, daß in diesen Galaxien gegenwärtig nur wenige oder gar keine neuen Sterne entstehen können und daß dies auch in der jüngeren Vergangenheit so war. Die Beobachtungen bestätigen, daß massereiche blaue Hauptreihensterne in elliptischen Galaxien fehlen. Da diese Sterne, die in Spiralgalaxien und irregulären Systemen vorhanden sind, in elliptischen Systemen fehlen, überrascht es nicht, daß man bei ihnen größere M/L-Werte findet als in Spiralen. Genauso leuchtet es ein, daß die integrale Farbe von Spiralgalaxien blauer als die elliptischer Galaxien sein sollte. Obgleich das Vorhandensein massereicher blauer Sterne den M/L-Wert beeinflußt, ist auch klar, daß sie in keinem System die ausschlaggebende Komponente sind. Alle in Tabelle 3-2 angegebenen $(M/M_\odot)/(L/L_\odot)$-Werte sind groß gegen Eins. Diese Tatsache, daß M/L für alle Galaxien *groß* ist, deutet darauf hin, daß der größte Teil der Masse in all diesen Galaxien entweder im interstellaren Gas oder in toten Sternen oder in leuchtenden Sternen steckt, die masseärmer als die Sonne sind. Letzteres trifft vermutlich in den meisten, wenn nicht in allen Fällen zu. In Kapitel 7 werden wir sehen, daß M/L tendenziell im Laufe der Entwicklung einer Galaxie anwächst und daß sehr junge Galaxien viel kleinere M/L-Werte besessen haben müssen, als wir heute beobachten.

Eine weitere integrale Eigenschaft der Galaxien ist die chemische Zusammensetzung des interstellaren Gases. Langsam wird es möglich, Unterschiede in der chemischen Zusammensetzung von Galaxie zu Galaxie und auch innerhalb von Galaxien zu messen. Solche Beobachtungen werden letztlich wichtige Aufschlüsse über die Entwicklung von Galaxien geben. Dieses Thema wird in Kapitel 7 wieder aufgegriffen.

Die Verteilung der Galaxien im Weltall: die lokale Gruppe

Nachdem wir die beobachteten Eigenschaften der Galaxien verschiedenen Typs kurz beschrieben haben, wobei wir allerdings die pekuliaren Systeme, die wir später in diesem Kapitel behandeln wollen, weggelassen haben, wollen wir uns jetzt mit der räumlichen Verteilung der Galaxien befassen. Trotz unseres Versuchs, Galaxien als allein im Raum stehende Sternsysteme zu definieren, treten Galaxien in Wirklichkeit im allgemeinen nicht isoliert auf. So wie ein großer Prozentsatz der Sterne Doppelstern- und Mehrfachsysteme bildet, tun dies auch die Galaxien. Unsere eigene Galaxie hat mindestens zwei Begleiter (die Große und die Kleine Magellansche Wolke), mit denen sie ein gravitativ gebundenes System bildet, und es gibt in der Nähe des Milchstraßensystems eine Reihe elliptischer Zwerggalaxien, die wahrschein-

lich auch als Begleiter zu zählen sind. Ob Mehrfachsysteme von Galaxien aus einem einzigen Entstehungsprozeß resultieren oder nicht, oder ob sie durch Einfangprozesse entstehen, ist vielleicht nicht so leicht zu entscheiden wie im Fall der Sterne. Da der Quotient von Galaxien-Durchmessern zu Galaxien-Abständen viel größer ist als der Quotient aus den Sterndurchmessern zu Sternabständen, sind Stoß- und Einfangprozesse viel wahrscheinlicher. Die gleiche Ursache führt dazu, daß die gegenseitige Beeinflussung oder Störung viel wahrscheinlicher ist. Wir haben in Kapitel 2 erwähnt, daß die Gasscheibe in unserer Galaxie in ihren äußeren Teilen verformt ist. Viele Wissenschaftler sind davon überzeugt, daß diese Störung auf die Anziehungskraft der Großen Magellanschen Wolke zurückgeht, als diese sich in ihrer Bahn um das Milchstraßensystem das letzte Mal im zentrumsnächsten Punkt (dem Perigalaktikum) befand. Einige Autoren glauben, daß sich in der Bahn der Magellanschen Wolken um die Milchstraße weitere Zweiggalaxien, Kugelhaufen und Gaswolken befinden. Nach ihrer Auffassung besteht dieser *Magellansche Strom* aus den Trümmern, die in früheren Zusammenstößen zwischen den Magellanschen Wolken und unserer Galaxie entstanden sind. Dies ähnelt in gewisser Weise dem Auftreten von Kometen und Meteorströmen in derselben Bahn um die Sonne.
Neben dem Auftreten in Paaren oder Dreier-Systemen, zeigen Galaxien eine ausgeprägte Tendenz für das Auftreten in größeren Gruppen oder Haufen, die man in gewisser Weise als Analogon zu den galaktischen Haufen und zu den Kugelsternhaufen auffassen kann. Das Milchstraßensystem gehört zu der sogenannten *lokalen Gruppe* von Galaxien, die mindestens zwanzig Mitglieder hat und zu der mit großer Wahrscheinlichkeit noch eine Reihe von Zwerggalaxien gehört, deren Mitgliedschaft noch nicht ganz gesichert ist, sowie weitere Galaxien, die noch gar nicht entdeckt sind. Die wichtigsten Mitglieder der lokalen Gruppe sind zusammen mit einigen ihrer Eigenschaften in Tabelle 3-3 zusammengestellt. Man sieht, daß die verschiedensten Galaxientypen vertreten sind, daß aber ein großes elliptisches System fehlt. Das überrascht nicht, wenn man die Gesamtzahl großer elliptischer Galaxien mit der Gesamtzahl aller anderen Galaxien anderen Typs vergleicht. Innerhalb der lokalen Gruppe ist unsere Milchstraße nicht das massereichste Objekt; zusammen mit dem Andromeda Nebel (M 31), der vielleicht 50 % mehr Masse besitzt als das Milchstraßensystem, ihm aber sonst weitgehend ähnlich ist, spielt sie allerdings eine Sonderrolle. Einige Abstände innerhalb der lokalen Gruppe sind in Tabelle 3-3 ebenfalls angegeben. Daraus sieht man, daß die nächste große Galaxie rund 690 kpc von uns entfernt ist.

Tabelle 3-3 Die wichtigsten Mitglieder der lokalen Gruppe von Galaxien. M_V bezeichnet die absolute visuelle Helligkeit, M_V = const. − 2,5 log L. Für einige der Objekte ist ihr Abstand von der Milchstraße angegeben. M 32 und NGC 205 sind Begleiter von M 31. d zeigt ein Zwergsystem an. Photographien von M 31, der Großen Magellanschen Wolke (LMC) und NGC 147 sind in den Bildern 1-12, 3-8 und 1-13 wiedergegeben.

Name	Typ	M_V	Abstand/kpc
M 31 = NGC 224	Sb	−21,1	690
Milchstraße	Sb oder Sc	−20 ?	–
M 33 = NGC 598	Sc	−18,9	690
LMC	Irr I	−18,5	50
SMC	Irr I	−16,8	60
NGC 205	E6	−16,4	
M 32 = NGC 221	E2	−16,4	
NGC 6822	Irr I	−15,7	460
NGC 185	dE0	−15,2	
NGC 147	dE4	−14,9	
IC 1613	Irr I	−14,8	740
Fornax	dE	−13,6	
Sculptor	dE	−11,7	
Leo I	dE	−11,0	
Leo II	dE	−9,4	
Ursa Minor	dE	−8,8	
Draco	dE	−8,6	

Galaxienhaufen

Galaxien treten auch in Gruppen auf, die erheblich größer als die lokale Gruppe sind. Diese werden als *Galaxienhaufen* bezeichnet. Ein großer Haufen kann Tausende von Mitgliedern haben, wobei die lichtschwachen Mitglieder, die man nicht beobachten kann, nicht mitgerechnet sind. Der uns nächste große Galaxienhaufen ist der Virgo-Haufen. Das Zentrum dieses Haufens dürfte etwa 15 Mpc von uns entfernt sein. Die lokale Gruppe von Galaxien könnte ein im Randbereich des Virgo-Haufens liegender Begleiter sein. Ein anderer sehr bekannter, aber etwas entfernterer Haufen ist der Coma-Haufen im Sternbild Coma Berenices (Bild 3-15).

Will man sehr entfernte Objekte untersuchen, dann beschäftigt man sich mit den Eigenschaften von Galaxienhaufen und nicht denen einzelner

Bild 3-15 Ein naher Galaxienhaufen im Sternbild Coma Berenices. (Aufnahme der Hale Observatories, Palomar; 5 m-Teleskop)

Galaxien. Ebenso wie wir zuvor die Sterne und Galaxien in Klassen unterteilt haben, lassen sich die Galaxienhaufen in Klassen einteilen, deren Kriterium die Zahl der Haufenmitglieder ist (Reichtums-Klassen). Die größten und hellsten Einzelgalaxien treten bevorzugt in den Haufen mit der größten Mitgliederzahl auf. Ein Galaxienhaufen wird dadurch entdeckt, daß die Flächendichte der Galaxien in einem bestimmten Himmelsausschnitt größer als in der Umgebung ist. Man nimmt dann an, daß dieser Haufen ein gravitativ gebundenes System darstellt. Diese Annahme erhärtet sich, wenn man feststellt, daß die Rotverschiebungen der Galaxien im Haufen ungefähr übereinstimmen. Tatsächlich wird man dann solche Galaxien, die in derselben Richtung beobachtet werden, deren Rotverschiebungen jedoch stark von der mittleren Rotverschiebung abweichen, als Vordergrund- bzw. Hintergrundobjekte betrachten und nicht als Haufenmitglieder. Trotz der Tatsache, daß diese Methode, Galaxienhaufen aufzufinden, sehr zuverlässig erscheint, bleiben eine Reihe ungelöster Probleme, die in den Kapiteln 5 und 8 weiterdiskutiert werden sollen. Wenn Galaxienhaufen gravitativ gebundene

Systeme sein sollen, dann muß die gegenseitige Anziehung aller Haufengalaxien so stark sein, daß die einzelnen Galaxien daran gehindert werden, zu entweichen. Die Pekuliargeschwindigkeiten der zu einem Haufen gehörenden Galaxien lassen sich messen. Daraus kann die Gesamtmasse des Haufens abgeschätzt werden, die nötig ist, um ihn zusammenzuhalten. Dabei ergibt sich häufig ein erheblich größerer Wert als die anderweitig bestimmte Masse des Haufens, es sei denn, ein großer Teil der Masse ist nicht in den beobachtbaren Galaxien. Auf dieses *Problem der fehlenden Masse* werden wir zurückkommen.
Ausgehend von der Tatsache, daß anscheinend viele Galaxien zu Galaxienhaufen gehören, kann man eine ganze Reihe von Fragen stellen, z.B.:

(i) gibt es überhaupt eine größere Anzahl von Galaxien, die nicht zu irgendeinem Haufen gehören?
(ii) treten Haufen in den verschiedensten Dimensionen auf und gibt es Haufen von Haufen?

Es gibt gegenwärtig keine eindeutigen Antworten auf diese Fragen, die man mit Hilfe statistischer Verfahren untersucht, die man auf eine große Zahl von Galaxien anwendet. In den nächsten Jahren dürfte es hierbei erhebliche Fortschritte geben, da mit den modernen Teleskopen und Zusatzeinrichtungen viel schwächere Galaxien beobachtet werden können, als dies in der Vergangenheit möglich war, und neue Meßmaschinen sind imstande, die Position und scheinbare Helligkeit vieler Millionen von Galaxien zu vermessen.
Ein anderer Punkt, auf den wir eingehen sollten, ist die relative Häufigkeit der verschiedenen Galaxientypen. In den ersten Katalogen, die nur relativ nahe Galaxien enthielten und in denen sowohl Zwerggalaxien als auch mitgliederstarke Galaxienhaufen fehlten, schien die Mehrzahl der Galaxien Spiralgalaxien zu sein, neben denen es eine größere Zahl elliptischer Systeme und nur wenige irreguläre und linsenförmige Systeme gab. Neuere Ergebnisse sehen ganz anders aus. Die Spiralgalaxien scheinen danach insgesamt seltener zu sein als die elliptischen Systeme und als die linsenförmigen Galaxien, obgleich alle drei Gruppen stark vertreten sind. Insbesondere scheint es sich bei den stark abgeplatteten Galaxien in der Nähe des Zentrums großer Haufen vorzugsweise um linsenförmige Systeme zu handeln.

Die großräumige Verteilung der Galaxien

Wir wenden uns nun der Verteilung und dem dynamischen Verhalten der Galaxien auf der großräumigsten Skala zu, die sich untersuchen läßt. Das erste, was man versuchen kann zu beobachten, ist, ob die

Galaxien an allen Stellen des Himmels mit gleicher Häufigkeit auftreten oder nicht, vorausgesetzt, wir untersuchen Gebiete, die deutlich größer sind als die Gebiete, die typisch von einem Galaxienhaufen eingenommen werden. Im Fall der Sterne des Milchstraßensystems wissen wir, daß sich die scheinbar hellsten Sterne über den ganzen Himmel verteilen, während die schwächeren Sterne vorzugsweise im Milchstraßenband auftreten, der Scheibe des Milchstraßensystems. Für Galaxien findet man kein solches Ergebnis. Vielmehr ergibt sich eine nahezu *isotrope Verteilung*, auch für die schwächsten Objekte. Es gibt keinerlei Hinweis für eine Abplattung des Gesamtsystems der beobachteten Galaxien, obgleich viele der Galaxienhaufen mit Sicherheit nicht sphärisch symmetrisch aufgebaut sind.

Die Expansion des Weltalls

Das zweite fundamentale Beobachtungsergebnis wurde bereits in Kapitel 1 diskutiert. Die Linien in den Spektren entfernter Galaxien sind zum Roten hin verschoben, und diese Rotverschiebung hängt mit der Entfernung dieser Galaxien von uns zusammen. Hubble hat diese Gesetzmäßigkeit in den zwanziger Jahren nachgewiesen, nachdem es erste Hinweise dafür schon früher gab. Interpretiert man diese Rotverschiebung als Doppler-Verschiebung, wie wir es bei der Diskussion der Bewegung der Sterne in den Galaxien und der Bewegung der Galaxien in den Galaxienhaufen getan haben, dann bedeutet das, daß es eine allgemeine Expansion des Weltalls gibt, bei der sich die entferntesten Galaxien rascher von uns weg bewegen als die näheren. Obgleich von Zeit zu Zeit immer wieder alternative Deutungen für die beobachteten Rotverschiebungen vorgeschlagen wurden, halten die meisten Astronomen eine allgemeine Expansion des Weltalls für die natürlichste Erklärung der Rotverschiebung in den Spektren entfernter Galaxien.

Nimmt unsere Milchstraße eine besondere Position im Weltall ein?

Die Tatsache, daß die Galaxien von der Erde aus beobachtet eine isotrope Verteilung am Himmel zeigen, könnte nahelegen, daß sich unser Milchstraßensystem in einer besonderen Position, nämlich im Zentrum des Weltalls, befindet. Wenn das Weltall tatsächlich ein eindeutiges Zentrum besäße, dann wäre das sicher die zwangsläufige Folge. Man sieht aber leicht, daß man in jedem Punkt im Weltall den Eindruck gewinnen kann, im Zentrum zu sein, wenn nämlich das Weltall entweder unendlich ausgedehnt ist oder eine gekrümmte Raumstruktur hat. Zwei Beispiele, die sich allerdings so nicht auf das Weltall übertragen lassen, sollen dies verdeutlichen (Bild 3-16). In Bild 3-16a sind

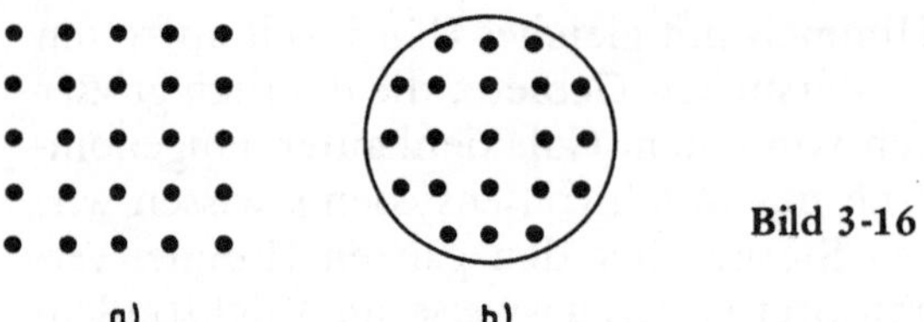

Bild 3-16

Punkte gezeichnet, die alle den gleichen Abstand voneinander haben und die sich auf einer unendlich ausgedehnten zweidimensionalen Euklidischen Fläche verteilen. In Bild 3-16b sollen sich die Punkte gleichmäßig auf der Oberfläche einer Kugel verteilen. Vergrößert man in beiden Fällen die Abstände zwischen den Punkten gleichmäßig (im Fall der Kugel, indem man diese aufbläst), so scheinen sich von jedem Punkt aus gesehen alle übrigen Punkte mit einer zu ihrer Entfernung proportionalen Geschwindigkeit wegzubewegen. Die Allgemeine Relativitätstheorie sagt uns, daß das Weltall eine gekrümmte Raum-Zeit Struktur besitzen sollte, und sie läßt Weltmodelle zu, die homogen und isotrop sind und in denen eine allgemeine Expansion auftritt. Die Homogenität bedeutet, daß die Eigenschaften des Weltalls im Mittel an allen Punkten dieselben sind und daß es kein definiertes Zentrum gibt, von dem die Expansion ausgeht. In Kapitel 8 werden wir diese Modelle eines expandierenden Weltalls weiter diskutieren.

Aktive Galaxien und Quasare

Bisher haben wir uns in diesem Kapitel lediglich mit den Eigenschaften solcher Galaxien beschäftigt, die man als normale Galaxien bezeichnen könnte. Zum Abschluß dieses Kapitels wollen wir auf die kleine Zahl von Galaxien eingehen, die sich durch ungewöhnliche Eigenschaften auszeichnen, und die Frage diskutieren, ob ihre Existenz bedeutet, daß einige Galaxien ständig diese ungewöhnlichen Eigenschaften aufweisen, oder ob es bei den meisten Galaxien Phasen gibt, in denen sie Besonderheiten zeigen. Wir beginnen unsere Beschreibung mit einer besonders umstrittenen Kategorie von Objekten, bei denen es sich um Galaxien handeln könnte oder auch nicht – den Quasaren.

Quasare

Die Entdeckungsgeschichte der Quasare ist hochinteressant. Als die Radioastronomie sich entwickelte, entdeckte man bald Quellen am Himmel, die im selben Sinne punktförmig erscheinen, wie Sterne punktförmige Lichtquellen sind. Man nannte diese Objekte *Radiosterne*. Das

Winkelauflösungsvermögen der ersten Radioteleskope war sehr gering. In dem Maße, in dem das Winkelauflösungsvermögen gesteigert wurde, entdeckte man, daß die meisten dieser Radiosterne in Wirklichkeit ausgedehnte Quellen sind und daß sie entweder mit Gaswolken in unserer Milchstraße oder mit anderen Galaxien identifiziert werden können[13]. Die Bezeichnung ‚Radiosterne' verlor zunehmend ihren Sinn, und schließlich führte man die heute noch gebräuchliche Bezeichnung ‚Radioquellen' ein. 1962 entdeckte man dann vier Radioquellen, deren Position mit der von vier schwachen Sternen zusammenzufallen schien. Man glaubte zunächst, nun echte Radiosterne gefunden zu haben. Diese Überzeugung mußte jedoch bald wieder aufgegeben werden. Zunächst war es nicht möglich, die Spektren dieser Sterne zu interpretieren, aber dann erkannte man, daß sie sich deuten ließen, wenn man annahm, daß sie stark rotverschoben sind. Die Rotverschiebungen entsprachen den bei den entferntesten Galaxien beobachteten oder waren sogar erheblich größer. Da die Objekte sternförmig erscheinen, nannte man sie *quasi-stellare Objekte*, oder kurz *Quasare*. Obgleich man überzeugt ist, daß die Quasare viel größer sind als Sterne, können sie immer noch sternförmig erscheinen, wenn ihre Entfernung von uns so groß ist, wie es die Interpretation ihrer Rotverschiebungen als kosmologischer Doppler-Effekt nahelegt. Sie müssen allerdings erheblich kleiner als normale Galaxien sein. Falls die Rotverschiebungen tatsächlich auf die Expansion des Weltalls zurückgehen, dann sind die Quasare die entferntesten Objekte, die wir kennen, und ihre Leuchtkraft übertrifft die aller anderen Quellen. Sie beträgt bis zu 10^{41} W. Die ersten Quasare wurden zwar auf Grund ihrer Radioemission entdeckt, aber bemerkenswert sind ihre optischen Eigenschaften. Damit meinen wir insbesondere die Leuchtkraft, die größer ist als die normaler Galaxien, die aber aus einem Volumen kommt, das wesentlich kleiner ist als das einer Galaxie zur Verfügung stehende Volumen. Sobald es möglich war, Quasare unabhängig von ihrer Radiostrahlung aufzuspüren, entdeckte man viele radio-ruhige Quasare.

Absorptionslinien in den Quasarspektren

Nicht alle Astronomen sind davon überzeugt, daß die Rotverschiebungen der Quasare auf einen kosmologischen Doppler-Effekt zurückgehen. Dazu werden wir später einige Anmerkungen machen. Zuvor soll jedoch

[13]) Auch die Sonne emittiert Radiostrahlung, insbesondere in Zeiten, in denen es viele Sonnenflecken gibt. Aber diese Strahlung ist so schwach, daß sie nicht nachweisbar wäre, wenn die Sonne sich in einer für Sterne typischen Entfernung befände. Kürzlich konnte man allerdings die Radiostrahlung anderer Sterne nachweisen.

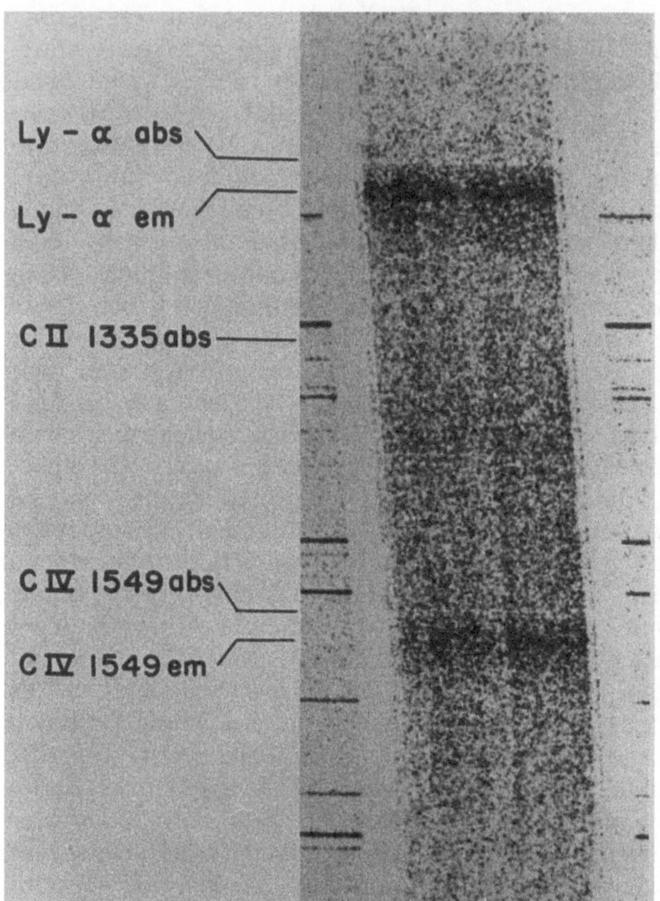

Bild 3-17 Das Spektrum des Quasars PHL 938. Die Linien weisen eine Rotverschiebung z = 1.94 auf. Besonders auffallend sind die starken und breiten Emissionslinien des Wasserstoffs (Lyman-alpha, 1216 Ångstrom) und des dreifach ionisierten Kohlenstoffs (C IV, 1549 Ångstrom). Diese Linie wird auch in Absorption beobachtet, ebenso eine Linie des einfach ionisierten Kohlenstoffs (C II, 1335 Ångstrom). Die Aufnahme wurde von Lynds am Kitt Peak National Observatory/USA gewonnen (aus: G. Burbidge, M. Burbidge, Quasi-Stellar Objects, Freeman).

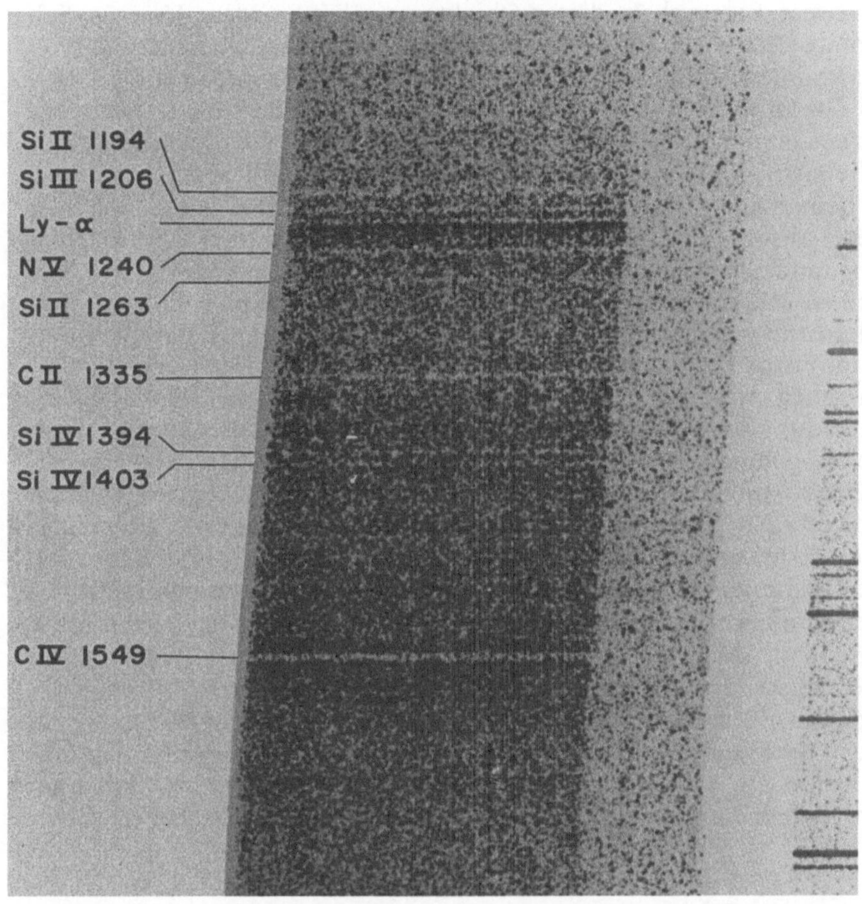

Bild 3-18 Das Spektrum des Quasars 3C 191. Dies war der erste Quasar, bei dem man ein reiches Absorptionslinienspektrum fand. Die Linien weisen eine Rotverschiebung z = 1.97 auf. Auffallend ist die Schmalheit der Absorptionslinien im Vergleich zu den viel breiteren Emissionslinien (im Fall der Lyman-alpha Linie des Wasserstoffs und der C IV, 1549 Ångstrom-Linie). Die Aufnahme wurde von Stockton und Lynds am Kitt Peak National Observatory/USA gewonnen. (aus: G. Burbidge and M. Burbidge, Quasi-Stellar Objects, Freeman).

eine weitere Eigenschaft dieser Objekte erwähnt werden. Ursprünglich bestimmte man die Rotverschiebungen der Quasare auf Grund von Emissionslinien (Bild 3-17) und nicht aus Absorptionslinien (Bild 3-18), die in Sternspektren i.a. verwendet werden. In den Spektren einiger Quasare treten jedoch sowohl Emissions- als auch Absorptionslinien auf, die sich identifizieren ließen, und in diesen Fällen stieß man auf einen bemerkenswerten Sachverhalt. Bei einigen Objekten findet man mehrere Absorptionslinien-Systeme, die sich durch ihre Rotverschiebungen unterscheiden, die zudem von der Rotverschiebung der Emissionslinien verschieden sind. Wenn diese Rotverschiebungen alle auf den Doppler-Effekt zurückgehen, dann bedeuten sie, daß es zwischen den Absorptionsschichten und dem Emissionsgebiet Relativgeschwindigkeiten geben muß, die einen wesentlichen Bruchteil der Lichtgeschwindigkeit ausmachen. Diese treten entweder innerhalb des Quasars selbst auf, oder gehören zu intergalaktischen Gaswolken, die sich zwischen dem Quasar und dem Beobachter befinden und das Licht des Quasars absorbieren. Im ersten Fall könnten Gaswolken mit hoher Geschwindigkeit aus dem Zentrum des Quasars ausgestoßen werden (Bild 3-19). Die zweite Deutung entspräche dem Absorptionsprozeß, den das Licht der Sterne durch interstellare Wolken erleidet und den wir in Kapitel 2 beschrieben haben. Die große relative Rotverschiebung würde dann dadurch zustande kommen, daß die intergalaktischen Wolken sich in sehr großer Entfernung zum Quasar befinden, an einem Ort mit ganz anderer kosmologischer Expansionsgeschwindigkeit. Leider ist die Zahl der Objekte am Himmel nicht groß genug, als daß sich die Annahme, daß intergalaktische Wolken für die Entstehung der Absorptionslinien

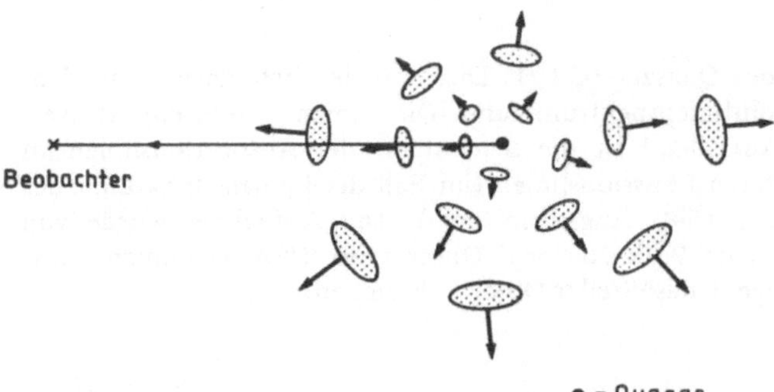

Bild 3-19 Eine mögliche Anordnung für Wolken, die sich in radialer Richtung vom Zentrum des Quasars wegbewegen. Mehrere dieser Wolken können sich zur gleichen Zeit auf dem Sehstrahl zum Beobachter befinden.

verantwortlich sind, dadurch testen ließe, daß man dieselben Dopplerverschiebungen in den Spektren benachbarter Quasare findet. Der Ursprung der Absorptionslinien-Rotverschiebungen ist nicht völlig klar. Es ist aber sehr wahrscheinlich, daß die meisten in den Quasaren selbst erzeugt werden, obgleich es vermutlich auch einige Fälle gibt, in denen intergalaktische Wolken eine Rolle spielen.

Radiogalaxien

Wir verlassen die Quasare jetzt für einen Augenblick und befassen uns mit einer anderen Klasse von Objekten, bei denen es sich definitiv um Galaxien handelt. Es wurde schon erwähnt, daß einige Radioquellen mit Galaxien identifiziert werden können. Alle Galaxien emittieren Radiostrahlung, die durch eine Vielzahl von Prozessen in ihrem Inneren erzeugt wird, einige Galaxien strahlen jedoch besonders stark im Radiowellenbereich, und diese nennt man *Radiogalaxien*. Das einfachste Beispiel für Radiogalaxien sind die Doppelquellen (Bild 3-20). Bei diesen beobachtet man eine Galaxie (in der Regel ein sehr großes elliptisches System), zu der zwei meist symmetrisch angeordnete Gebiete starker Radiostrahlung gehören, die sich auch in einiger Entfernung von der Galaxie befinden können. Zusätzlich beobachtet man häufig schwache Radiostrahlung aus dem Gebiet zwischen diesen Hauptkomponenten

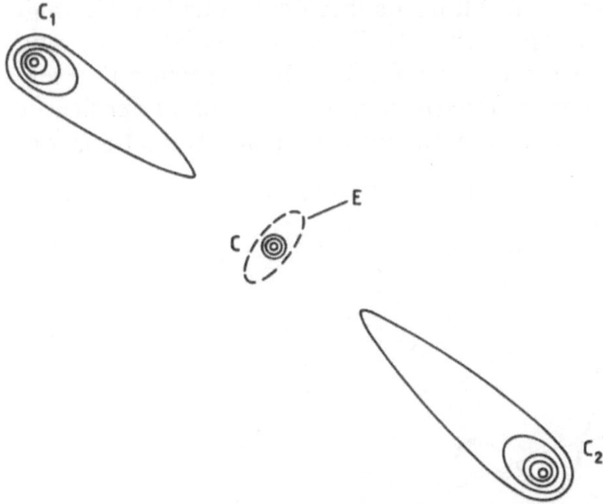

Bild 3-20 Eine Doppel-Radioquelle. Die Komponenten C_1 und C_2 liegen einander in Bezug auf die elliptische Galaxie E gegenüber. Auch eine Zentralquelle C wird beobachtet. Die eingezeichneten Linien sind Linien gleicher Radiohelligkeit.

und der Galaxie, und im Zentrum der Galaxien findet man gelegentlich eine weitere starke, äußerst kompakte Radioquelle. Je mehr Beobachtungen zusammenkommen, desto wahrscheinlicher scheint es, daß solche starken Zentralquellen immer vorhanden sind. Obgleich wir keine Möglichkeit haben, die Entfernung der Radioemissionsgebiete zu messen, macht ihre Anordnung relativ zu der optisch sichtbaren Galaxie es doch sehr schwer zu glauben, daß sie nicht mit dieser assoziiert sind. Die Struktur der Radiogalaxien ist nicht in allen Fällen so einfach und so eindeutig wie in dem angegebenen Beispiel. In einigen treten mehr als zwei Radiokomponenten auf, und bei anderen läßt sich die optische Galaxie nicht auffinden, vermutlich, weil ihre Entfernung zu groß ist, als daß sie noch sichtbar wäre. Daß es sich dennoch um Radiogalaxien handelt, steht aber außer Zweifel.

Die Gesamtenergie der Radioquellen

Es wird allgemein angenommen, daß eine Radiogalaxie, wie wir sie beschrieben haben, durch eine Explosion oder einen anderen gewaltsamen Prozeß im Zentrum einer Galaxie entsteht. Die in einer solchen Explosion freigesetzte Energiemenge muß riesig sein. Die wahrscheinlichste Deutung für die Radiostrahlung von diesen und anderen Typen von Radioquellen ist die, daß es sich um die Strahlung geladener Teilchen handelt, die sich in einem Magnetfeld bewegen (Bild 3-21). Geladene Teilchen bewegen sich auf Helixbahnen in einem Magnetfeld, und emittieren elektromagnetische Strahlung, da ihre Bewegung beschleunigt ist. Bei entsprechender Anfangsenergie des Teilchens (Elektrons) und Magnetfeldstärke tritt die Strahlung im Radiowellenbereich auf. Elektronen der Energie $\mathscr{E}$ in einem magnetischen Induktionsfeld der Stärke $\boldsymbol{B}$ emittieren den größten Teil ihrer Strahlung in der Umgebung der Frequenz

$$\nu_{\max} = \frac{eB_{\perp}}{4\pi m_e}\left(\frac{\mathscr{E}}{m_e c^2}\right)^2, \tag{3-4}$$

Bild 3-21 Die Helix-Bahn eines geladenen Teilchens um eine Feldlinie der magnetischen Induktion $\boldsymbol{B}$

wobei $B_\perp$ die zur Bewegungsrichtung des Teilchens senkrechte Komponente des magnetischen Induktionsfeldes ist. Diese Strahlung wird als *Synchrotronstrahlung* bezeichnet, denn auf dieselbe Weise entsteht auch in den als Synchrotons bekannten Teilchenbeschleunigern elektromagnetische Strahlung. Die Strahlungsintensität hängt sowohl von der Gesamtenergie der Teilchen als auch von der Stärke der senkrechten Komponente von $\boldsymbol{B}$ ab[14])

$$P_{\text{rad}} \approx 1{,}6 \cdot 10^{-14} \frac{B_\perp^2 \mathscr{E}\, \mathscr{E}_{\text{tot}}}{m_e^2 c^4} \text{W}. \tag{3-5}$$

Dabei bezeichnet P_{rad} die abgestrahlte Leistung (in Watt) und $\mathscr{E}_{\text{tot}}$ die gesamte Teilchenenergie. Eine bestimmte Strahlungsleistung läßt sich entweder durch eine große Teilchenenergie bei schwachem Magnetfeld oder mit niedrigerer Teilchenenergie in einem stärkeren Feld erzeugen. Man kann zeigen, daß eine bestimmte Strahlungsleistung in jedem Fall eine bestimmte Mindestenergie in der Quelle in Form von geladenen Teilchen *und* Magnetfeldern erfordert. Diese Mindestenergie kann sehr groß sein (Tabelle 3-4).
Diese Werte müssen noch kräftig nach oben korrigiert werden, wenn man berücksichtigt, daß in den Quellen noch andere Materie vorhanden sein dürfte, die nicht zum beobachteten Spektrum beiträgt. Dabei könnte es sich sowohl um hochenergetische Atomkerne als auch um kalte Materie handeln. Atomkerne *müssen* in jedem Fall vorhanden sein, um die Ladung der Elektronen auszugleichen. Sie *könnten* den Gesamtenergieinhalt der Objekte um ein bis zwei Zehnerpotenzen vergrößern. Selbst wenn unter Umständen Energieverlustprozesse wirksam

Tabelle 3-4 Abschätzung der Mindestenergie in drei extragalaktischen Radioquellen

Name der Quelle	Energie/J
Cygnus A	$2 \cdot 10^{52}$
Centaurus A	10^{53}
3C 236	10^{54}

14) Hierbei ist angenommen, daß alle Elektronen dieselbe Energie $\mathscr{E}$ besitzen. In Wirklichkeit gibt es eine Energieverteilung. Die Gleichung gilt dann immer noch, wenn für $\mathscr{E}$ ein geeigneter Mittelwert eingesetzt wird.

wären, die eine größere Effizienz als der Synchrotronstrahlungsprozeß aufweisen, muß der Gesamtenergieinhalt der Radioemissionsgebiete in Radiogalaxien sehr groß sein. Wir können in diesem Buch die Theorien über die Struktur von Radioquellen, die zum Teil sehr widersprüchlich sind, nicht ausführlich behandeln. Es läßt sich aber feststellen, daß heute allgemeine Übereinstimmung darüber besteht, daß die Energie in den Radiokomponenten nicht während des ursprünglichen Explosionsprozesses dort gespeichert worden sein kann, sondern daß sie ständig nachgeliefert werden muß. Das setzt eine hohe Aktivität in den Zentralgebieten der Galaxien voraus und legt eine Verwandtschaft zu den Quasaren nahe. Hinzu kommt, daß bei einigen Quasaren eine Doppelstruktur der Radioemissionsgebiete gefunden wurde, die der bei Radiogalaxien gefundenen ähnlich, jedoch weniger ausgedehnt ist.

Andere aktive Galaxien – Seyfert-Galaxien

Wir hatten den Ausdruck „Pekuliare Galaxien" eingeführt. Diese lassen sich in zwei Typen unterteilen: Zum einen sind da jene, die sich in unmittelbarer Nähe zu einer anderen Galaxie befinden und die durch den Gravitationseinfluß dieser Galaxie stark verformt werden. Dann gibt es die Klasse der aktiven Galaxien, in denen ein explosionsartiger Prozeß stattfindet, der seine Ursache im Innern der Galaxie hat. Zu dieser Kategorie gehören die Radiogalaxien. Es gibt andere Klassen aktiver Galaxien, die starke Radio- oder Röntgenquellen sein können, die jedoch zunächst auf Grund des Auftretens sehr breiter Emissionslinien in ihren optischen Spektren entdeckt wurden. Die Struktur dieser Emissionslinien läßt sich verstehen, wenn man annimmt, daß Gas als Folge eines Explosionsprozesses aus den Zentralbereichen nach außen wegströmt. Eine Klasse solcher Emissionslinien-Galaxien werden nach ihrem Entdeckter K. Seyfert als *Seyfert-Galaxien* bezeichnet. Anders als die starken Radiogalaxien sind viele Seyfert-Galaxien Spiralsysteme. In jüngster Vergangenheit ist deutlich geworden, daß Explosionsereignisse in den Kernen von Galaxien ein häufiges Phänomen sind. Dabei variiert die Stärke des Explosionsprozesses von Galaxie zu Galaxie außerordentlich stark. Selbst in unserer eigenen Galaxie gibt es Hinweise für kürzlich starke Aktivität, die für die in Kapitel 2 erwähnte Auswärtsbewegung des Gases verantwortlich ist. Die Nachwirkungen eines einzelnen Ausbruchs können nicht für immer sichtbar bleiben, und es wird nicht angenommen, daß aktive Galaxien sich von der Entstehung her von normalen Galaxien unterscheiden, die zu Beginn dieses Kapitels im Rahmen der Hubble-Klassifikation diskutiert wurden. Vielmehr stellt man sich vor, daß jede Galaxie von Zeit zu Zeit aktiv werden kann. Die Art und Stärke des Ausbruchs könnte dabei vom Hubble Typ, vom Alter der Galaxie und möglicherweise auch davon abhängen, ob sie sich in einem Haufen befindet oder nicht.

Ursprung der in einem Ausbruch freigesetzten Energie

Wir haben gesehen, daß große Energiemengen freigesetzt werden müssen, um die Doppel-Radioquellen mit Energie zu versorgen. Das gleiche gilt für Quasare, wenn sie sich in kosmologischen Entfernungen befinden. Da es sich als schwierig erwiesen hat, das Zustandekommen der Energiefreisetzung in Quasaren zu verstehen, schlugen einige Forscher vor, daß diese Objekte sich viel näher zur Erde befinden und entsprechend weniger Leuchtkraft besitzen. In diesem Fall müssen die Rotverschiebungen entweder durch sehr hohe, aber nicht kosmologische Geschwindigkeiten erzeugt werden, oder nicht auf den Doppler-Effekt (sondern einen bisher wohl unbekannten Effekt) zurückgehen. In beiden Fällen bleibt vieles unerklärt.

Versuche, die Entfernungen der Quasare unabhängig zu bestimmen, haben sich darauf konzentriert, zu zeigen, daß Quasare mit kleinen Rotverschiebungen mit Galaxienhaufen mit ähnlichen Rotverschiebungen assoziiert sind, oder daß sie physikalisch zusammenhängen mit Galaxien, die eine deutlich kleinere Rotverschiebung aufweisen. Im ersten Fall würde die kosmologische Deutung gestützt, im zweiten die These, daß ein Teil der Rotverschiebung nicht-kosmologischen Ursprungs ist. Beides soll beobachtet worden sein und ist bestritten worden. Mein Eindruck ist, daß die kosmologische Deutung die einleuchtendste ist.

Unabhängig von der wirklichen Natur der Quasare läßt sich das Problem, daß extrem große Energiemengen freigesetzt werden müssen, bei den Radiogalaxien in keinem Fall umgehen. Zunächst wurde vorgeschlagen, daß in der Explosion einer Galaxie thermonukleare Energie freigesetzt würde; Kernreaktionen im Innern einer großen Masse im Kern einer Galaxie würden große Energien freisetzen. Dann erkannte man jedoch, daß im Fall einiger Radiogalaxien extrem große Massen explodieren müßten, da Kernreaktionen in einer Masse M unmöglich mehr als höchstens etwas unter ein Prozent der Ruhmassenenergie $M \cdot c^2$ freisetzen können. In extremen Fällen müßte man annehmen, daß $10^9 M_\odot$ explodieren. Eine befriedigende Erklärung dafür, woher die Energie kommt, gibt es immer noch nicht, man glaubt heute aber, daß auch Gravitationsenergie im Spiele ist. Der Allgemeinen Relativitätstheorie zufolge wird der größte mögliche Energiebetrag, der der Ruhmassenenergie entspricht, freigesetzt, wenn ein Körper vollständig bis auf einen Punkt kollabiert. Genauere Untersuchungen zeigen, daß diese

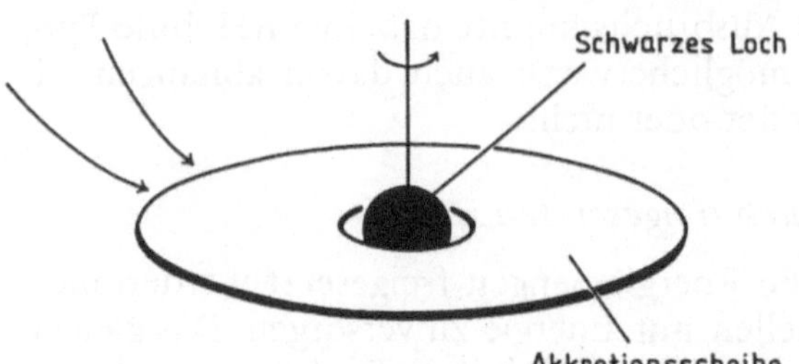

Bild 3-22 Die Akkretionsscheibe um ein Schwarzes Loch. Materie, die auf das Schwarze Loch zufällt, zum Beispiel in Richtung der auf der linken Seite eingezeichneten Pfeile, bildet eine flache, rotierende Scheibe. Infolge der Viskosität in der Scheibe fällt sie dann langsam weiter zum Zentrum hin. In der Lücke zwischen der Schreibe und dem Schwarzen Loch existieren keine stabilen Teilchenbahnen.

Grenze kaum erreicht werden dürfte, daß die Freisetzung von $0{,}1\,M \cdot c^2$ aber durchaus möglich ist, bevor ein Objekt seinen Schwarzschild-Radius[15])

$$R_{\text{Sch}} = \frac{2GM}{c^2} \tag{3-6}$$

erreicht, aus dem keine Energie entweichen kann. Dann wird es zu einem sogenannten *Schwarzen Loch.* Etliche Modelle nehmen an, daß Materie von einem schon vorhandenen Schwarzen Loch akkretiert wird. Wenn die Teilchen ohne Stöße mit anderen Teilchen radial einfallen, dann kommt es dabei zu keiner für uns nützlichen Energiefreisetzung. Da man davon ausgehen kann, daß die akkretierten Teilchen in Bezug auf das Zentralobjekt einen nicht verschwindenden Drehimpuls besitzen, werden sie eine Akkretionsscheibe bilden (Bild 3-22). Es ist die Energiedissipation durch Reibung in dieser Scheibe, die zu einer beobachtbaren Energiefreisetzung führt. Es scheint sicher, daß noch einige Zeit vergehen wird, bevor die Eigenschaften aktiver Galaxien voll verstanden sind.

---

[15]) Daß es einen solchen kritischen Radius geben sollte, läßt sich auch ohne die Allgemeine Relativitätstheorie verstehen. Nach der Newtonschen Mechanik gilt für die Entweichgeschwindigkeit von einem Körper der Masse M und des Radius R $v^2_{\text{entw.}} = 2\,GM/R$, wobei G = Gravitationskonstante. Der speziellen Relativitätstheorie zufolge muß die Geschwindigkeit, mit der Energie auf irgendeine Weise transportiert werden kann, kleiner als die Lichtgeschwindigkeit sein. Die Verknüpfung dieser beiden Ergebnisse führt zur Voraussage des in Gl. (3-6) angegebenen kritischen Radius.

Zusammenfassung

Die Galaxien können nach ihrem optischen Erscheinungsbild klassifiziert werden. Die Mehrzahl von ihnen besitzt eine weitgehend reguläre Struktur, und diese werden in elliptische und linsenförmige Systeme sowie in Spiralen und Balkenspiralen unterteilt. Die elliptischen Systeme, die eigentlich sphäroidische Systeme sind, weisen zwei Achsen vergleichbarer Länge auf, während es sich bei den anderen drei Objektklassen um hochgradig abgeplattete Systeme handelt. Neben den Galaxien mit regulärer Struktur gibt es zwei Klassen von irregulären Systemen. Dabei besitzen die Irr I-Systeme eine unregelmäßige Helligkeitsverteilung, aber eine weitgehend reguläre Massenverteilung, während die Irr II-Systeme insgesamt irregulär sind. In den hochgradig abgeflachten Galaxien sind die Rotationsgeschwindigkeiten erheblich größer als die Pekuliargeschwindigkeiten der Sterne, in den elliptischen Systemen spielt die Rotation dagegen eine viel kleinere Rolle. Die Winkelgeschwindigkeit ist in den Spiralgalaxien nicht konstant. Das bedeutet, daß es sich bei der langlebigen Spiralstruktur nicht um materielle Spiralarme handeln kann, sondern um ein Wellenmuster.

Der Bereich, in dem die Massen der Galaxien variieren, ist sehr groß. Elliptische Riesengalaxien haben vermutlich Massen bis zu 10^{13} Sonnenmassen. Elliptische Zwerggalaxien weisen dagegen Massen von 10^{6} Sonnenmassen oder weniger auf. Die Massen der Spiralgalaxien und der meisten irregulären Systeme liegen zwischen diesen Extremwerten. Alle Massenangaben für Galaxien sind sehr unsicher, und es könnte sein, daß viele Galaxien in ausgedehnten Halos große Massen besitzen. Die Quotienten aus Masse und Leuchtkraft und aus der Gasmasse und der Gesamtmasse zeigen deutliche Variationen in Abhängigkeit vom Galaxientyp, wobei die Spiralgalaxien und die irregulären Systeme mehr Gas enthalten und kleinere M/L-Werte zeigen als elliptische Systeme. Die kleineren M/L-Werte gehen zum Teil auf das Vorhandensein massereicher, heller blauer Sterne in den Spiralgalaxien und in den irregulären Systemen zurück, aber insgesamt sind alle M/L-Werte so groß, daß sich der größte Teil der Masse aller Galaxien in leuchtenden Sternen geringer Masse oder in toten Sternen befinden muß.

Viele Galaxien gehören zu Doppel- oder Mehrfachsystemen. Außerdem können sie Mitglieder in größeren Gruppen oder Haufen sein. Das Milchstraßensystem hat zwei Hauptbegleiter, die Magellanschen Wolken, und gehört außerdem zu der lokalen Gruppe von Galaxien, innerhalb derer sie der Masse nach das zweitgrößte System ist. Die lokale Gruppe ist ihrerseits ein Begleiter eines großen Galaxienhaufens, des sogenannten Virgo Haufens. Es ist im Augenblick noch nicht völlig klar, ob fast alle Galaxien zu Haufen gehören und ob es Superhaufen gibt. Auf sehr großer Skala ist die Verteilung der Galaxien annähernd isotrop, und die Spektren entfernter Galaxien zeigen große Rotverschiebungen, die auf die Expansion des Weltalls hinweisen, sofern ihre Deutung als Doppler-Verschiebungen richtig ist.

Eine kleine Zahl von Galaxien, die man als irreguläre Systeme klassifizieren könnte, bei denen es sich im Prinzip aber auch um Spiralgalaxien oder elliptische Systeme handeln könnte, hatten wir als pekuliar oder aktiv bezeichnet. Hierzu gehörten zahlreiche Typen von Galaxien, die explosionsartige Ausbrüche in ihren Zentren zeigen. Eine Gruppe sind die Radiogalaxien, die ausgedehnte Radioemissionsgebiete zu beiden Seiten der Muttergalaxie aufweisen. Eine andere Gruppe sind die Seyfert-Galaxien, in denen Gas nach einer Explosion aus den Kernbereichen herauszufliegen scheint. Wahrscheinlich durchlaufen viele Galaxien Phasen, in denen sie aktiv sind, zwischen denen längere Phasen eines normalen Zustands liegen. Zwischen Quasaren, die die größten bekannten Rotverschiebungen aufweisen und die sehr kompakte Objekte sind, deren optische Leuchtkraft diejenige ganzer Galaxien übertrifft – falls ihre Rotverschiebungen kosmologischen Ursprungs sind – und Galaxienkernen könnte eine enge Verwandtschaft bestehen. Woher die Energie der Quasare und aktiven Galaxien stammt, hat man bis heute nicht völlig verstanden. Es könnte sein, daß Gravitationsenergie dabei eine Rolle spielt, die freigesetzt wird, wenn Materie in ein Schwarzes Loch hineinfällt.

Kapitel 4
Stellardynamik

Einleitung

In diesem Kapitel gehen wir davon aus, daß eine Galaxie ausschließlich aus Sternen besteht. In erster Näherung entspricht das der Wirklichkeit. Während des größten Teils des Lebens einer Galaxie ist viel mehr Masse in Sternen gebunden als in interstellarer Materie, und der Einfluß der Sterne auf das Gas ist viel stärker als der umgekehrte Einfluß. Obgleich es einen ständigen Massenaustausch zwischen den Sternen und dem Gas gibt, geschieht dieser auf einer Zeitskala, die lang ist im Vergleich zu der Zeit, die ein einzelner Stern braucht, um die Galaxie zu durchwandern, jedenfalls dann, wenn die Galaxie ihre Entstehungsphase abgeschlossen hat. Im fogenden beziehen wir uns häufig auf das Milchstraßensystem, das jedoch als typischer Stellvertreter für andere Galaxien gelten kann.

Betrachtet man die Milchstraße als System von Sternen, so können diese Sterne in guter Näherung als Punktmassen behandelt werden. Außer in den dichtesten Regionen der Galaxien treten Abstände zwischen Sternen von weniger als 10^{16} m kaum auf. Demgegenüber weisen nur die allergrößten Sterne Radien von mehr als 10^{10} m auf. Das bedeutet, daß der Quotient aus Sternradien und Sternabständen i.a. kleiner als 10^{-6} und häufig noch erheblich kleiner als dieser Wert ist. Für den Fall der Sonne und der nächsten bekannten Sterne ist er $2 \cdot 10^{-8}$. Dies läßt sich mit entsprechenden Werten für die Gasmoleküle in der Luft unter Normalbedingungen vergleichen, für die dieser Wert 1/50 ist. Interessieren wir uns nicht für die physikalischen Eigenschaften einzelner Sterne, können wir das System der Sterne deshalb wie ein Gas behandeln und die Methoden der *kinetischen Gastheorie* darauf anwenden. Es trifft natürlich zu, daß viele, wenn nicht sogar die meisten Sterne zu Doppel- oder Mehrfachsystemen gehören, in denen die Abstände zwischen den Sternen im Vergleich zu den Sternradien nicht um viele Zehnerpotenzen größer sind. In diesem Fall betrachten wir das Doppel-oder Mehrfachsystem wie ein Gasmolekül und können unser Konzept beibehalten.

Eine Galaxie besteht aus einer sehr großen Zahl von Sternen (10^{11} oder mehr in einem mittelgroßen oder großen System), die sich alle gegenseitig auf Grund ihrer gravitativen Wechselwirkung beeinflussen. Obgleich die zwischen den Sternen wirksamen Anziehungskräfte vollkommen verstanden sind, wäre es völlig unmöglich, die Bewegung jedes einzelnen Sterns zu verfolgen, und selbst wenn man das könnte, würde man nur eine Menge Detailinformation gewinnen, die man gar nicht will. Aus diesem Grunde werden wir i.a. statistische Verfahren bzw. Methoden der kinetischen Gastheorie bevorzugen. Später in diesem Kapitel werden wir allerdings sehen, daß die Untersuchung der Bewegung eines einzelnen Sterns in einem von all den anderen Sternen verursachten mittleren Gravitationsfeld durchaus wichtige Einblicke vermittelt. Bei diesem Verfahren wird der einzelne Stern als *Probeteilchen* behandelt, und man kann es zum Beispiel dazu verwenden, um herauszufinden, welchen Volumenbruchteil des gesamten Milchstraßensystems die Sonne in ihrem bisherigen Leben durchwandert hat.

Geschwindigkeitsverteilungen

In der kinetischen Gastheorie charakterisiert man ein System gewöhnlich durch eine Funktion, die die *Geschwindigkeitsverteilung* beschreibt. Im Fall eines nur aus einer Teilchensorte bestehenden Gases (z.B. molekularer Wasserstoff) führt man i.a. eine Verteilungsfunktion $F(x, y, z, v_x, v_y, v_z, t)$ in folgender Weise ein: Es sei (x, y, z) der Ort eines Teilchens, und (v_x, v_y, v_z) seien seine Geschwindigkeitskomponenten. Dann soll die Gesamtzahl aller Teilchen, die sich zur Zeit t in dem Volumenelement $\delta x\, \delta y\, \delta z$ befinden, und deren Geschwindigkeit in das Volumenelement $\delta v_x\, \delta v_y\, \delta v_z$ um (v_x, v_y, v_z) herum im Geschwindigkeitsraum liegt, durch

$$\delta N = F(x, y, z, v_x, v_y, v_z, t)\, \delta x\, \delta y\, \delta z\, \delta v_x\, \delta v_y\, \delta v_z \tag{4-1}$$

gegeben sein. Im Falle eines Sternsystems benutzt man eine etwas abgewandelte Definition. Da die Sterne unterschiedliche Massen besitzen und diese Massen alle möglichen Werte annehmen können, ist es nicht sinnvoll, die Verteilungsfunktion auf die Anzahl der Sterne zu beziehen. Es ist viel nützlicher, stattdessen eine *Massen-Verteilungsfunktion* f so zu definieren, daß

$$\delta M = f(x, y, z, v_x, v_y, v_z, t)\, \delta x\, \delta y\, \delta z\, \delta v_x\, \delta v_y\, \delta v_z \tag{4-2}$$

den Betrag zur Gesamtmasse von Sternen eines Volumenelements im Orts- und Geschwindigkeitsraum beschreibt.

Die Maxwell-Verteilung

In den meisten einfachen Anwendungsfällen der kinetischen Gastheorie, insbesondere solchen, bei denen die Teilchen elektrisch neutral sind, wissen wir, daß die Verteilungsfunktion F nur wenig von einer bestimmten Form, der *Maxwell-Verteilung*

$$F = n \left(\frac{m}{2\pi kT}\right)^{3/2} \cdot \exp\left[-\frac{m\,(v_x^2 + v_y^2 + v_z^2)}{2kT}\right] \tag{4-3}$$

abweicht, wobei n die Zahl der Teilchen pro Volumeneinheit ist und T die Temperatur des Gases beschreibt. Wenn wir das Verhalten eines in einen Kasten eingeschlossenen Gases betrachten, das anfänglich keine Maxwellsche Geschwindigkeitsverteilung besitzt, dann kann man zeigen, daß die Stöße der Gasteilchen untereinander sowie mit den Wänden dazu führen, daß sich die Geschwindigkeitsverteilung rasch der Maxwellschen annähert. Häufig ist die dafür erforderliche Zeit viel kürzer als die charakteristische Dauer eines Experiments, so daß man sich i.a. auf die Betrachtung Maxwell-ähnlicher Verteilungsfunktionen beschränkt. Eine Eigenschaft, die die Maxwell-Verteilung auszeichnet, ist die, daß die Geschwindigkeitsverteilung in allen drei Raumrichtungen identisch ist.
Die Lage ist erheblich anders, wenn wir die Sterne in einem Sternsystem betrachten. Als erstes wissen wir aus Beobachtungen von Sternen in der Sonnenumgebung, daß sich die Geschwindigkeitsverteilung anscheinend nicht durch eine Maxwell-Verteilung beschreiben läßt. Wie wir in Kapitel 2 gesehen haben, sind die mittleren zufälligen Geschwindigkeiten der Sterne nach Abzug der galaktischen Rotationsgeschwindigkeit nicht in allen Richtungen gleich, wie sie es sein müßten, wenn sie eine Verteilung der Form (4-3) hätten. Als zweites gibt es gute theoretische Gründe dafür, gar nicht darüber überrascht zu sein, daß die Verteilung keine Maxwellsche ist. Diese werden wir jetzt beschreiben.

Stöße zwischen Sternen

Wir haben bereits deutlich gemacht, daß die als „Gas" betrachteten Sterne des Milchstraßensystems ein sehr dünnes Gas bilden. Eine Folge der Tatsache, daß das Verhältnis aus Sternabständen zu Sterndurchmessern sehr groß ist, besteht darin, daß Stöße zwischen Sternen außerordentlich selten sind. Wie wir in Kürze sehen werden, sind sie in der Tat so selten, daß ein typischer Milchstraßenstern seit der Entstehung des Milchstraßensystems noch nicht mit einem anderen Stern kollidiert ist. In einem gewöhnlichen Gas sind es dagegen gerade die Stöße zwischen den Molekülen, die dazu führen, daß eine zunächst willkürliche Geschwindigkeitsverteilung rasch in eine Maxwell-Verteilung überführt wird. Wenn es praktisch überhaupt noch keine Stöße innerhalb des von den Sternen gebildeten Gases gegeben hat, gibt es auch keinen zwingenden Grund dafür, warum sie eine Maxwell-Verteilung aufweisen sollten.

Wenn wir von Stößen zwischen Sternen oder Molekülen in einem Gas sprechen, dann meinen wir natürlich damit nicht exakt Stöße wie zwischen zwei Billardkugeln. Auch der nahe Vorbeiflug zweier Sterne aneinander wird als Stoß bezeichnet, wenn es auf Grund ihrer gavitativen Wechselwirkung zu einer erheblichen Änderung ihrer Bewegungsrichtung kommt, beispielsweise zu einer Ablenkung um 90°. Man kann grob abschätzen, wie nahe sich zwei Sterne gleicher Masse kommen müssen, damit es zu einer solchen Ablenkung kommt. Die wechselseitige Anziehung der Sterne spielt nur dann eine entscheidende Rolle, wenn die zugehörige potentielle Energie im Zeitpunkt größter Annäherung größer ist als die in ihrer Relativbewegung steckende kinetische Energie. Wenn wir ein Koordinatensystem wählen, in dem der eine Stern ruht und der andere die Geschwindigkeit v besitzt und wenn d den Minimalstand zwischen den Sternen beschreibt (Bild 4-1), dann läßt sich diese Bedingung in der Form

$$\frac{Gm^2}{d} > \frac{1}{2} m v^2 \tag{4-4}$$

schreiben, wobei m die Masse des jeweiligen Sterns ist. Die Ungleichung (4-4) läßt sich umschreiben als

$$d < \frac{2Gm}{v^2}\,. \tag{4-5}$$

Wenn wir einen Stern betrachten, der sich mit der Geschwindigkeit v in Bezug auf den Massenschwerpunkt der anderen Sterne durch die Milchstraße bewegt, dann ist sein effektiver Stoßquerschnitt $2\,Gm/v^2$. Damit meinen wir, daß er mit allen Sternen kollidieren wird, die sich innerhalb

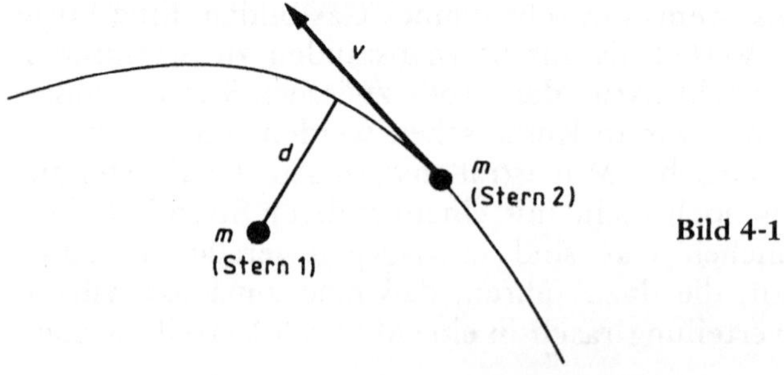

Bild 4-1

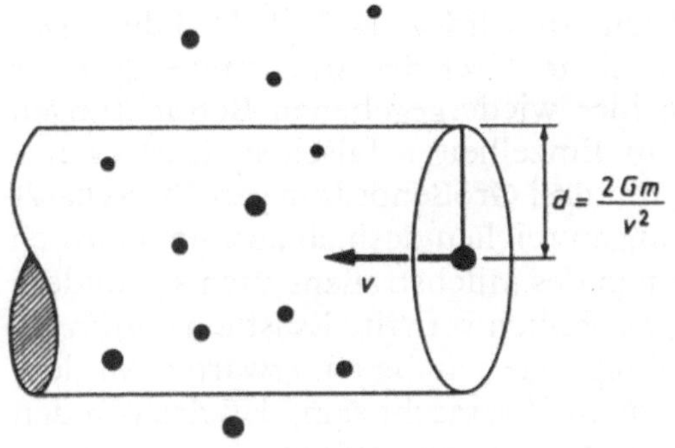

Bild 4-2
Stoßquerschnitt. Ein Stern verhält sich, als hätte er eine Querschnittsfläche πd^2 (mit $d = 2\,Gm/v^2$) und stößt mit jedem Stern, der sich in dem Zylindervolumen befindet. Die Zahl dieser Sterne ist in der Skizze weit übertrieben.

eines Zylinders mit dem Radius $2\,Gm/v^2$ um seine Bahn herum befinden (Bild 4-2). Dieser Ausdruck gilt aus mehreren Gründen nur näherungsweise; Ungleichung (4-4) ist selbst eine Näherung, weil nicht alle Sterne dieselbe Masse haben und weil wir die zufälligen Geschwindigkeiten der anderen Sterne vernachlässigt haben. Trotzdem ist diese Betrachtung für unsere gegenwärtigen Zwecke hinreichend genau. Man sieht, daß die *mittlere freie Weglänge* l zwischen zwei Stößen – sie hat dieselbe Bedeutung wie die mittlere freie Weglänge λ in einem gewöhnlichen Gas – durch

$$l = \frac{1}{\pi\,(2\,Gm/v^2)^2\,n} \tag{4-6}$$

gegeben ist, wenn n die Anzahldichte der Sterne ist. Entsprechend gilt für die *mittlere Zeit zwischen zwei Stößen* τ_c:

$$\tau_c = \frac{v^3}{4\pi G^2 m^2 n}\,. \tag{4-7}$$

Wie wir gesagt haben, besitzen nicht alle Sterne dieselbe Masse, und der einzelne Stern bewegt sich nicht durch einen Hintergrund von anderen Sternen, die alle in Ruhe sind. Trotzdem sollten die Ergebnisse näherungsweise korrekt sein, wenn man für m und v geeignete Mittelwerte einsetzt.

Wir können uns eine grobe Vorstellung über den Wert von τ_c machen, indem wir für v, m und n Werte einsetzen, wie sie für die Sonne bzw. Sonnenumgebung gelten. Die Geschwindigkeit der Sonne in Bezug auf den Massenschwerpunkt anderer Sterne beträgt etwa 20 km s^{-1}, ihre Masse ist $2 \cdot 10^{30}$ kg, und der nächste bekannte Stern ist mehr als ein Parsec entfernt. Setzen wir die solaren Werte für v und m ein und nehmen eine Dichte von 1 pc^{-3} an, so wird $\tau_c \approx 3 \cdot 10^{13}$ Jahre. Das ist erheblich länger als das vermutliche Alter des Milchstraßensystems ($1-2 \cdot 10^{10}$ Jahre). Obgleich die hier wiedergegebenen Betrachtungen stark vereinfacht und sicherlich in Einzelheiten falsch sind, ist es ausgeschlossen, daß der Wert von τ_c um drei Größenordnungen überschätzt worden sein könnte. Die Überlegungen reichen deshalb aus, um deutlich zu machen, daß das von den Sternen des Milchstraßensystems gebildete „Gas“ sich in gewisser Weise ungewöhnlich verhält: Es ist ein *stoßfreies* Gas. Da sich eine Maxwell-Verteilung, wie wir sie i.a. erwarten würden, durch Stöße einstellt, sollten wir nicht überrascht sein, daß das von den Sternen gebildete Gas keine Maxwell-Verteilung aufweist.

Auch wenn die Geschwindigkeits-Verteilung der Sterne nicht Maxwellsch ist, scheint es doch so zu sein, daß sie in den meisten Galaxien zumindest zeitunabhängig ist. Wenn wir das so sagen, stellen wir eine Behauptung auf, die sich nicht beweisen läßt, da man in Zeiträumen von 10^7 bis 10^8 Jahren ohnehin keine wesentlichen Änderungen erwarten würde. Die Begründung für diese Behauptung ergibt sich aus der Tatsache, daß die meisten Galaxien, allerdings nicht alle, eine sehr reguläre Struktur zeigen.

Wenn die Geschwindigkeits-Verteilungen nicht weitgehend zeitunabhängig wären, dann müßte es ein Zufall sein, daß so viele Galaxien zur selben Zeit so symmetrisch aussehen. Oder genauer, die Zeit, die ein typischer Stern benötigt, um einmal durch eine Galaxie hindurchzulaufen, dürfte kaum mehr als einige 10^8 Jahre betragen, während die Galaxien vermutlich ein Alter von mehr als 10^{10} Jahren haben. Das bedeutet, daß genügend Zeit zur Verfügung gestanden hätte, damit irgendeine Irregularität in der Geschwindigkeitsverteilung sich hätte auswirken können. Man *könnte* natürlich die Hypothese aufstellen, daß alle diejenigen Galaxien, in denen die Sterne keine hinreichend reguläre Geschwindigkeitsverteilung aufwiesen, sich schon vor langer Zeit aufgelöst haben oder kollabiert sind, so daß nur die regulären Systeme überlebt haben. Wenn es sich hierbei um einen Zufallsprozeß gehandelt haben sollte, würde man erwarten, daß eine viel zu geringe Zahl von Galaxien überleben würde. Tatsächlich scheint es so zu sein, daß Stöße zwar keine Rolle mehr spielen, sobald sich einmal Sterne gebildet haben, daß langreichweitige gravitative Wechselwirkungen aber während der Entstehungsphase der Galaxien eine Rolle spielen und die reguläre Struktur und eine entsprechende anfängliche Geschwindigkeitsverteilung in den meisten Galaxien bewirken. Auch heute entstehen in unserem Milchstraßensystem immer noch Sterne aus interstellaren Wolken, und die Geschwindigkeitsverteilung dieser neu entstehenden Sterne muß durch die Geschwindigkeiten der Wolken bzw. durch die Geschwindigkeitsverteilung in diesen Wolken, aus denen sie entstehen, bestimmt sein. Zusammenstöße zwischen interstellaren Wolken sind viel häufiger als solche zwischen Sternen, denn die Dichte in den Wolken ist viel niedriger als die in Sternen, und entsprechend weisen sie sowohl relativ als auch absolut eine viel größere Ausdehnung auf. Durch Stöße zwischen Gaswolken könnte sich eine reguläre Geschwindigkeits-Verteilung ausbilden, die sich in der Geschwindigkeits-Verteilung junger Sterne widerspiegelt.

Die Verteilungsfunktion in einem Sternsystem hoher Dichte

Nachdem wir festgestellt haben, daß die Verteilungsfunktion der Sterne in einer Galaxie keine Maxwellsche ist, und nachdem wir angedeutet haben, welche anderen Möglichkeiten es gibt, wollen wir das allgemeine Problem der Gleichgewichtsverteilung von Sternen in einer Galaxie hier nicht weiter diskutieren. Diesbezüglich sei auf den Anhang 2 verwiesen. Stattdessen wollen wir diese Betrachtungen mit einigen Anmerkungen darüber abschließen, wie sich die Geschwindigkeitsverteilung in den dichten Zentralbereichen einer Galaxie bzw. in einem dichten Sternhaufen entwickelt. In diesen Fällen können die Stöße nicht vernachlässigt werden und es dürfte eine Tendenz zugunsten des sich Einstellens einer Maxwell-Verteilung geben. Es gibt aber immer noch einen wichtigen Unterschied zwischen den Verhältnissen im Innern eines Sterns, wo die mittlere freie Weglänge der Teilchen zwischen zwei Stößen nur einen winzigen Bruchteil im Vergleich zu dem Radius eines Sterns ausmacht, und den Verhältnissen in einem Sternhaufen, wo die mittlere freie Weglänge gewöhnlich immer noch um etliches größer ist als der Radius des Haufens, so daß ein Stern zwischen beiden Zusammenstößen viele Male durch den Haufen hindurchoszillieren wird. In einem Stern hat man in Zentrumsnähe eine viel höhere Temperatur oder entsprechend eine viel höhere mittlere Teilchenenergie als in der Nähe der Oberfläche. In einem Sternhaufen verhindert die große mittlere freie Weglänge, daß sich die Energie auf das Zentrum konzentriert, und im Haufen wird sich stattdessen praktisch ein isothermer Zustand einstellen.

Eine *isotherme Gaskugel* besitzt jedoch keinen stabilen Gleichgewichtszustand. Das läßt sich folgendermaßen einsehen. In jedem selbstgravitierenden Gleichgewichtssystem sind die kinetische und potentielle Gesamtenergie ungefähr gleich groß. Es gilt

$$\frac{GM^2}{R} \approx \frac{1}{2} M \langle v^2 \rangle, \tag{4-8}$$

wobei M und R die Gesamtmasse bzw. den Radius des Systems bezeichnen und $\langle v^2 \rangle$ den Mittelwert des Geschwindigkeitsquadrats der Teilchen v^2 (siehe Anhang 3). Gleichung (4-8) sagt aus, daß ein typisches Teilchen sich ungefähr mit Entweichgeschwindigkeit bewegt. In einem Stern ist die Zentraltemperatur erheblich größer als die Oberflächentemperatur, so daß sich die Teilchen in Zentrumsnähe mit viel größeren Geschwindigkeiten bewegen, als die Teilchen an der Oberfläche. Folglich kann die Gl. (4-8) erfüllt sein, ohne daß das System auseinanderläuft. In einem isothermen System wäre die mittlere Teilchengeschwindigkeit dagegen überall dieselbe, und viele Teilchen, die sich in der Nähe der Oberfläche befinden, könnten entweichen. Das bedeutet, daß ein dichte Sternhaufen Sterne verliert, während er in Richtung auf einen Gleichgewichtszustand hin relaxiert. Die zurückbleibenden Sterne bilden dann ein noch kompakteres System und dessen Entwicklung wird folglich noch rascher verlaufen. Wenn man sich daran erinnert, daß es Sterne sehr unterschiedlicher Masse gibt, und daß Stöße die Tendenz haben, für eine Gleichverteilung der kinetischen Energie zu sorgen, dann ist es klar, daß die Sterne mit den kleinsten Massen die größten Geschwindigkeiten erhalten werden und mit der größten Wahrscheinlichkeit aus dem System entweichen. Es scheint tatsächlich so zu sein, als hätte sich dieser Prozeß in den Kugelsternhaufen bereits ausgewirkt, da Sterne niedriger Masse in ihnen unterhäufig zu sein scheinen. Wahrscheinlich waren diese Sterne am Anfang vorhanden, sind dann aber aus den Haufen entwichen und zu den Schnellläufern geworden, die wir im Halo der Milchstraße beobachten. Wir werden diesen Prozeß der dynamischen Entwicklung eines Sternsystems in Kapitel 8 weiter diskutieren, wo wir auch sehen werden, daß entsprechende Effekte auch bei der Entwicklung von Galaxienhaufen eine Rolle spielen können.

Die Bewegung der einzelnen Sterne in unserem Milchstraßensystem

Wir wollen dieses Kapitel nun damit abschließen, daß wir uns mit dem befassen, was wir zuvor als Probeteilchen-Methode bezeichnet haben. Wir haben in Kapitel 2 gesehen, daß die Hauptbewegung der Sterne des Milchstraßensystems in einer Rotationsbewegung um das galaktische Zentrum besteht. Die einzelnen Sterne besitzen zusätzlich kleine zufällige Geschwindigkeiten, und es ist interessant zu fragen, wie weit zwei Sterne, die zunächst dicht beieinander stehen, sich in Zukunft auseinander bewegen können. Äquivalent ist die Frage nach dem Raumgebiet, das ein einzelner Stern innerhalb der Galaxie durchlaufen kann. Wir wollen zunächst nur Bewegungen in der galaktischen Ebene und später dann Bewegungen senkrecht zur Ebene betrachten.

Wir gehen von zwei Sternen aus, die sich ursprünglich beide im Ursprung des lokalen Bezugssystems befinden sollen. Der eine Stern möge sich in einer Kreisbahn mit der Geschwindigkeit des Ursprungs des lokalen Bezugssystems bewegen, der andere Stern soll dieselbe Umlaufgeschwindigkeit besitzen, der jedoch zusätzlich eine kleine Geschwindigkeit in $\tilde{\omega}$-Richtung überlagert ist (Bild 4-3). Wir wollen annehmen, daß diese Zusatzgeschwindigkeit so klein ist, daß die Rotationskurve in dem Raumbereich, den der Stern durchläuft, linear ist und durch die Oortschen Konstanten beschrieben werden kann.

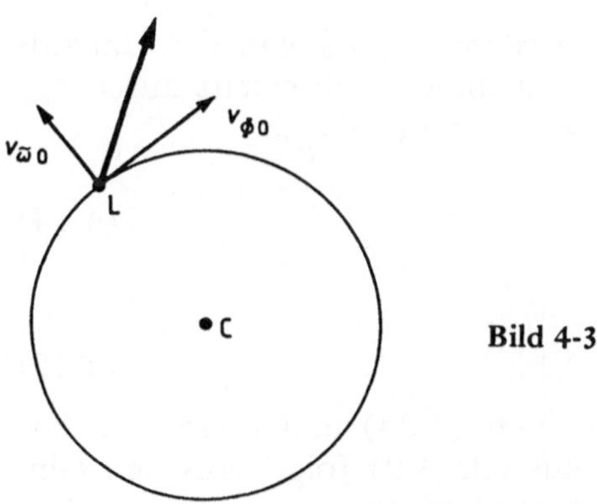

Bild 4-3

Man kann die Bewegung des Sterns berechnen, indem man die Bewegungsgleichung für die $\tilde{\omega}$-Richtung zusammen mit dem Gesetz der Drehimpulserhaltung in Bezug auf die Rotationsachse des Milchstraßensystems hinschreibt. Wenn sich der Stern, der ursprünglich den Abstand R_0 vom Zentrum hatte, in einem Punkt befindet, in dem $\tilde{\omega}$ den Wert

$$\tilde{\omega} = R_0 + \xi \tag{4-9}$$

hat, dann gilt für die radiale Komponente der Bewegungsgleichung

$$\ddot{\xi} - (R_0 + \xi)\,\dot{\phi}^2 = \frac{\partial \Phi}{\partial \tilde{\omega}}, \tag{4-10}$$

wobei für die radiale Komponente der Beschleunigung (in Zylinder-Koordinaten)

$$a_{\tilde{\omega}} = \ddot{\tilde{\omega}} - \tilde{\omega}\dot{\phi}^2 \tag{4-11}$$

eingesetzt wurde. Die Erhaltung des Drehimpulses in Bezug auf die Rotationsachse kann dann in der Form

$$(R_0 + \xi)^2 \dot{\phi} = R_0^2 \omega_0 = R_0 v_{\phi 0} \tag{4-12}$$

geschrieben werden, wobei ω_0 und $v_{\phi 0}$ die Winkelgeschwindigkeit bzw. die Umlaufgeschwindigkeit des Ursprungs des lokalen Bezugssystems sind. Benutzen wir Gl. (4-12), um $\dot{\phi}$ aus Gl. (4-10) zu eliminieren, dann erhalten wir

$$\ddot{\xi} - \left[\frac{R_0^2 v_{\phi 0}^2}{(R_0 + \xi)^3}\right] = \frac{\partial \Phi}{\partial \tilde{\omega}}. \tag{4-13}$$

Nun hängt der Quotient $\partial\phi/\partial\tilde{\omega}$ im Abstand $R_0 + \xi$ von der Umlaufgeschwindigkeit an dieser Stelle ab, und diese ist ihrerseits durch $v_{\phi 0}$ und die Oortschen Konstanten A und B bestimmt. Es gilt

$$\frac{v_{\text{circ}}^2 (R_0 + \xi)}{R_0 + \xi} = -\frac{\partial \Phi}{\partial \tilde{\omega}} \tag{4-14}$$

und

$$v_{\text{circ}} (R_0 + \xi) = v_{\phi 0} - (A + B)\,\xi, \tag{4-15}$$

wobei die zweite Gleichung aus den Gln. (2-24) und (2-25), die die Größen A und B definieren, sowie aus Gl. (4-9) folgt. Aus den Gln. (4-13), (4-14) und (4-15) erhält man durch Einsetzen

$$\ddot{\xi} - \frac{R_0^2 v_{\phi 0}^2}{(R_0 + \xi)^3} = -\frac{[v_{\phi 0} - (A + B)\,\xi]^2}{(R_0 + \xi)}. \tag{4-16}$$

Wir können uns nun eine Gleichung beschaffen, die die kleinen Abstandsänderungen in Bezug auf R_0 beschreibt, indem wir den zweiten und dritten Term in Gl. (4-16) entwickeln und nur lineare Ausdrücke in ξ weiter berücksichtigen. Wenn wir $v_{\phi 0}$ mit Hilfe der Gln. (2-24) und (2-25) noch durch A und B ausdrücken, so erhalten wir schließlich das Ergebnis

$$\ddot{\xi} + [-4B\,(A - B)]\,\xi = 0 \tag{4-17}$$

bzw.

$$\ddot{\xi} + \kappa^2 \xi = 0, \tag{4-18}$$

wobei κ^2 positiv ist, denn B ist negativ, und $(A - B)$ ist positiv. Die Gl. (4-18) beschreibt eine einfache periodische Bewegung, so daß deutlich wird, daß der Stern um die radiale Position des Ursprungs des lokalen Bezugssystems herum oszilliert und diese Bewegung eine Periode

$$P_{\varpi} = \frac{2\pi}{\kappa} = \frac{\pi}{\sqrt{-B(A-B)}} \tag{4-19}$$

hat. Wenn wir annehmen, daß zum Zeitpunkt $t = 0$, $v_{\varpi} = v_{\varpi 0}$ ist, dann können wir die Lösung der Gl. (4-18) in der Form

$$\xi = \left(\frac{v_{\varpi 0}}{\kappa}\right) \sin \kappa t \equiv \xi_0 \sin \kappa t \tag{4-20}$$

schreiben.

Epizyklische Bewegungen

Wir können aus der Erhaltung des Drehimpulses jetzt die Trennung zweier Sterne in ϕ-Richtung berechnen. Zu jedem Zeitpunkt gilt nach den Gln. (4-12) und (4-20) für die Winkelgeschwindigkeit des Sterns der Näherungsausdruck

$$\dot{\phi} = \frac{R_0 v_{\phi 0}}{(R_0 + \xi)^2} \approx \omega_0 - \frac{2 v_{\phi 0} v_{\varpi 0}}{\kappa R_0^2} \sin \kappa t. \tag{4-21}$$

Daraus können wir ablesen, daß der Stern die Tendenz hat, der Winkelbewegung des Ursprungs des lokalen Bezugssystems voraus- oder hinterherzulaufen, letzteres, wenn er sich in größerem Abstand vom Zentrum befindet als der Ursprung des Bezugssystems. Der Unterschied in der Winkelgeschwindigkeit beträgt

$$\Delta \dot{\phi} = -\frac{2 v_{\phi 0} v_{\varpi 0}}{\kappa R_0^2} \sin \kappa t. \tag{4-22}$$

Der entsprechende Unterschied in der Tangentialgeschwindigkeit beträgt dann $R_0 \cdot \Delta \dot{\phi}$ und dieser Ausdruck läßt sich integrieren, so daß man den tangentialen Abstand (η) zwischen dem Stern und dem Ursprung des lokalen Bezugssystems erhält

$$\eta = (2 v_{\phi 0} v_{\varpi 0}/\kappa^2 R_0)(\cos \kappa t - 1) \equiv \eta_0 (\cos \kappa t - 1). \tag{4-23}$$

Die Gln. (4-36) und (4-39) können nun in der Gleichung

$$(\xi^2/\xi_0^2) + [(\eta + \eta_0)^2/\eta_0^2] = 1 \tag{4-24}$$

zusammengefaßt werden. Dies ist die Gleichung einer Ellipse. Das zeigt, daß sich der Stern in einer elliptischen Bahn in Bezug auf den Ursprung

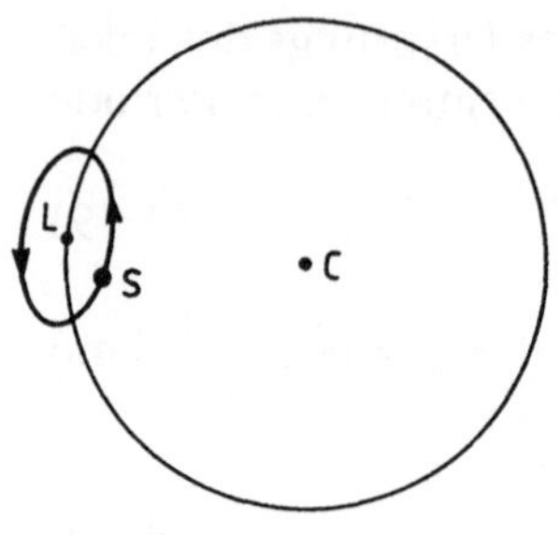

Bild 4-4
Die elliptische Bahn eines Sterns S um den Ursprung L des lokalen Bezugssystems

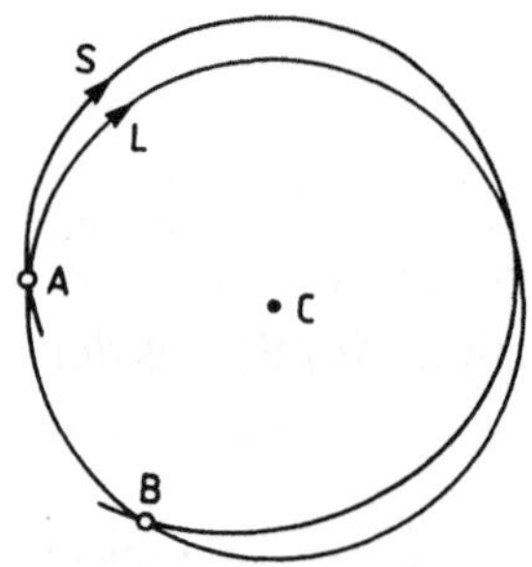

Bild 4-5
Die epizyklische Bewegung eines Sterns S. Wenn S und L im Punkt A zusammenfallen, dann fallen sie erneut im Punkt B zusammen.

des lokalen Bezugssystems bewegt, bzw. in einer Epizyklenbahn in einem nicht-rotierenden System. Die Bilder 4-4 und 4-5 verdeutlichen dies.
Obgleich die exakten Ausdrücke, die wir hier unter Benutzung der lokalen Werte der Oortschen Konstanten abgeleitet haben, nur für kleine Abweichungen von der Kreisbahnbewegung strenge Gültigkeit besitzen können, vermitteln sie doch einen Eindruck von den allgemeineren Bewegungsverhältnissen. Wir können folglich abschätzen, wie weit sich die Sonne und die anderen Sterne in der Sonnenumgebung in der Vergangenheit auf das galaktische Zentrum zu bzw. von ihm wegbewegt haben, und wie diese Bewegungen in der Zukunft verlaufen werden. Wir stellen die Diskussion der numerischen Werte zurück, bis wir uns mit der Bewegung senkrecht zur galaktischen Ebene befaßt haben.

Bewegungen senkrecht zur galaktischen Ebene

Die allgemeine Bewegung eines Sterns schließt eine Komponente senkrecht zur galaktischen Ebene ein. Für große Abweichungen von der reinen Kreisbahnbewegung darf man die Bewegungen in der Ebene und senkrecht zu dieser nicht getrennt betrachten; indem wir in unserer

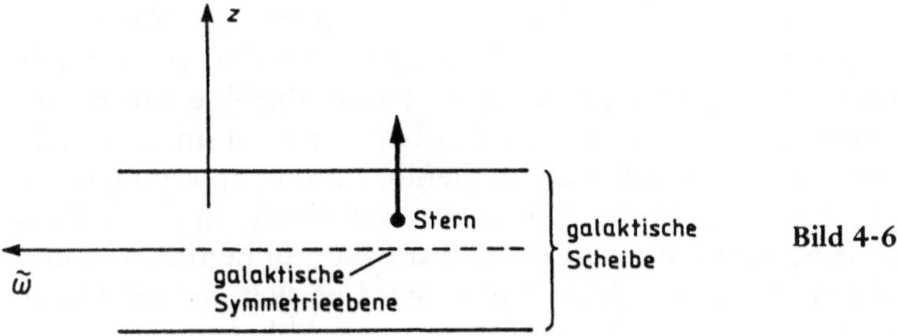

Bild 4-6

Näherung aber nur die linearen Versetzungsterme in Bezug auf den Gleichgewichtszustand berücksichtigen, sind diese beiden Bewegungskomponenten jedoch entkoppelt. Um die Bewegungen sonnennaher Sterne senkrecht zur galaktischen Ebene zu behandeln, weisen wir zunächst auf einen Punkt hin, der erst in Kapitel 6 ausführlicher diskutiert werden wird: da das Milchstraßensystem im Vergleich zu seiner radialen Ausdehnung außerordentlich flach ist, ändern sich die Eigenschaften in z-Richtung viel rascher als in radialer Richtung. Daraus folgt, daß wir die Scheibe in der Sonnenumgebung in erster Näherung als unendlich ausgedehnt und planparallel betrachten können; die Eigenschaften der Scheibe ändern sich nur in z-Richtung (Bild 4-6). Wir führen dann ein Koordinatensystem ein, das mit dem Ursprung des lokalen Bezugssystems mitrotiert und betrachten die vertikale Bewegung der Sterne. Damit machen wir die Annahme, daß sich die Sterne unter dem Einfluß eines Gravitationsfeldes g_z durch die Scheibe hindurch auf und ab bewegen. Um das Ausmaß und die Periode dieser Pendelbewegungen zu berechnen, benötigen wir einen Wert für g_z. Wie läßt sich dieser Wert bestimmen? Im Prinzip bestimmen wir ihn dadurch, daß wir die Oszillationsbewegung der Sterne durch die Milchstraßenebene hindurch beobachten. Dazu wäre jedoch eine Beobachtungszeit von weit über 10^7 Jahren erforderlich, so daß diese Möglichkeit eindeutig ausscheidet. Wenn wir aber annehmen, daß sich das Milchstraßensystem in einem stationären Zustand befindet, dann können wir stattdessen die Anzahldichte und die Geschwindigkeiten der Sterne in Abhängigkeit von ihrer Höhe über der galaktischen Symmetrieebene benutzen, um g_z zu bestimmen.

Der Verlauf des Gravitationsfeldes senkrecht zur galaktischen Ebene

Wir wollen zunächst das Prinzip der Methode betrachten. Wir befinden uns fast genau in der Symmetrieebene, wo die vertikale Komponente (g_z) des Gravitationsfeldes verschwindet. Wir können die Sterne in unserer Umgebung beobachten und dabei insbesondere die Verteilung ihrer Geschwindigkeiten senkrecht zur Ebene (im folgenden als vertikale Geschwindigkeiten bezeichnet) bestimmen. Jeder einzelne Stern, der sich nach oben bewegt, gerät unter den Einfluß des nach unten gerichteten Gravitationsfeldes, so daß sich schließlich seine Bewegungsrichtung umkehren und der Stern zur Symmetrieebene zurückkehren wird. Je größer seine vertikale Geschwindigkeitskomponente ist, wenn er sich in Sonnennähe aufhält, desto weiter wird er sich aus der Ebene hinausbewegen. Wenn wir den Verlauf von g_z in Abhängigkeit von z kennen, dann können wir genau berechnen, wie weit jeder Stern fliegt. Was wir stattdessen beobachten können, ist die Anzahldichte der Sterne in Abhängigkeit von der Höhe z über der galaktischen Ebene. Unter der Annahme, daß die Verteilung der Sterne einen stationären Zustand repräsentiert, kann man dann den Verlauf des Gravitationsfeldes als Funktion der Höhe aus dem Verlauf der Anzahldichte der Sterne ableiten.

Wenn wir annehmen, daß die vertikale Bewegung der Sterne von ihrer horizontalen Bewegung entkoppelt ist, dann gilt für die sich in vertikaler Richtung bewegenden Sterne ein Energie-Integral in der Form

$$\frac{1}{2} v_z^2 - \Phi(z) = \frac{1}{2} v_{z0}^2 - \Phi(0), \tag{4-25}$$

wobei v_z die Geschwindigkeit des Sterns in z-Richtung bezeichnet. v_{z0} ist die Geschwindigkeit bei $z = 0$ und für das Gravitationspotential $\Phi(z)$ gilt

$$g_z = \frac{d\Phi}{dz}. \tag{4-26}$$

Wir können nun für eine Gruppe von Sternen in der Sonnenumgebung die Verteilung der Geschwindigkeiten messen. Zunächst wollen wir annehmen, daß diese Verteilung die besonders einfache Form

$$f(v_{z0}) \sim \exp(-l^2 v_{z0}^2) \tag{4-27}$$

hätte, wobei l eine Konstante sein soll. Wir wissen dann auf Grund der allgemeinen Eigenschaften, die für Gleichgewichtsverteilungen gelten und die wir früher in diesem Kapitel beschrieben haben, daß f als Funktion des Energie-Integrals Gl. (4-25) dargestellt werden kann, so daß für eine beliebige Höhe z die Relation

$$f(v_z) \sim \exp[-l^2 v_z^2 + 2l^2 \Phi(z) - 2l^2 \Phi(0)] \tag{4-28}$$

gelten muß, wobei in den Gln. (4-27) und (4-28) dieselbe Proportionalitätskonstante einzusetzen wäre. Hierbei nutzen wir einfach die Tatsache aus, daß f unter der Voraussetzung eines Gleichgewichtszustands konstant sein muß, wenn man der Bewegung der Sterne folgt. Dieser Sachverhalt wird in Anhang 2 bewiesen. Wir können die Gln. (4-27) und (4-28) jetzt bezüglich der Geschwindigkeiten ($-\infty < v_z < \infty$) integrieren, um so die Anzahldichte der Sterne bei der Höhe 0 und in der Höhe z zu bestimmen. Wir sehen, daß

$$\frac{n(z)}{n(0)} = \exp 2l^2 [\Phi(z) - \Phi(0)], \qquad (4\text{-}29)$$

wobei $n(z)$ die Gesamtzahl der Sterne pro Volumeneinheit in der Höhe z ist. Wenn wir $n(z)$, $n(0)$ und l beobachten könnten, dann könnten wir einen Wert für $\Phi(z) - \Phi(0)$ berechnen. Wie üblich, spielt nur die Potentialdifferenz eine Rolle. Wenn dieses Verfahren für verschiedene Werte von z wiederholt werden könnte, dann ließe sich mit Hilfe von Gl. (4-26) g_z bestimmen.

Die tatsächlich beobachtete Verteilung der Geschwindigkeit der sonnennahen Sterne ist nicht ganz so einfach wie der Ansatz Gl. (4-27). Sie weist allerdings ziemlich ähnliche Eigenschaften auf, sonst hätten wir dieses Beispiel hier auch nicht benutzt. Offensichtlich läßt sich das beschriebene Verfahren auch für einen anderen Funktionsverlauf durchführen, dabei ist der Zusammenhang zwischen $n(z)$ und Φ allerdings nicht so einfach wie der in Gl. (4-29) angegebene, und die Bestimmung von g_z wird entsprechend komplizierter. Die beobachtete Verteilungsfunktion läßt sich statt durch einen einzigen Exponentialterm besser durch eine Summe von Exponentialtermen mit unterschiedlichen Werten von l ausdrücken. Die Verwendung eines solchen Ausdrucks liefert einen Verlauf von g_z, wie er in Bild 4-7 gezeigt ist. Man erkennt, daß der Betrag von g_z in der Nähe der galaktischen Symmetrieebene fast linear mit z ansteigt, daß der Anstieg danach aber abflacht.

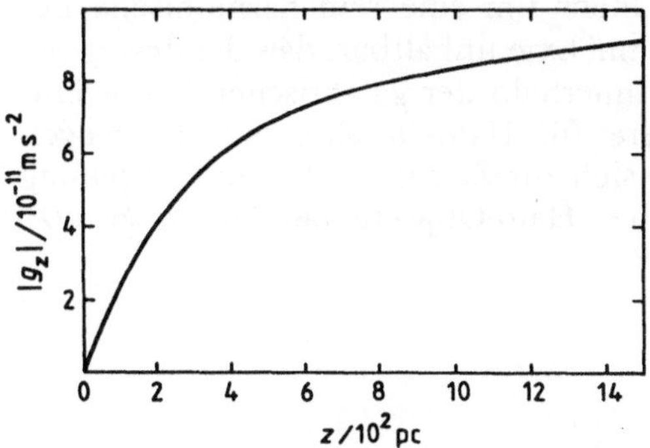

Bild 4-7
Die z-Komponente des Gravitationsfeldes in Abhängigkeit von dem Abstand von der galaktischen Symmetrieebene

In Kapitel 6 werden wir den Verlauf des Gravitationspotentials unter Verwendung der Poisson-Gleichung in einer sehr einfachen Form mit der Dichte der gravitierenden Materie verknüpfen

$$\frac{d^2\Phi}{dz^2} = -4\pi G\rho, \tag{4-30}$$

wobei ρ die Dichte der Materie bezeichnet. In diesem Kapitel wollen wir uns aber darauf beschränken, den beobachteten Wert von g_z einfach zu benutzen, um die Bewegung der Sterne senkrecht zur galaktischen Ebene zu diskutieren. Für Entfernungen von weniger als 100 pc können wir schreiben

$$g_z = -\lambda z \tag{4-31}$$

mit $\lambda \approx 10^{-29}\,s^{-2}$. Das bedeutet, daß die Bewegung derjenigen Sterne, die nur kleine Ausflüge aus der galaktischen Ebene heraus machen, durch die Gleichung

$$\ddot{z} + \lambda z = 0 \tag{4-32}$$

beschrieben wird, die zeigt, daß es sich um eine einfache harmonische Bewegung handelt. Mit dem angegebenen Wert für λ erhält man für die Zeit, die ein Stern für eine Oszillationsbewegung braucht, einen Wert von $6 \cdot 10^7$ Jahren, und die dabei zurückgelegte Entfernung beträgt für eine Anfangsgeschwindigkeit von $10\,km\,s^{-1}$ rund 100 pc. Diese Entfernung ist zumindest für kleine Anfangsgeschwindigkeiten proportional zur Anfangsgeschwindigkeit.

Wenn die Geschwindigkeit eines Sterns in der Ebene so groß ist, daß er sich weit aus der dünnen Scheibe hinausbewegen kann, dann kommt er in einen Bereich, in dem das Gravitationsfeld nicht so stark ist, wie der lineare Ansatz erwarten ließe, und dadurch wird sowohl die Periode als auch die Amplitude seiner Oszillationsbewegung größer als unsere einfachen Formeln vorhersagen. Natürlich handelt es sich dann bei der Oszillationsbewegung auch nicht mehr um eine rein harmonische Bewegung, und schließlich wird die Annahme unhaltbar, daß die Bewegung in z-Richtung von der Bewegung innerhalb der galaktischen Ebene entkoppelt ist. Das gilt insbesondere für Halo-Objekte wie die Kugelsternhaufen und Schnelläufer, die sich zur Zeit in der Sonnenumgebung aufhalten. Die Bahnperiode solcher Halo-Objekte beträgt einige 10^8 Jahre.

Die Amplitude der Sonnenbewegung

Wir kehren jetzt zu der Frage der Bewegungen der Sterne in der galaktischen Ebene zurück und benutzen die allgemein akzeptierten Werte für die Oortschen Konstanten, um die Periode und die Amplitude der radialen Bewegungen zu berechnen. Mit den in Kapitel 2 angegebenen Werten für $A = 15\ \mathrm{km\,s^{-1}\,kpc^{-1}}$ und $B = -10\ \mathrm{km\,s^{-1}\,kpc^{-1}}$, wird die nach Gl. (4-19) berechnete Periode

$$P_{\tilde{\omega}} = 2 \cdot 10^8\ \text{Jahre.} \tag{4-33}$$

Die Periode der galaktischen Rotationsbewegung, die sich für die Sonnenumgebung aus denselben Werten für A und B ergibt, beträgt $2{,}5 \cdot 10^8$ Jahre, so daß die epizyklische Bewegung einer Periode aufweist, die etwas kürzer als die Rotationsperiode ist. In Sonnennähe beträgt die Periodendauer für vertikale Bewegungen etwa ein Drittel der Periodendauer für die Epizyklen-Bewegung. Ein Stern, der eine zufällige Radialgeschwindigkeitskomponente von $10\ \mathrm{km\,s^{-1}}$ aufweist, entfernt sich bis zu 300 pc von der Kreisbahn, die er sonst durchliefe. Es ist nun leicht, die gesamte Information, die wir über die Bewegung senkrecht zur Scheibe besitzen, zusammenzutragen und zu sehen, was daraus für den Gesamtverlauf der Bahn eines Sterns folgt und welches Milchstraßenvolumen er durchläuft. Indem man die besten Schätzwerte für die Bewegung der Sonne relativ zu dem lokalen Bezugssystem (Kapitel 2) heranzieht, kann man ausrechnen, daß die Sonne sich um *insgesamt* 800 pc in radialer Richtung und um *insgesamt* rund 160 pc in vertikaler Richtung bewegt (± 400 pc von ihrem mittleren Zentrumsabstand, der größer ist als R_0 und ± 80 pc von der galaktischen Symmetrieebene.

Bahnen, die zu Resonanz-Effekten führen

Bei der Diskussion der Bewegung der Sonne haben wir die Annahme gemacht, daß das Milchstraßensystem tatsächlich völlig axialsymmetrisch aufgebaut ist. Die in unserem und anderen Sternsystemen vorhandene Spiralstruktur, die wir in Kapitel 3 bereits kurz diskutiert haben, verursacht jedoch eine geringe Abweichung von der Axialsymmetrie. Jedesmal, wenn sich ein Stern durch eine Spiralwelle hindurchbewegt, wird seine Bewegung leicht gestört. Wenn die Umlaufperiode des Sterns, die Periode seiner epizyklischen Bewegung und die Umlaufperiode des Spiralmusters nicht in einem einfachen Verhältnis zueinander stehen, erfolgen die in aufeinanderfolgenden Umläufen auftretenden Störungen immer in einer anderen Phase, und der resultierende Einfluß auf die Bewegung des Sterns kann vernachlässigt werden. Wenn dagegen das Spiralmuster im Abstand $\tilde{\omega}$ vom Zentrum in der Form

$\sin(m\phi + \omega_s t)$ von ϕ und t abhängt und ω_s, die Umlauffrequenz ω und die Epizyklen-Frequenz κ durch

$$\omega_s + m\omega = 0 \text{ oder } \pm\kappa \tag{4-34}$$

miteinander verknüpft sind, dann wird diese Beeinflussung immer bei derselben Phase wirksam, und die Amplitude der Bewegung vergrößert sich. Dies bezeichnet man als *Resonanz*. Sie tritt bei bestimmten Werten von $\tilde{\omega}$ ein. Ihre Bedeutung weiter zu diskutieren, würde den Rahmen dieses Buches sprengen. Sie dürfte aber bei der Entstehung langlebiger Spiralarme eine entscheidende Rolle spielen.

Zusammenfassung

In diesem Kapitel haben wir so getan, als bestünden Galaxien allein aus Sternen. Jeder dieser Sterne bewegt sich unter dem Einfluß der gravitativen Wechselwirkung mit allen anderen Sternen. Da die Durchmesser der Sterne erheblich kleiner sind als ihre Abstände voneinander, kann man sie als Punktmassen betrachten und wie ein aus Sternen bestehendes Gas behandeln, auf das die Methoden der kinetischen Gastheorie angewendet werden können. Wenn man von den Zentralregionen der Galaxien und von dichten Sternhaufen absieht, dann ist die mittlere Zeit zwischen zwei Stößen für einen einzelnen Stern sehr viel länger als das gegenwärtige Alter der Galaxien. Das bedeutet, daß man das von den Sternen gebildete „Gas" als stoßfrei betrachten kann. Da Stöße nicht auftreten, gibt es keinen Grund zu erwarten, daß die Geschwindigkeitsverteilung der Sterne eine Maxwell-Verteilung sein sollte, die man bei Laborgasen, in denen Stöße häufig sind, i.a. antrifft. Stattdessen wird gezeigt, daß die Geschwindigkeitsverteilung in einem Sternsystem als Funktion von Größen darstellbar sein muß, die konstant bleiben, wenn man der Bewegung des einzelnen Sterns folgt. Im Fall einer Galaxie, die sich in einem stationären Zustand befindet, gehören die Energie und die drei Komponenten des Drehimpulses zu diesen Konstanten der Bewegung, wenn es sich um ein sphärisches System handelt, und die Energie und der Drehimpuls in Bezug auf die Symmetrieachse im Fall eines axialsymmetrischen Systems.

Wenn die Dichte des Sternsystems hinreichend groß ist, dann spielen auch Stöße zwischen den Sternen eine Rolle. Diese haben die Tendenz, für eine Gleichverteilung der kinetischen Energie sowohl zwischen Sternen unterschiedlicher Masse als auch zwischen verschiedenen Punkten innerhalb des Systems zu sorgen. Als Folge dieses Prozesses entweichen insbesondere Sterne niedriger Masse völlig aus dem System, woraufhin das ganze System kontrahiert, so daß die Bedeutung der Stöße noch wächst.

Obgleich sich die Bewegung aller Sterne in einem Sternsystem nur mit Hilfe statistischer Methoden untersuchen läßt, kann man die Bewegung eines einzelnen Sterns vor dem Hintergrund aller übrigen Sterne studieren. Das Kapitel endet mit der Diskussion der Bewegung eines sonnennahen Sterns, dessen Geschwindigkeit geringfügig von der galaktischen Rotationsgeschwindigkeit abweicht. Es wird gezeigt, daß dieser Stern eine einfache harmonische Oszillationsbewegung sowohl bzgl. seines mittleren radialen Abstands vom galaktischen Zentrum als auch bzgl. der galaktischen Symmetrieebene ausführt. Schließlich wird das Ausmaß der Bewegung der Sonne innerhalb des Milchstraßensystems abgeschätzt.

Kapitel 5
Die Massen der Galaxien

Einleitung

Aus mehreren Gründen ist die Kenntnis der Massen der Galaxien sehr wichtig. Als erstes möchten wir gern wissen, ob die „sichtbare" Materie (darunter verstehen wir hier die auf irgendeine Weise direkt beobachtbare Materie) den Hauptbeitrag zur Gesamtmasse einer Galaxie liefert, oder ob ein wesentlicher Teil der Materie bisher unentdeckt blieb. Der zweite äußerst wichtige Grund hat mit der globalen Dichte im Universum zu tun. Diese entscheidet darüber, ob das gegenwärtig expandierende Weltall zu einem späteren Zeitpunkt wieder kontrahieren wird. Hierauf werden wir in Kapitel 8 zurückkommen.

Die Massen von Galaxien-Paaren

Die Masse eines astronomischen Objekts läßt sich prinzipiell nur bestimmen, indem man einen Bewegungsvorgang studiert, entweder einen Bewegungsvorgang des betreffenden Objekts als ganzem, oder innere Bewegungen. In beiden Fällen muß man die Annahme machen, daß die Bewegung eine Folge gravitativer Wechselwirkung ist. Ein einfaches Beispiel ist die Bestimmung der Massen der Sonne und der Planeten bzw. von Doppelsternen mit Hilfe des *Keplerschen Gesetzes*. Wenn sich zwei Sterne mit den Massen M_1 und M_2 in elliptischen Bahnen mit der großen Halbachse a_1 bzw. a_2 um ihren gemeinsamen Massenschwerpunkt bewegen, so gilt (Bild 5-1)

$$M_1 a_1 = M_2 a_2 \tag{5-1}$$

und

$$P^2 = 4\pi^2 \frac{(a_1 + a_2)^3}{G(M_1 + M_2)}, \tag{5-2}$$

wobei P die Umlaufperiode bezeichnet. Mit Hilfe von Gln. (5-1) und (5-2) lassen sich beide Massen M_1 und M_2 bestimmen, wenn es gelingt

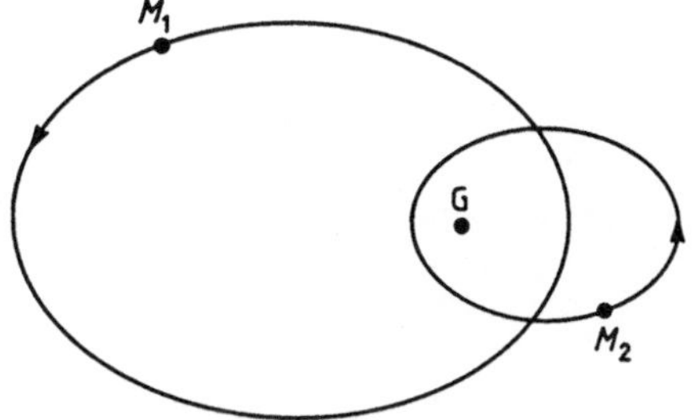

Bild 5-1
Die elliptischen Bahnen zweier Sterne der Massen M_1 und M_2 um ihren gemeinsamen Massenschwerpunkt G

a_1, a_2 und P zu beobachten. In der Praxis beobachtet man allerdings selbst bei einem Doppelsternsystem nicht a_1 und a_2, sondern die Projektion der Halbachsen auf eine Ebene, die senkrecht zur Sichtlinie vom Beobachter zu dem Doppelsternsystem im Raume liegt. Das bedeutet eine Unsicherheit in den abgeleiteten Massen. Man kann im Prinzip eine ähnliche Methode auf Galaxien-Paare anwenden. Hierbei treten jedoch weitere Komplikationen auf. Die erste resultiert aus der Tatsache, daß Galaxien nicht so kompakte Objekte wie Sterne sind, so daß der Abstand zwischen zwei Galaxien, die ein Paar bilden, z.B. nicht sehr groß ist im Vergleich zu dem Radius der betreffenden Objekte. Aus diesem Grunde ist die Behandlung der beiden Galaxien als Punktmassen, wie es die einfache Anwendung des Keplerschen Gesetzes erfordert, nicht unproblematisch. Diese Schwierigkeit ist jedoch fast völlig unbedeutend angesichts des anderen Problems, das daraus resultiert, daß wir nicht wirklich die Bahn der einen Galaxie um die andere herum verfolgen können, weil die Bahnperioden typisch viele hundert Millionen Jahre betragen. Was wir vielmehr ausschließlich beobachten können, ist der scheinbare Abstand der Galaxien voneinander und ihre Geschwindigkeitskomponenten auf uns zu oder von uns weg. Wenn wir überzeugt sind, daß wir die Entfernung der Galaxien gut genug kennen, dann können wir aus dem beobachteten Winkelabstand eine Entfernung der Galaxien voneinander in kpc berechnen, was jedoch nicht ihr wahrer Abstand voneinander ist, da wir nicht den Neigungswinkel zwischen der Verbindungslinie zwischen den Galaxien und der Sichtlinie kennen (Bild 5-2). Ebensowenig können wir sofort trennen zwischen dem Teil der beobachteten Radialgeschwindigkeiten beider Galaxien, der einer Bewegung des ganzen Systems auf uns zu oder von uns weg entspricht, und dem Teil, der auf ihre Relativgeschwindigkeit zurückgeht.

Wenn wir Galaxien auswählen, die weit getrennt sind, dann dürfte durch die Punktmassen-Näherung kein zu großer Fehler entstehen, und wir können zumindest eine Abschätzung für ihre Massen gewinnen. Die besten Resultate erhält man, wenn die Massen beider Galaxien entweder

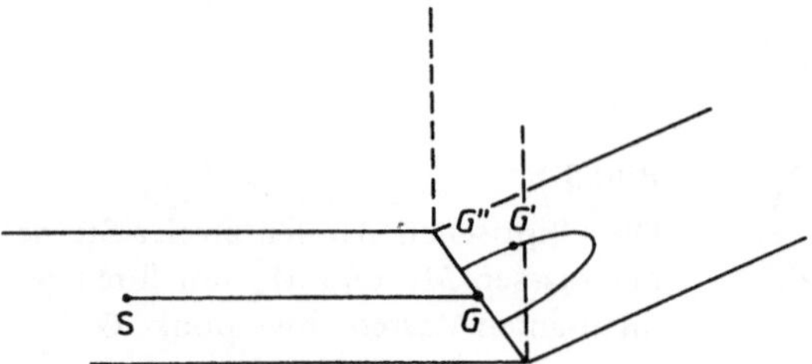

Bild 5-2 Der Zusammenhang zwischen der beobachteten, scheinbaren Bahn und der wahren Bahn. Wenn sich die Galaxie G′ in einer elliptischen Bahn um die Galaxie G bewegt, erscheint sie einem Beobachter im Punkt S nach G″ projiziert.

sehr ähnlich sind, so daß man sie näherungsweise gleich setzen kann, oder wenn eine Galaxie offensichtlich eine sehr viel kleinere Masse hat als die zweite. Im ersten Fall erhält man für die Radialgeschwindigkeit des Massenschwerpunkts $(v_1 + v_2)/2$, wenn v_1 und v_2 die beobachteten Radialgeschwindigkeiten der einzelnen Objekte sind. Im zweiten Fall ist die Geschwindigkeit des Massenschwerpunkts gegeben durch die Geschwindigkeit v_1 der massereicheren Galaxie. Aber selbst in diesen günstigen Fällen verfügen wir nicht über ausreichende Informationen, um exakte Werte für die Massen abzuleiten, da wir nicht wissen, unter welchem Winkel die Bahnen der Galaxien auf die Ebene senkrecht zur Sichtlinie projeziert erscheinen. Einen Ausweg aus dieser Schwierigkeit bietet nur eine statistische Anwendung des Verfahrens auf eine große Zahl von Galaxien-Paaren unter der Annahme, daß ihre Bahnen eine zufällige Orientierung im Raume besitzen.

Die Anwendung des Virial-Theorems zur Bestimmung der Massen von Einzel-Galaxien und Galaxien-Gruppen

Wir wenden uns jetzt einer Massenbestimmungs-Methode für Einzel-Galaxien zu, die jedoch auch zur Bestimmung der Gesamtmasse eines Galaxienhaufens verwendet werden kann. Wir nehmen dazu an, wir hätten eine große Zahl gravitativ miteinander wechselwirkender Teilchen. Bei diesen Teilchen kann es sich um Sterne handeln, wenn wir eine einzelne Galaxie betrachten, oder um Galaxien, wenn wir einen Galaxienhaufen beschreiben wollen. Dieses System von Teilchen soll sich in einem statistischen Gleichgewichtszustand befinden, so wie wir ihn im vorangegangenen Kapitel beschrieben haben. Damit meinen wir, daß alle Änderungen der Gesamteigenschaften des Systems so langsam vor sich gehen, daß diese Eigenschaften sich in der Zeit praktisch nicht ändern, die ein einzelnes Objekt zum Durchfliegen des Gesamtsystems braucht. Macht man diese Annahme, so kann man zeigen, daß die Summe aus der (negativen) potentiellen Energie des Systems und dem Doppelten der kinetischen Energie verschwinden muß. Dies ist die Aussage des *Virial-Theorems*, das in Anhang 3 abgeleitet ist. Man kann es in der Form

$$2T + \Omega = 0 \tag{5-3}$$

schreiben, wobei T die kinetische Energie und Ω die potentielle Energie bezeichnen. Nun gilt

$$T = \frac{1}{2} \sum_i m_i v_i^2, \tag{5-4}$$

wobei die Summation über alle Teilchen (Sterne oder Galaxien) zu erstrecken ist und v_i die Geschwindigkeit des Teilchens der Masse m_i bezeichnet. Alternativ können wir schreiben

$$T = \frac{1}{2} M \langle v^2 \rangle, \tag{5-5}$$

wobei M die Gesamtmasse des Systems und $\langle v^2 \rangle$ einen (geeigneten) Mittelwert von v_i^2 bedeuten. Die potentielle Energie infolge der gravitativen Wechselwirkung der Teilchen im System miteinander wird durch einen etwas komplizierteren Ausdruck beschrieben

$$\Omega = - \sum_i \sum_{j \neq i} \frac{G m_i m_j}{r_{ij}}, \tag{5-6}$$

wobei r_{ij} der Abstand zwischen den Massen m_i und m_j ist. Der Wert von Ω für ein abgeschlossenes System hängt von der Verteilung der Massen innerhalb des Systems ab. Für ein sphärisches (oder nahezu sphärisches) System gilt

$$\Omega = - \frac{\alpha G M^2}{R}, \tag{5-7}$$

wobei R der Radius des Systems ist und α eine Zahl von der Größenordnung 1, deren genauer Wert von der räumlichen Verteilung der Massen abhängt. Für ein System mit konstanter Dichte gilt $\alpha = 3/5$. α nimmt größere Werte an, wenn die Zentraldichte relativ zur mittleren Dichte ansteigt. In einer Galaxie oder einem Galaxienhaufen ist die Zentraldichte sehr viel größer als die mittlere Dichte, aber selbst für eine Zentraldichte, die um einen Faktor 1000 über der mittleren Dichte liegt, ist $\alpha \approx 3$.

Die Gln. (5-5) und (5-7) lassen sich zusammenfassen zu der Gleichung

$$M = \frac{R\langle v^2\rangle}{\alpha G}\,, \tag{5-8}$$

mit deren Hilfe man die Gesamtmasse des Systems abschätzen kann. Unter Berücksichtigung der Tatsache, daß $\alpha \approx 1$, läßt sich Gl. (5-8) folgendermaßen interpretieren: Die mittlere Geschwindigkeit der Teilchen in einem unter dem Einfluß der Eigengravitation befindlichen System, das einen Gleichgewichtszustand erreicht hat, muß ungefähr gleich der Entweichgeschwindigkeit aus diesem System sein. Für eine sphärische Masse mit Radius R ist die Entweichgeschwindigkeit v_{entw} gegeben durch

$$v_{\mathrm{entw}} = \frac{2GM}{R}\,. \tag{5-9}$$

Daraus sehen wir, daß v^2_{entw} und $\langle v^2\rangle$ identisch sind, falls $\alpha = 2$. Natürlich sind die typischen Geschwindigkeiten der Teilchen größer als die Entweichgeschwindigkeit, wenn sie sich in der Nähe des Zentrums des Systems aufhalten, und sie haben kleinere Geschwindigkeiten, wenn sie sich nahe dem äußeren Rand befinden. Wäre die mittlere Geschwindigkeit viel größer als die durch Gl. (5-8) gegebene, würde das System verdampfen. Wäre sie kleiner, würde es kollabieren. Gl. (5-8) kann benutzt werden, um die Massen sphärisch symmetrischer Galaxien zu bestimmen. Da die Größen R, $\langle v^2\rangle$ und α alle nur näherungsweise bekannt sind, sind die so bestimmten Massen ebenfalls sehr unsicher. Man kann wiederum nur die Radialgeschwindigkeiten der Sterne oder Galaxien messen, so daß $\langle v^2\rangle$ unter der Annahme abgeleitet werden muß, daß die mittlere quadratische Geschwindigkeit in allen drei Komponenten der Geschwindigkeit identisch ist. Im Fall eines sphärisch symmetrischen Systems ist diese Annahme nicht unvernünftig. Obwohl die Anwendung des Virial-Theorems unsichere Resultate liefert, ist dies praktisch die einzige Methode, die man überhaupt anwenden kann, um die Massen einzelner elliptischer (sphärisch symmetrischer) Galaxien zu bestimmen.

Massenbestimmung für stark abgeflachte Galaxien

Es gibt eine andere Methode zur Bestimmung der Massen von Galaxien, wenn sie wie unsere eigene stark abgeflacht sind. Wie wir schon gesagt haben, wird die Ausdehnung einer sphärischen Galaxie durch das Gleichgewicht zwischen den zufälligen Eigengeschwindigkeiten der Sterne und der anziehenden Kraft der Gravitation bestimmt. Dieser Sachverhalt wurde durch die Gln. (5-3) und (5-8) ausgedrückt. Im Falle eines abgeflachten Systems gilt das Virial-Theorem (5-8) ebenfalls, jedoch gibt es jetzt zwei Beiträge zur kinetischen Energie der Sterne. Zum einen ist da der Beitrag von den zufällig verteilten Geschwindigkeiten der Sterne an jedem Punkt innerhalb der Galaxie, die dazu führen, daß sich die Sterne mit verschiedenen Pekuliargeschwindigkeiten in verschiedene Richtungen bewegen. Zum anderen gibt es eine geordnete galaktische Rotationsbewegung. Wie wir in Kapitel 2 gesehen haben, beträgt diese Rotationsgeschwindigkeit in unserer Galaxie in Sonnennähe rund 250 km s^{-1}, während die zufälligen Pekuliargeschwindigkeiten der meisten Sterne nicht mehr als rund ein Zehntel dieses Wertes betragen. Das bedeutet, daß ihr Beitrag zur kinetischen Energie nur rund 1 % des Beitrags der geordneten Rotationsbewegung ausmacht. Das ist der Grund dafür, warum die Milchstraße so stark abgeflacht ist. In der Richtung parallel zur Rotationsachse sind es lediglich die zufälligen Eigengeschwindigkeiten der Sterne, die der Anziehungskraft entgegenwirken können, wohingegen in der Ebene senkrecht zur Rotationsachse die Umlaufgeschwindigkeiten bei weitem wichtiger sind als die Pekuliargeschwindigkeiten.

Galaktische Rotationskurven und Massenverteilungen

Wir können jetzt das Problem der Massenverteilung in stark abgeflachten Spiralgalaxien sowie die Frage ihrer Gesamtmasse behandeln, indem wir annehmen, daß nur die geordnete galaktische Rotationsbewegung von Bedeutung ist. Wir betrachten also ein idealisiertes System, in dem alle Konstituenten, Sterne und Gas, sich auf Kreisbahnen um das Zentrum bewegen. Wir haben diese Näherung schon einmal in Kapitel 2 verwendet, als wir diskutierten, wie unsere Galaxie rotiert und die *Rotationskurve* ableiteten, die den Zusammenhang zwischen der Rotationsgeschwindigkeit und dem Abstand vom galaktischen Zentrum beschreibt. In Kapitel 3 haben wir eine andere Methode diskutiert, die es erlaubt, die Rotationskurven geeignet orientierter naher Spiralgalaxien zu bestimmen. In beiden Fällen können wir jetzt die erhaltenen Rotationskurven benutzen, um die Massen dieser Galaxien abzuschätzen. Obgleich sich beide Methoden zur Bestimmung der Rotationskurven stark unterscheiden, stimmen ihre Ergebnisse qualitativ überein, und die Methode, daraus Massen abzuleiten, ist exakt dieselbe, gleich wie die Rotationskurve (Bild 5-3) erhalten wurde.

Da die Dicke der Scheibe einer solchen Galaxie sehr klein ist, dürfen wir annehmen, daß alle Sterne sich in der galaktischen Symmetrieebene bewegen. Wenn wir dann weiter annehmen, daß das System symmetrisch in Bezug auf die Rotationsachse aufgebaut ist, genauer gesagt, daß die Spiralstruktur nur eine geringe Abweichung bezüglich der Symmetrie der globalen Massenverteilung verursacht, dann wissen wir, daß die

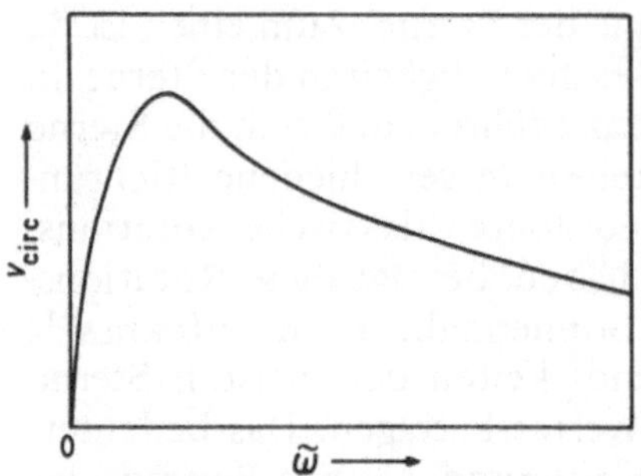

Bild 5-3
Beispiel einer galaktischen Rotationskurve (schematisch)

Kraft, die auf jeden einzelnen Stern wirkt, zum Zentrum gerichtet ist und daß (Bild 5-4)

$$\frac{v_\phi^2}{\tilde{\omega}} = -g_{\tilde{\omega}}, \tag{5-10}$$

wobei die negative Größe $g_{\tilde{\omega}}$ das Gravitationsfeld in Richtung $\tilde{\omega}$ beschreibt. Das Gravitationsfeld ist durch die Massenverteilung bestimmt; und wäre das Gravitationsfeld an jedem Ort innerhalb der Galaxie bekannt, könnten wir hoffen, daraus die Massenverteilung abzuleiten. Bezeichnet ρ die Massendichte, so erfüllt das Gravitationspotential Φ die *Poisson-Gleichung*

$$\nabla^2\Phi \equiv \frac{1}{\tilde{\omega}}\frac{\partial}{\partial\tilde{\omega}}\left(\tilde{\omega}\frac{\partial\Phi}{\partial\tilde{\omega}}\right) + \frac{\partial^2\Phi}{\partial z^2} = -4\pi G\rho, \tag{5-11}$$

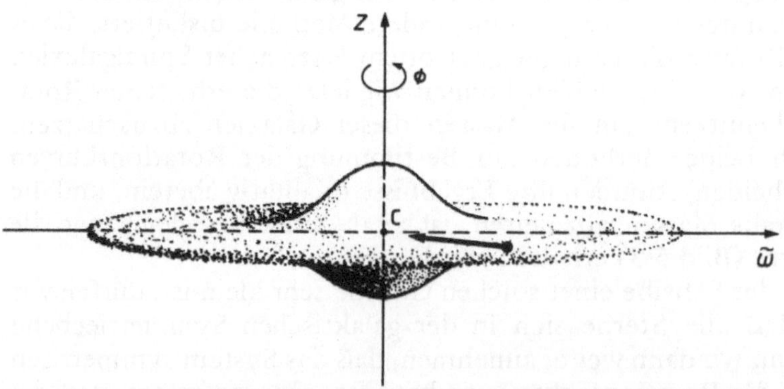

Bild 5-4 Auf einen Stern S in der galaktischen Ebene wirkt die Gravitationskraft in der durch den Pfeil angegebenen Richtung. Die Zylinderkoordinaten sind durch ϕ, $\tilde{\omega}$ und z bezeichnet.

wobei

$$g_{\tilde{\omega}} = \frac{\partial \Phi}{\partial \tilde{\omega}}, \qquad g_z = \frac{\partial \Phi}{\partial z} \tag{5-12}$$

Wenn wir Gl. (5-10) in der allgemeineren Form

$$\frac{v_{\text{circ}}^2}{\tilde{\omega}} = -g_{\tilde{\omega}} \tag{5-13}$$

verwenden, wobei v_{circ} diejenige Geschwindigkeit bezeichnet, die in der galaktischen Rotationskurve erscheint, dann ist klar, daß wir Gl. (5-13) benutzen können, um $g_{\tilde{\omega}}$ aus der Rotationskurve zu bestimmen, oder zumindest einen über die Dicke der galaktischen Scheibe gemittelten Wert für $g_{\tilde{\omega}}$. Das liefert uns jedoch nicht genügend Information, um mittels Gl. (5-11) ρ zu berechnen. Dazu benötigen wir außer $g_{\tilde{\omega}}$ auch g_z in der gesamten Galaxie. Obgleich wir in Kapitel 4 gelernt haben, wie man g_z in der Sonnenumgebung ermitteln kann, können wir auf diese Weise keine genaue Kenntnis über den Verlauf von g_z im gesamten Milchstraßensystem erlangen, und schon gar nicht in extragalaktischen Systemen. Wir dürfen aber auch nicht davon ausgehen, daß g_z unwichtig sei. Wie wir in Kapitel 6 sehen werden, sind räumliche Gradienten in z-Richtung wegen der geringen Dicke der Milchstraßenscheibe größer als in $\tilde{\omega}$-Richtung, und es ist der Term $\partial^2\Phi/\partial z^2$, aus dem sich ρ in unserer Nähe ergibt, wenn wir Gl. (5-11) benutzen wollen. Es ist deshalb klar, daß die Rotationskurve nicht genügend Information liefert, um daraus die galaktische Dichteverteilung in eindeutiger Weise abzuleiten. Es gibt jedoch eine andere, indirekte Methode, die recht befriedigende Resultate liefert. Diese soll im folgenden beschrieben werden.

Einfache Modelle für die galaktische Massenverteilung

Diese Methode basiert auf der Konstruktion einfacher Modelle für die galaktische Massenverteilung, wobei die Wahl des Modells durch das Erscheinungsbild der Galaxie bestimmt wird. Das Modell enthält einige freie Parameter, die man so festlegen kann, daß die beobachtete Rotationskurve mit befriedigender Genauigkeit wiedergegeben wird. Ein einfaches Beispiel für dieses Verfahren ergibt sich aus der Betrachtung von Bild 5-4: In erster Näherung erscheint die skizzierte Galaxie wie die Überlagerung eines sphärischen Systems mit kleinem Radius mit einem sehr flachen Sphäroid mit sehr viel größerem Radius. Wir können also die Frage stellen, ob die Überlagerung geeigneter sphärischer und sphäroidischer Masseverteilungen mit den beobachteten räumlichen Dimensionen zu einer Rotationskurve führt, die der beobachteten entspricht.

Wir werden die Anwendung dieser Methode auf unsere eigene Galaxie unverzüglich diskutieren, zuvor wollen wir jedoch noch deutlicher machen, wo die Grenzen dessen liegen, was wir aus den Rotationskurven über die Massen von Galaxien lernen können. Man kann diese Kurven nie zuverlässig bis zum Rand einer Galaxie bestimmen; selbst für unser eigenes Sternsystem ist die Rotationskurve für Entfernungen vom galaktischen Zentrum, die größer sind als der Abstand der Sonne vom Zentrum, nicht sehr gut bekannt. Wir wollen annehmen, daß die Kurve nur bis zu einem Radius $\tilde{\omega} = R$ bekannt sei. Dann ist die Gravitationskraft, die auf einen Stern im Abstand R vom Zentrum der Galaxie wirkt, im wesentlichen durch alle diejenigen Sterne bestimmt, die sich näher am Zentrum befinden. Das wäre exakt so für ein sphärisches System. Es trifft auch zu, wenn die Galaxie aus sphäroidischen Schalen gleicher Exzentrizität und einheitlicher Dichte aufgebaut ist; dieser Sachverhalt wird in Anhang 4 diskutiert, in dem das Gravitationsfeld sphärischer und sphäroidischer Masseverteilungen behandelt wird. Obgleich eine wirkliche Galaxie nicht genau diese Eigenschaften besitzen wird, trägt in den meisten Fällen die Masse außerhalb des Radius R (in der Scheibe) sehr wenig zur Gravitation im Abstand R bei. Es sollte deshalb zwar möglich sein, eine relativ zuverlässige Abschätzung für die Masse einer Galaxie innerhalb des Radius R zu gewinnen, aus der Messung der Rotationskurve bis zu diesem Abstand R folgt aber sehr wenig über den Massenanteil, der sich in größeren Entfernungen vom Zentrum befindet. Daraus folgt, daß die so bestimmten Massen nur untere Grenzen für die wahren Massen darstellen. Das ist deshalb wichtig, weil kürzlich vorgebracht wurde, daß Galaxien, unsere eigene eingeschlossen, massereiche Halos geringer Dichte besitzen könnten. Wir werden später darauf zurückkommen und erläutern, warum Mutmaßungen über die Existenz solcher Halos angestellt worden sind und wie man sie auf anderem Wege als über die Rotationskurve entdecken könnte.

Die Masse unserer Galaxie

Wir wenden uns jetzt der Diskussion der Masse unserer Galaxie zu, so wie sie sich aus der Rotationskurve ergibt. Dabei werden wir eine Reihe immer realistischerer Modelle für das Milchstraßensystem behandeln. Obgleich wir dabei letztlich ein Modell diskutieren werden, daß die Rotationskurve innerhalb der Beobachtungsungenauigkeiten reproduziert, betrachten wir zunächst sehr grobe Modelle, die nur einen kleinen Teil der Eigenschaften der beobachteten Rotationskurve (Bild 2-14) wiedergeben können. Wie wir im folgenden erkennen werden, liefern selbst die allergröbsten Modelle eine vernünftige Abschätzung für die

Masse unserer Galaxie innerhalb des Abstand R_0 der Sonne vom Zentrum – und das, obgleich sie den globalen Verlauf der galaktischen Rotationskurve und damit die Einzelheiten der Massenverteilung sehr schlecht reproduzieren. Das ist insofern beruhigend, als unser Hauptinteresse darin besteht, Gesamtmassen von Galaxien zu bestimmen.
Wir betrachten zunächst das einfachste mögliche Modell. Man weiß, daß sich ein wesentlicher Teil der Masse des Milchstraßensystems im Zentrum befindet. Wir nehmen deshalb als erstes an, daß praktisch die gesamte Masse des Systems in einem sphärischen Kern der Masse M_P enthalten sei. Am Ort der Sonne erzeugt dies ein Gravitationsfeld, das dem einer Punktmasse entspricht; deshalb der Index P. Wir können dann fragen, welchen Wert M_P haben müßte, um die nahe der Sonne beobachtete Rotationsgeschwindigkeit zu ergeben. Es muß gelten

$$\frac{GM_P}{R_0^2} = \frac{v_{\phi 0}^2}{R_0} \tag{5-14}$$

mit $R_0 = 10$ kpc und $v_{\phi 0} = 250\ \mathrm{km\,s^{-1}}$. Setzt man diese Werte in Gl. (5-14) ein, so erhält man

$$M_P = 1{,}4 \cdot 10^{11} M_\odot . \tag{5-15}$$

Obgleich eine Punktmasse dieser Größe den Wert der Rotationsgeschwindigkeit am Ort der Sonne richtig wiedergibt, ist die Anpassung an die Rotationskurve sehr schlecht. Insbesondere liegt das Maximum der Rotationsgeschwindigkeit viel zu hoch und nahe der Sonne fällt die Geschwindigkeit mit wachsender Entfernung viel rascher ab, als dies beobachtet wird. Für jeden Abstand außerhalb der Punktmasse gilt

$$\frac{GM_P}{\varpi^2} = \frac{v_{\mathrm{circ}}^2}{\varpi}, \tag{5-16}$$

woraus die in Bild 5-5 gezeichnete Rotationskurve folgt. Am Ort der Sonne ergeben sich aus diesem Modell folgende Werte für die Oortschen Konstanten

$$A = 18{,}75\ \mathrm{km\,s^{-1}\,kpc^{-1}}, \qquad B = -6{,}25\ \mathrm{km\,s^{-1}\,kpc^{-1}}. \tag{5-17}$$

Diese Zahlen sind mit den allgemein akzeptierten Werten $A = 15$, $B = -10$ (in denselben Einheiten) zu vergleichen. Trotz der schlechten Wiedergabe der Rotationskurve weicht die in Gl. (5-15) angegebene Masse vemutlich nicht um mehr als 50 % von der wahren Masse innerhalb des Radius R_0 ab, und Fehler bzw. Unsicherheiten in dieser Grössenordnung muß man zur Zeit auf diesem Gebiet einfach akzeptieren.

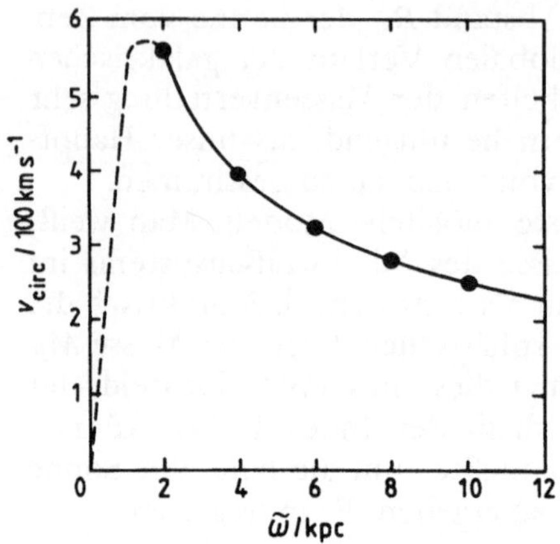

Bild 5-5
Rotationskurve, die aus dem einfachsten Modell (Punktmasse) resultiert und die die Kreisbahngeschwindigkeit der Sonne richtig wiedergibt

Das nächst einfache Modell für das Milchstraßensystem geht wiederum von einer Punktmasse aus, berücksichtigt aber, daß sich ein wesentlicher Teil der Masse außerhalb des Kernbereichs befindet. Beobachtungen abgeflachter Spiralsysteme, die unserem eigenen ähneln, zeigen, daß die Form der Scheibe (so wie sie sich aus der Helligkeitsverteilung ergibt) weitgehend der eines sehr flachen Sphäroids entspricht, wenn man von dem sphärischen Kernbereich absieht. Wir wollen deshalb ein Modell betrachten, das aus einer Punktmasse und einer sphäroidischen Masse besteht, wobei wir zunächst annehmen wollen, daß die Dichte innerhalb des Sphäroids konstant sei. Es ist kaum wahrscheinlich, daß dies schon ein realistisches Modell darstellt, denn wir müssen erwarten, daß die Dichte innerhalb des Sphäroids vielmehr mit wachsendem Abstand vom galaktischen Zentrum abfällt. Gegenüber dem ersten Modell sollte dies jedoch eine Verbesserung bedeuten. Da diejenigen Teile des Sphäroids, die sich außerhalb des Radius R_0 befinden, nicht zur Gravitationskraft in der Sonnenumgebung beitragen, wollen wir annehmen, daß die große Halbachse des Sphäroids gleich R_0 sei (Bild 5-6). Wir dürfen jedoch

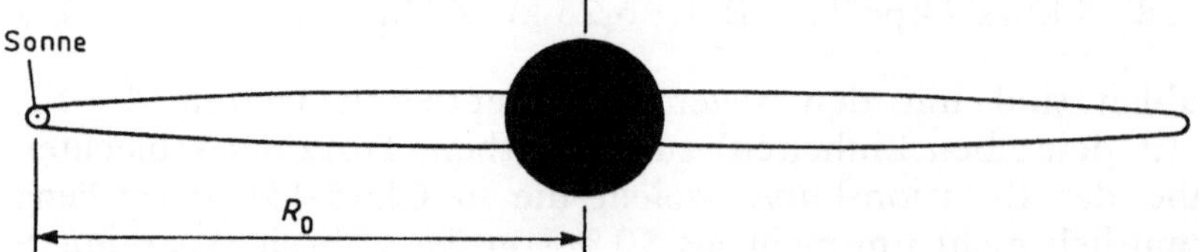

Bild 5-6 Ein Modell für unsere Galaxie, das aus einer Punktmasse (realistischer einer kleinen Kugel) und einem Sphäroid zusammengesetzt ist. Die Position der Sonne ist durch das Sonnensymbol gekennzeichnet.

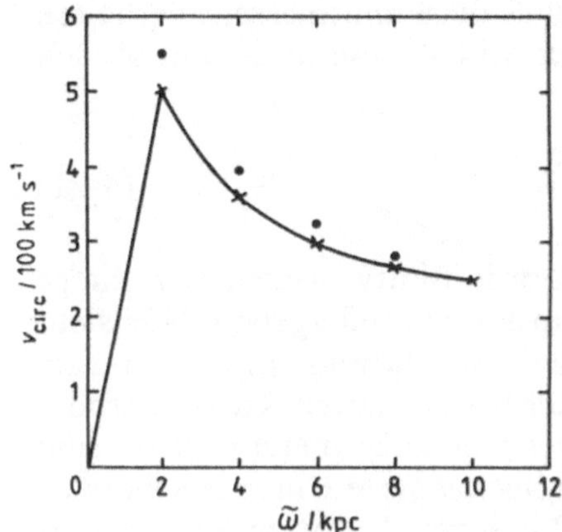

Bild 5-7
Die durch eine Punktmasse und ein Sphäroid konstanter Dichte erzeugte Rotationskurve. Die Modellparameter sind so angepaßt, daß die Oortschen Konstanten reproduziert werden. Die ausgefüllten Kreise entsprechen der Kurve aus Bild 5-5.

nicht vergessen, daß ein wesentlicher Teil der Masse des Milchstraßensystems sich außerhalb dieses Sphäroids befinden könnte.

Um dieses Modell weiter diskutieren zu können, müssen wir das Gravitationsfeld kennen, das von einer solchen sphäroidischen Massenverteilung im Abstand R_0 hervorgerufen wird. Die Ableitung des entsprechenden Ausdrucks würde den Rahmen dieses Buches sprengen, so daß wir ihn hier einfach zitieren wollen. Wenn wir die Gleichung für den elliptischen Querschnitt des Sphäroids (Bild 5-7) in der Form

$$\frac{\varpi^2}{R_0^2} + \frac{z^2}{R_0^2(1-e^2)} = 1 \tag{5-18}$$

schreiben, wobei e die Exzentrizität und $R_0(1-e^2)^{1/2}$ die kleine Halbachse der Ellipse bezeichnen, dann ist das Feld nahe dem Zentrum des Sphäroids im Abstand ϖ gegeben durch

$$-g_{\varpi} = \frac{3GM_{\text{sph}}}{2R_0^3 e^3}\left(\arcsin e - e\sqrt{1-e^2}\right)\varpi, \tag{5-19}$$

wobei M_{sph} die Gesamtmasse des Sphäroids ist. Nun zeigen die Beobachtungen, daß Spiralgalaxien stark abgeflacht sind, so daß wir in erster Näherung $e = 1$ setzen können. Damit vereinfacht sich Gl. (5-19) zu

$$-g_{\varpi} = \frac{3\pi GM_{\text{sph}}\,\varpi}{4R_0^3}. \tag{5-20}$$

Berücksichtigen wir zusätzlich den Einfluß der Punktmasse, so erhalten wir für die Rotationsgeschwindigkeit der Milchstraße in diesem Modell schließlich

$$\frac{v_{\mathrm{circ}}^2}{\varpi} = \frac{G M_{\mathrm{P}}}{\varpi^2} + \frac{3\pi G M_{\mathrm{sph}}\,\varpi}{4 R_0^3}. \tag{5-21}$$

Mit der durch Gl. (5-21) gegebenen Rotationskurve lassen sich einige Eigenschaften der beobachteten Rotationskurve wiedergeben. Man sieht jedoch relativ leicht, daß es nicht möglich ist, M_{P} und M_{sph} so zu wählen, daß alle Einzelheiten des Verlaufs der beobachteten Kurve reproduziert werden. Da Gl. (5-21) nur diese zwei freien Parameter enthält, sind die Möglichkeiten der Anpassung an die beobachtete Kurve beschränkt. Die einfachste Anpassung ist an die Oortschen Konstanten A und B möglich; und so werden wir vorgehen, obgleich die beste Anpassung an den Gesamtverlauf der Rotationskurve sicher durch die Anpassung in zwei bestimmten Kurvenpunkten zu erzielen wäre, von denen keiner unbedingt mit dem Ort der Sonne zusammenfallen müßte. Aus Gl. (5-21) läßt sich die Gleichung

$$v_{\phi 0}^2 = \frac{G M_{\mathrm{P}}}{R_0} + \frac{3\pi G M_{\mathrm{sph}}}{4 R_0} \tag{5-22}$$

ableiten, sowie die Gleichung

$$v_{\phi 0}\left(\frac{\mathrm{d}\, v_{\mathrm{circ}}}{\mathrm{d}\varpi}\right) = -\frac{G M_{\mathrm{P}}}{2 R_0^2} + \frac{3\pi G M_{\mathrm{sph}}}{4 R_0^2}. \tag{5-23}$$

Auf Grund der Definitionen (2-24) und (2-25) der Oortschen Konstanten A und B gilt

$$(A - B)^2 = \frac{G M_{\mathrm{P}}}{R_0^3} + \frac{3\pi G M_{\mathrm{sph}}}{4 R_0^3} \tag{5-24}$$

und

$$-(A - B)(A + B) = -\frac{G M_{\mathrm{P}}}{2 R_0^3} + \frac{3\pi G M_{\mathrm{sph}}}{4 R_0^3}. \tag{5-25}$$

Setzt man die beobachteten Werte ($A = 15\ \mathrm{km\,s^{-1}\,kpc^{-1}}$, $B = -10\ \mathrm{km\,s^{-1}\,kpc^{-1}}$, $R_0 = 10$ kpc) in Gln. (5-24) und (5-25) ein, so erhält man Werte für M_{P} und M_{sph}. Man findet

$$M_{\mathrm{P}} = 1{,}16 \cdot 10^{11} M_{\odot} \tag{5-26}$$

und

$$M_{\mathrm{sph}} = 0{,}12 \cdot 10^{11} M_{\odot}, \tag{5-27}$$

so daß für die Gesamtmasse innerhalb des Radius R_0 folgt

$$M = 1{,}28 \cdot 10^{11} M_\odot . \tag{5-28}$$

Die Masse, die man mit Hilfe dieses Modells erhält, unterscheidet sich nur sehr wenig von der, die aus dem einfachen Punktmassenmodell folgte. Auch die Rotationskurve zeigt keinen sehr abweichenden Verlauf (Bild 5-7), wobei die Annahme gemacht wurde, daß die „Punktmasse" einen Radius von 2 kpc hat und die Dichte innerhalb dieses Volumens konstant ist. Es ist klar, daß die durch Gl. (5-22) beschriebene Rotationskurve viele wichtige Eigenschaften der beobachteten Rotationskurve immer noch nicht wiedergeben kann. Insbesondere zeigt sie nicht die beiden Maxima und sie sagt eine viel zu große Rotationsgeschwindigkeit in Zentrumsnähe voraus, wenn man die Konstanten so wählt — wie wir es getan haben —, daß die Kreisbahngeschwindigkeit am Ort der Sonne richtig wiedergegeben wird.

Das Schmidtsche Modell für die Milchstraße

Eine weitere Verbesserung des Modells, die von M. Schmidt eingeführt wurde, ergibt sich, wenn man die bisher benutzte sphäroidische Komponente konstanter Dichte ersetzt durch eine solche nicht-konstanter Dichte. Obgleich Schmidt die zentrale Punktmasse als Komponente beibehielt, erwies diese sich in seinem Modell als relativ unbedeutend. Das war deshalb möglich, weil er eine starke zentrale Massenkonzentration, die im Milchstraßensystem sicher vorliegt, dadurch erzielte, daß er die Dichte der sphäroidischen Massenkomponenten zum Zentrum hin sehr stark ansteigen ließ. Zusätzlich zur Berücksichtigung einer variablen Dichte ließ Schmidt auch die Annahme $e = 1$ fallen und bestimmte e aus den Beobachtungen. Tatsächlich werden wir später sehen, daß sein Wert für e sich kaum von 1 unterscheidet.

Damit die Rotationskurve in einem bestimmten Abstand vom Zentrum nach wie vor nur durch die Masse des Sphäroids innerhalb dieses Abstands bestimmt wird, machte Schmidt die Annahme, daß die Dichte innerhalb zur Galaxie konzentrischer sphäroidischer Schalen konstant sei und daß alle Schalen dieselbe Exzentrizität besitzen (Bild 5-8). Wenn

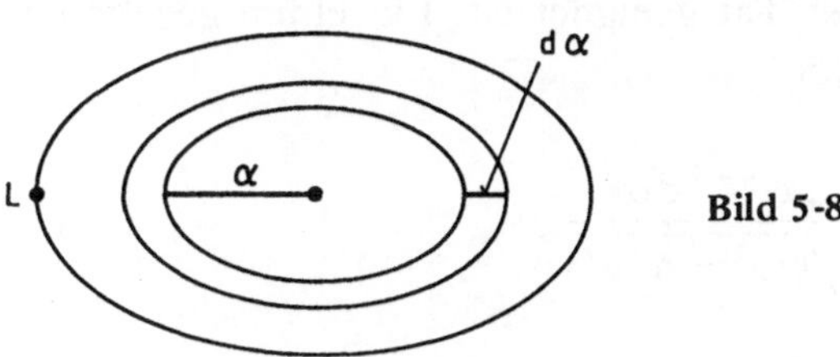

Bild 5-8

die große Halbachse irgendeines dieser Sphäroide mit α bezeichnet wird, dann kann die Dichte als $\rho(\alpha)$ geschrieben werden. Alternativ kann man die Masse innerhalb der Schale als $M(\alpha)$ angeben. Das von einem Satz solcher sphäroidischen Schalen in einem Punkt in der Äquatorebene erzeugte Gravitationsfeld wollen wir hier wiederum ohne Ableitung angeben:

$$-g_{\tilde{\omega}} = 4\pi G\sqrt{(1-e^2)} \int\limits_0^{\tilde{\omega}} \frac{\rho(\alpha)\,\alpha^2\,\mathrm{d}\alpha}{\tilde{\omega}\sqrt{(\tilde{\omega}^2-\alpha^2 e^2)}} =$$

$$= G \int\limits_0^{\tilde{\omega}} \frac{\mathrm{d}M(\alpha)}{\tilde{\omega}\sqrt{(\tilde{\omega}^2-\alpha^2 e^2)}}\,. \tag{5-29}$$

Wir können jetzt eine beliebige Funktion $\rho(\alpha)$ betrachten. Es erweist sich dabei als zweckmäßig, sich $\rho(\alpha)$ in eine Potenzreihe in α entwickelt zu denken, von der man nur diejenigen (wenigen) Glieder benutzt, die bereits eine gute Anpassung an die Rotationskurve ergeben. Auf den ersten Blick würde man erwarten, daß nur positive Potenzen von α infrage kommen, weil negative Potenzen für $\alpha = 0$, d.h. im galaktischen Zentrum eine unendliche Dichte ergeben. Wenn wir jedoch darauf verzichten, die beobachtete Rotationskurve in unmittelbarer Zentrumsnähe wiederzugeben, wo sie ohnehin nicht sehr gut bekannt ist, dann ist es nicht unsinnig, auch negative Potenzen von α zu berücksichtigten, vorausgesetzt, sie führen nicht zu einer unendlichen Gesamtmasse. Wie wir weiter unten sehen werden, hat eine solche Reihenentwicklung die Gestalt

$$\rho(\alpha) = \frac{c_{-2}}{\alpha^2} + \frac{c_{-1}}{\alpha} + c_0 + c_1\alpha + c_2\alpha^2 + \ldots + c_n\alpha^n + \ldots\,, \tag{5-30}$$

wobei die c_n Konstanten sind. Wir können jetzt fragen, was passiert, wenn einer dieser $c_n\alpha^n$-Terme auf der rechten Seite in Gl. (5-29) eingesetzt und sein Beitrag zu $g_{\tilde{\omega}}$ ausgerechnet wird. Als erstes sehen wir, daß der Integrand nicht unendlich wird für $\alpha = 0$ solange $n \geqslant -2$, so daß der Ansatz Gl. (5-30) in der Tat geeignet ist. Für einen gegebenen Wert von n ist der Beitrag zu $-g_{\tilde{\omega}}$

$$I_n \equiv 4\pi G\sqrt{(1-e^2)} \int\limits_0^{\tilde{\omega}} \frac{c_n\alpha^{n+2}\,\mathrm{d}\alpha}{\tilde{\omega}\sqrt{(\tilde{\omega}^2-\alpha^2 e^2)}}\,. \tag{5-31}$$

Um I_n zu berechnen, substituieren wir $\alpha e = \tilde{\omega} \sin\theta$, so daß $\sqrt{(\tilde{\omega}^2 - \alpha^2 e^2)} = \tilde{\omega} \cos\theta$ und $d\alpha = \tilde{\omega} \cos\theta \, d\theta / e$. Dann folgt

$$I_n = \left[\frac{4\pi G \sqrt{(1-e^2)}\, c_n \tilde{\omega}^{n+1}}{e^{n+3}}\right] \cdot \int\limits_0^{\arcsin e} \sin^{n+2}\theta \, d\theta. \tag{5-32}$$

Das verbliebene Integral läßt sich leicht auswerten, und man kann schreiben:

$$I_n = d_n \tilde{\omega}^{n+1}, \tag{5-33}$$

$$-g_{\tilde{\omega}} = \frac{d_{-2}}{\tilde{\omega}} + d_{-1} + d_0 \tilde{\omega} + \dots . \tag{5-34}$$

Den Wert der Kreisbahngeschwindigkeit kann man nun auf dem üblichen Wege aus $g_{\tilde{\omega}}$ berechnen, und wenn wir jetzt auch noch eine Punktmasse M_P hinzufügen, erhalten wir

$$v_{\text{circ}}^2 = \frac{GM_P}{\tilde{\omega}} + d_{-2} + d_{-1}\tilde{\omega} + d_0 \tilde{\omega}^2 + \dots , \tag{5-35}$$

wobei wir davon ausgehen, daß diese Gleichung nur außerhalb der zentralen Massenkonzentration gelten soll.
Wir können nun die Werte der Konstanten M_P, d_{-2}, ... so wählen, daß die beobachtete Rotationskurve so gut wie möglich reproduziert wird. Schmidt kam zu dem Ergebnis, daß man unter Berücksichtigung der Unsicherheiten in der beobachteten Kurve eine befriedigende Anpassung durch die Wahl der nur drei Konstanten M_P, d_{-1} und d_1 erzielen kann. Dies ist nur eine Konstante mehr als in unserem früheren Modell, allerdings sind die auftretenden Potenzen von $\tilde{\omega}$ andere. Aus dieser Anpassung erhält man unmittelbar einen Wert für M_P, der sehr klein ist

$$M_P = 0{,}075 \cdot 10^{11} M_\odot . \tag{5-36}$$

Die Werte für d_{-1} und d_1 lassen sich nicht direkt in entsprechende Werte c_{-1} und c_1 und damit in die entsprechenden Beiträge zur galaktischen Gesamtmasse umrechnen, da der Zusammenhang zwischen den c_n und d_n die Exzentrizität e enthält, wie in den Gln. (5-32) und (5-33) deutlich wird. An dieser Stelle verwendete Schmidt ein Resultat, das im nächsten Kapitel abgeleitet werden wird. Er benutzte die Tatsache, daß die Materiedichte in der Sonnenumgebung etwa $0{,}15\, M_\odot\, \text{pc}^{-3}$ beträgt. Aus diesem Wert von $\rho(\alpha = R_0)$ kann man näherungsweise einen Wert für die Exzentrizität ableiten, die sich zu 0,9988 ergibt. Wie wir erwartet haben, liegt dieser Wert dicht bei 1 und entspricht einer kleinen Halbachse des Sphäroids, die 5 % der Länge der großen Halbachse hat.

Mit diesem Wert für die Exzentrizität ergibt sich für die Masse der sphäroidischen Komponente

$$M_{sph} = 0{,}84 \cdot 10^{11} M_{\odot}, \tag{5-37}$$

so daß man für die Gesamtmasse innerhalb des Abstands der Sonne vom Zentrum

$$M = 0{,}92 \cdot 10^{11} M_{\odot} \tag{5-38}$$

erhält. Dieser Wert liegt wiederum unter dem in Gl. (5-28) angegebenen, und jede Verfeinerung des Modells für die Milchstraße hat zu einer Reduktion der geschätzten Gesamtmasse geführt. Es gibt jedoch keinen Grund anzunehmen, daß ein noch detaillierteres Modell zu einer noch kleineren Masse für diesen Teil des Milchstraßensystems führen würde, und es wäre überraschend, wenn die Masse innerhalb der Sonnenbahn wesentlich von dem Wert $10^{11} M_{\odot}$ verschieden wäre, vorausgesetzt allerdings, daß die verwendeten Werte für A, B und R_0 im wesentlichen korrekt sind.
Schmidt hat auch das wenige an Information verwendet, was über den Verlauf der Rotationskurve außerhalb der Bahn der Sonne existiert, um die Masse abzuschätzen, die sich außerhalb des Sphäroids mit der großen Halbachse R_0 befindet. Die Ergebnisse dieser Untersuchung müssen als weniger zuverlässig betrachtet werden als die zuvor behandelten. Es ist jedoch interessant, daß Schmidt einen Wert für diese äußere Masse fand, der fast genau dem in Gl. (5-38) angegebenen entspricht. Obgleich die Materiedichte sehr rasch mit dem wachsenden Abstand vom Zentrum abfällt, erfüllt sie ein außerordentlich großes Volumen. Schmidt vermutet deshalb, daß die Gesamtmasse des Milchstraßensystems ungefähr das Zweifache der Masse innerhalb der Sonnenbahn beträgt. Andere Forscher sind zu weitgehend ähnlichen Resultaten gekommen, und es wird allgemein angenommen, daß die Gesamtmasse unserer Galaxie zwischen $1{,}5 \cdot 10^{11} M_{\odot}$ und $2{,}0 \cdot 10^{11} M_{\odot}$ liegt, wie wir bereits früher in diesem Buch festgehalten haben. Wie schon erwähnt, wendet man die gerade beschriebene Methode auch zur Massenbestimmung für andere Spiralgalaxien an.

Besitzen Galaxien massereiche Halos?

Obgleich allgemein davon ausgegangen wird, daß große Spiralgalaxien Massen von $10^{11} M_{\odot}$ oder einigen $10^{11} M_{\odot}$ besitzen, ist kürzlich die Vermutung geäußert worden, daß sie eventuell erheblich größere Gesamtmassen aufweisen. Wir haben schon darauf hingewiesen, daß eine sphärische oder sphäroidische Massenverteilung außerhalb der Sonnenbahn keine Netto-Gravitationskraft in der Sonnenumgebung erzeugen würde, so daß die Beobachtungen der Rotationskurve die Existenz eines massereichen Halos nicht ausschließen. Wir wollen zum Abschluß dieses Kapitels erläutern, warum die Existenz massereicher Halos vorgeschlagen wurde und welche Beobachtungen im Hinblick auf den Nachweis ihrer Existenz relevant wären. Es gibt mindestens drei Argumente, die auf die Möglichkeit hindeuten, daß Galaxien größere Gesamtmassen haben, als man allgemein annimmt. Das erste hat mit dem Problem der „fehlenden Masse" zu tun, das wir in Kapitel 3 schon angesprochen haben und auf das wir in Kapitel 8 zurückkommen werden. Die Massenabschätzungen für einzelne Galaxien in Gruppen oder Galaxienhaufen führen zu dem Ergebnis, daß bei Anwendung des Virial-Theorems in der Form (5-8)

$$M = \frac{R \langle v^2 \rangle}{\alpha G} \tag{5-8}$$

auf Haufen, die beiden Seiten der Gleichung erheblich voneinander abweichen. Die Virial-Masse ist viel größer als die direkt bestimmte Masse. Aus diesem Grunde hat man vermutet, daß in den Haufen weitere, „fehlende" Materie vorhanden sein muß. Bei dieser Materie könnte es sich zumindest teilweise um intergalaktische Materie handeln. Die Diskrepanz würde jedoch in jedem Fall geringer, wenn die Massen der Galaxien größer wären als allgemein angenommen.

Die zwei weiteren Argumente sind subtiler und können hier nicht im Detail behandelt werden, obwohl eines davon in Kapitel 7 noch einmal aufgegriffen werden wird. Dabei geht es um die Frage des Ursprungs der chemischen Elemente und der chemischen Entwicklung des Milchstraßensystems. Es ist bekannt, daß sehr alte Sterne in unserer Galaxie nur sehr geringe Mengen von Elementen aufweisen, die schwerer sind als Wasserstoff und Helium, und daß diejenigen Kosmologien, die einen *Urknall* annehmen, nahelegen, daß das Universum ursprünglich überhaupt keine schweren Elemente enthalten hat. Obgleich die Beobachtungen niedriger Häufigkeiten schwerer Elemente in alten Sternen qualitativ mit den kosmologischen Theorien übereinstimmen, bleibt die Frage offen, wo die schweren Elemente in den ältesten bekannten Sternen überhaupt herkommen. Entweder gab es sie schon, als die Milchstraße entstanden ist, oder sie wurden in der Entstehungsphase produziert. In diesem Fall könnten sie in einer gigantischen Explosion im galaktischen Zentrum entstanden sein, oder die erste Periode der Sternentstehung spielte sich in einem Milchstraßensystem ab, das massereicher und größer war als der gegenwärtige Halo, die Scheibe und der Kernbereich es sind. Diese Teile unserer Galaxie müßten in jener Phase dann noch gasförmig gewesen sein und wären mit schweren

Elementen angereichert worden, die in der ersten Generation von Sternen erzeugt worden wären. Wir werden diese Möglichkeit in den Kapiteln 7 und 8 weiterdiskutieren.
Das dritte Argument ist hochgradig theoretisch. Das Milchstraßensystem (und andere Spiralgalaxien) ist extrem stark abgeflacht, und man kann die Frage stellen, ob eine derart abgeflachte Konfiguration stabil ist. Kehrt die beobachtete Materieverteilung in der Scheibe nach einer Störung zu ihrer ursprünglichen Form und Verteilung zurück oder wachsen die Störungen an, so daß eine völlig andere Gestalt resultiert? Eine ganze Reihe von Rechnungen hat nahegelegt, daß sehr stark abgeflachte Systeme wie unsere eigene Galaxie instabil sein sollten, daß diese Instabilität jedoch verschwindet, wenn die Galaxie sehr viel größer ist, als allgemein angenommen wird und wenn sie einen massereichen, nahezu sphärischen Halo besitzt. Dieses Argument ist im Augenblick trotzdem eher suggestiv als völlig schlüssig, denn die Rechnungen zeigen im Grunde nur, daß eine flache Scheibe gegenüber kleinen Störungen instabil ist, sie können jedoch nicht voraussagen, welche Auswirkungen diese Instabilität letztlich haben wird.

Möglichkeiten zum Nachweis massereicher Halos

Schließlich müssen wir uns fragen, ob es Beobachtungen gibt, aus denen wir etwas über die mögliche Existenz solcher massereichen Halos lernen können. Der erste Punkt, der in diesem Zusammenhang festgehalten werden muß, ist folgender: Wenn solche Halos tatsächlich nicht auf Grund ihres gravitativen Einflusses nachgewiesen werden können, kann man sie nur untersuchen, wenn sie leuchten. Es gibt Modelle der Galaxien-Entstehung und -Entwicklung, die annehmen, daß der größte Teil der Materie massereicher Halos in Sternen großer Masse auskondensierte, die ihre Entwicklung längst durchlaufen haben und jetzt „tote" Sterne sind. Wäre das so, dann gäbe es keine Hoffnung, sie zu entdecken, und es könnte massereiche Halos geben, die vorwiegend aus Schwarzen Löchern bestehen.
Angenommen, die erste Generation von Sternen hätte eine ähnliche Massenverteilung gehabt, wie wir sie heute in unserer eigenen Galaxie sowie in anderen Galaxien beobachten. Bestünde dann eine Chance, diese extremen Halo-Sterne zu beobachten? Könnten wir bei anderen Galaxien schwach leuchtende Randzonen sichtbar machen, die anzeigten, daß es ausgedehnte Halos gibt? Das könnte sich als möglich erweisen und wäre ein direkter Nachweis. Man kann jedoch auch zeigen, daß ein sehr ausgedehnter Halo eine große Masse in Form von normalen Sternen besitzen könnte, ohne daß dies zu einer leicht nachweisbaren Flächenhelligkeit führt.

Im Fall unserer eigenen Galaxie ist die Lage anders. Wenn die Milchstraße einen ausgedehnten Halo besitzt, dann halten sich die extremen Halo-Sterne nicht die ganze Zeit in den Außenbereichen auf. Ebenso wie die Schnelläufer im gewöhnlichen Halo müssen sie sich auf Bahnen bewegen, auf denen sie in periodischen Abständen durch die galaktische Scheibe laufen, und zu jedem Zeitpunkt muß es in der Sonnenumgebung einige Sterne aus dem extremen Halobereich geben. Diese Sterne müßten sehr große Geschwindigkeiten besitzen, und es wäre sinnvoll, nach ihnen zu suchen. Sie sollten ebenfalls durch einen verschwindenden Anteil schwerer Elemente auffallen. Um das jedoch zu beobachten, müßten sie hell genug sein, so daß entsprechende Spektren aufgenommen werden können. Versuche, solche Sterne sehr hoher Geschwindigkeit aus dem extremen Halobereich zu finden, hat es gegeben. Sie sind negativ verlaufen, und einige Astronomen sehen darin bereits den klaren Beweis dafür, daß unsere eigene Galaxie keinen solchen ausgedehnten, massereichen Halo, in dem sich normale Sterne befinden, besitzt. Wie schon erwähnt, schließt das nicht die Möglichkeit eines Halos aus „toten" Sternen aus. Schwarze Löcher aus einem solchen Halo hätte man bisher in der Sonnenumgebung nicht entdecken können.

Zusammenfassung

In diesem Kapitel haben wir verschiedene Methoden behandelt, die verwendet werden, um die Massen von Galaxien zu bestimmen. Als erstes haben wir die Möglichkeit diskutiert, die Massen von Galaxien in Galaxien-Paaren durch die Untersuchung ihrer Relativbewegung zu bestimmen. Dabei haben wir erläutert, daß man auf diese Weise wegen der Unsicherheiten bezüglich der Orientierung der Bahnen der einzelnen Galaxien-Paare im Raum nur zu statistischen Aussagen kommt. Danach haben wir beschrieben, wie das Virial-Theorem benutzt werden kann, um die Massen einzelner elliptischer Galaxien sowie die Gesamtmasse von Galaxienhaufen zu bestimmen. In letzterem Fall findet man häufig das Ergebnis, daß sich für die Gesamtmasse des Haufens ein erheblich größerer Wert ergibt als durch die Addition aller Einzelmassen von Galaxien im Haufen. Dies bezeichnet man als das Problem der Massen-Diskrepanz.

Der meiste Platz in diesem Kapitel war der Frage der Massenbestimmung für stark abgeflachte Galaxien auf Grund ihrer Rotationskurven gewidment. Dabei spielte das Milchstraßensystem eine besondere Rolle. Es scheint so, als führe die Annahme, daß die Massenverteilung im wesentlichen der Helligkeitsverteilung entspricht, zu einer befriedigenden Abschätzung der Masse in dem Bereich der Galaxie, in dem die Rotationskurve gut bekannt ist. Es könnte jedoch sein, daß sich die Hälfte der Gesamtmasse des Milchstraßensystems in einer sphäroidischen Komponente befindet, deren große Halbachse größer ist als der Abstand der Sonne vom galaktischen Zentrum. In diesen Entfernungen ist die Rotationskurve nicht zuverlässig bestimmt.

Das Kapitel schloß mit einer Diskussion der Möglichkeit ab, daß Galaxien sehr massereiche Halos niedriger Dichte besitzen könnten. Das wird durch mehrere, unabhängige Argumente nahegelegt. Darunter sind das Problem der Massendiskrepanz, die sich bei Anwendung des Virial-Theorems ergibt, die theoretischen Hinweise, daß stark abgeflachte Scheiben ohne einen massereichen Halo instabil sein dürften, sowie Überlegungen zur Entstehung und chemischen Entwicklung von Galaxien. Ob massereiche Halos tatsächlich existieren oder nicht, ist nach wie vor eine offene Frage, obgleich es unwahrscheinlich scheint, das unser Milchstraßensystem von einem massereichen Halo umgeben ist, falls dieser aus normalen Sternen bestünde wie man sie in der Scheibe findet.

Kapitel 6

Das interstellare Medium

Einleitung

Wir werden in diesem Buch keinen Versuch machen, die physikalischen Eigenschaften des interstellaren Mediums (Gas, Staub, kosmische Strahlung, Magnetfelder) in unserer eigenen oder anderen Galaxien im Detail zu beschreiben. Das erforderte ein ganzes Buch für sich. Es ist jedoch aus verschiedenen Gründen nötig und wünschenswert, einige dieser Eigenschaften zu diskutieren. Der erste Grund ist, daß Galaxien ursprünglich überhaupt nur aus Gas bestanden, so daß der Prozeß der Entwicklung einer Galaxie im wesentlichen ein Umwandlungsprozeß von Gas in Sterne ist, gefolgt vom Entwicklungsprozeß der Sterne. Der zweite Grund ist, daß die Struktur einer Galaxie nicht behandelt werden kann, wenn man das Gas ignoriert – selbst wenn heute nur fünf Prozent der Masse einer Galaxie interstellares Gas sind, was, wie wir gesehen haben, für die Milchstraße zutrifft –. Die Gaskomponente in den Galaxien wird in diesem sowie in den beiden nachfolgenden Kapiteln diskutiert werden. Dabei werden wir in diesem Kapitel den heutigen Aufbau der Gasscheibe unserer Galaxie diskutieren und einige Bemerkungen über andere Galaxien und über den möglichen Aufbau der Scheibe in der Vergangenheit machen. In Kapitel 7 werden wir im Rahmen der Diskussion der chemischen Entwicklung von Galaxien auf die chemische Zusammensetzung der heutigen interstellaren Materie eingehen. Schließlich beschäftigen wir uns in Kapitel 8 mit Fragen im Zusammenhang mit der Entstehung von Galaxien und mit sehr späten Phasen galaktischer Entwicklung. Wenn auch die Anordnung dieser drei Kapitel nicht die logisch befriedigendste ist – es wäre viel logischer, mit der Entstehung der Galaxien zu beginnen und aus ihrer bisherigen Entwicklung ihre heutige Struktur abzuleiten –, haben wir uns trotzdem für die umgekehrte Reihenfolge entschieden, weil sehr viel mehr über den heutigen Zustand der Galaxien bekannt ist als über ihre Entwicklung und ihre Entstehung.

Wir haben in Kapitel 2 und 3 bereits erwähnt, daß Galaxien außer Sternen auch interstellares Gas und interstellaren Staub enthalten und daß der Anteil des Gases an der Gesamtmasse in Spiralgalaxien und irregulären Systemen größer ist als bei elliptischen Galaxien. In Kapitel 5 wurden Messungen der Gaskomponente verwendet, als es darum ging, den Zusammenhang zwischen der Rotation und der Masse von Galaxien zu untersuchen. In Spiralgalaxien befindet sich das meiste Gas, wie wir gesehen haben, in einer dünnen Scheibe, deren Dicke der von den hellen Sternen gebildeten Scheibe vergleichbar ist. Die Gasscheibe ist ebenso wie die Scheibe der Sterne durch Rotationseffekte abgeflacht. Wie wir gleich sehen werden, folgt daraus nicht notwendigerweise, daß beide Scheiben dieselbe Dicke haben müßten. Im folgenden soll diskutiert werden, welche Faktoren die tatsächliche Dicke festlegen, wobei wir uns auf das Milchstraßensysten, insbesondere auf die galaktische Scheibe in Sonnennähe, konzentrieren wollen.

Kosmische Strahlung und Magnetfelder

Bevor wir damit beginnen, muß eine weitere Konstituente des Milchstraßensystems erwähnt werden. Wir beobachten in unserer Nachbarschaft in der Milchstraße energiereiche kosmische Primärstrahlungsteilchen. Obgleich es nur wenige von ihnen gibt, besitzen sie eine Energiedichte (Energie pro Volumeneinheit), die der kinetischen Energiedichte des interstellaren Gases vergleichbar ist. Zwar steckt im interstellaren Gas eine viel größere Masse als in den Strahlungsteilchen, aber es bewegt sich viel langsamer, wohingegen kosmische Primärstrahlungsteilchen sich mit einer Geschwindigkeit bewegen, die nur geringfügig unter der Lichtgeschwindigkeit liegt. Sie würden aus dem Milchstraßensystem in weniger als 10^5 Jahren entweichen, wenn es nichts gäbe, was sie daran hinderte. Ihr freies Entweichen wird durch das interstellare Magnetfeld verhindert. Im folgenden werden wir uns mit der *magnetischen Induktion (magnetischen Flußdichte) B* statt mit der magnetischen Feldstärke befassen. Die magnetische Induktion des interstellaren Magnetfeldes beträgt typisch $3 \cdot 10^{-10}$ Tesla (zum Vergleich: an der Erdoberfläche hat B den Wert 10^{-4} Tesla). Da die kosmischen Primärstrahlungsteilchen elektrisch geladen sind, müssen sie sich auf Helixbahnen um die Feldlinien der magnetischen Induktion (Bild 3-21) bewegen. Dabei kann man zunächst davon ausgehen, daß sie innerhalb des Milchstraßensystems bleiben, es sei denn, die magnetischen Feldlinien führen aus der Galaxie hinaus[16]).

---

16) Den Verlauf der magnetischen Induktionslinien in jedem Punkt kann man finden, indem man die Richtung des magnetischen Induktionsvektors verfolgt. In einem statischen Feld ändern sich die Linien nicht und müssen wegen des Fehlens magnetischer Unipole geschlossen sein. Induktionslinien lassen sich analog zu jedem einzelnen Zeitpunkt definieren, wenn das Feld zeitlich variabel ist. Im folgenden bezeichnen wir die Induktionslinien als magnetische Feldlinien.

Magnetfelder können nur durch magnetisierte Materialien oder durch elektrische Ströme entstehen. Im Falle des Milchstraßensystems sind elektrische Ströme die Ursache der Felder. Da diese Ströme ihrerseits nur durch eine Bewegung positiver und negativer elektrischer Ladungen relativ zueinander entweder in dem (partiell ionisierten) interstellaren Gas oder in der Primärstrahlung erzeugt werden können, klingt es vielleicht überraschend, wenn wir das Magnetfeld so diskutieren, als handele es sich um ein eigenständiges Phänomen. Hierzu lassen sich zwei Anmerkungen machen. Zum ersten bedarf es nur extrem geringer relativer Bewegungen zwischen positiven und negativen Ladungen, um die beobachteten Magnetfelder zu erzeugen. Ein typischer Wert für die Teilchendichte des interstellaren Gases ist $10^6\,m^{-3}$, und selbst wenn es nur partiell ionisiert ist, kann die Zahl der geladenen Teilchen leicht den Wert $10^4\,m^{-3}$ übersteigen. Wenn sich die magnetische Induktion B über die Strecke L signifikant ändert, so besteht folgender, näherungsweise gültiger Zusammenhang zur Stromdichte j, Anzahldichte n und Relativgeschwindigkeit v der geladenen Teilchen

$$\frac{B}{L} \approx \mu_0 j = \mu_0 n e v, \qquad (6\text{-}1)$$

wobei μ_0 die Permeabilität im Raum und e die elektrische Ladung des Elektrons bezeichnen. Um eine magnetische Induktion von 10^{-10} Tesla mit Skalenlängen von 100 pc zu erzeugen, die für das großräumige galaktische Magnetfeld charakteristisch sein dürften, muß die Relativgeschwindigkeit zwischen positiven und negativen Ladungen nur rund $5 \cdot 10^{-8}\,m\,s^{-1}$ betragen. Das ist ein verschwindend kleiner Wert sowohl im Vergleich zu den thermischen Geschwindigkeiten der interstellaren Gasteilchen als auch im Vergleich zu den stochastischen Wolkengeschwindigkeiten, die beide typisch im Bereich zwischen 10^3 und 10^4 $m\,s^{-1}$ liegen. Die erforderliche Geschwindigkeit bleibt auch dort klein, wo sich das Magnetfeld auf einer Skala L ändert, die um viele Größenordnungen kleiner ist als der oben angenommene Wert.

Die Abklingzeit interstellarer Magnetfelder

Die zweite Anmerkung betrifft die Tatsache, daß jedes durch einen elektrischen Strom erzeugte Magnetfeld nur dadurch abgebaut oder zerstört werden kann, daß die Ladungsträger miteinander stoßen und damit ihre Relativgeschwindigkeit verringern, so daß der Strom kleiner wird. Anders ausgedrückt: die Ströme nehmen ab, weil das Medium einen endlichen elektrischen Widerstand η besitzt. Man kann zeigen,

Tabelle 6-1 Abschätzung der Abklingzeiten kosmischer Magnetfelder. Die Abklingzeit hängt stark vom Ionisationsgrad der Materie ab. Das Sterninnere und die heiße Komponente des interstellaren Gases sind praktisch völlig ionisiert. Die erheblichen Unterschiede in den Abklingzeiten für kaltes interstellares Gas und Gaswolken führt man auf die Annahme zurück, daß ersteres durch die kosmische Primärstrahlung stärker ionisiert bleibt als man auf Grund seiner Temperatur erwarten würde. Die Zahl für die Erde bezieht sich auf den flüssigen metallischen Kern.

Objekt	L/m	T/K	n/m^{-3}	τ_D/a
Sterninneres	10^8	10^6	10^{30}	$2 \cdot 10^9$
heißes interstellares Gas	10^{17}	10^4	10^4	$2 \cdot 10^{24}$
kaltes interstellares Gas	10^{18}	10^2	10^6	10^{13}
kalte Gaswolke	10^{17}	10^2	10^8	$3 \cdot 10^8$
Erde (Kernbereich)	10^6			$2 \cdot 10^4$

daß die Zeit τ_D für eine signifikante Abnahme des Stroms ungefähr gegeben ist durch

$$\tau_\mathrm{D} \approx \frac{L^2}{\eta}, \tag{6-2}$$

wobei L eine charakteristische Skalenlänge ist. Wegen der großen Dimensionen, die für das interstellare Medium gelten, zeigt sich, daß man für τ_D oft einen Wert erhält, der über dem geschätzten Alter des Milchstraßensystems liegt. Einige Beispiele für die sich ergebende Lebensdauer kosmischer Magnetfelder sind in Tabelle 6-1 zusammengestellt. Im Fall des interstellaren Mediums kann ein großräumiges Magnetfeld nur dann in einem hinreichend kurzen Zeitraum abklingen, wenn der Ionisationsgrad des Mediums sehr klein ist. Solche Verhältnisse dürften am ehesten in dichten Gaswolken auftreten, die sowieso relativ kurzlebig sind. Im Gegensatz dazu ist bei stellaren Magnetfeldern denkbar, daß sie entweder bis zum Ende des Lebens eines Sterns fortbestehen oder vorher abgebaut werden; und im Fall der Erde kann es unmöglich während der letzten $4{,}5 \cdot 10^9$ Jahre nur ein monotones Abklingen gegeben haben, vielmehr muß das Feld immer wieder neu erzeugt worden sein.

Wechselwirkung zwischen Magnetfeld und strömender Materie

Wenn in einem leitfähigen Fluid (Flüssigkeit oder Gas) ein Magnetfeld vorhanden und seine Abklingzeit lang ist, dann kann man das Feld als permanent betrachten. Das heißt jedoch nicht, daß es nicht zu Veränderungen in der magnetischen Induktion kommen könnte. Der Grund liegt darin, daß die magnetischen Feldlinien im leitfähigen Fluid verankert sind und sich mit dem Fluid mitbewegen müssen. Bei einer solchen Bewegung eines gut leitenden Fluids bleibt der magnetische Induktions*fluß* erhalten. Dieser Sachverhalt ist in Bild 6-1 illustriert. Der Fluß durch das Flächenelement A ist $B \cdot A$. Wenn sich die Fluidteilchen so bewegen, daß A reduziert wird, dann wächst B und umgekehrt[17]).

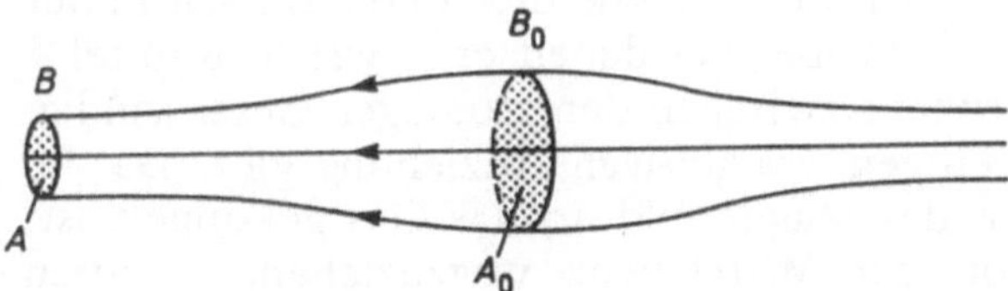

Bild 6-1 Die Erhaltung des magnetischen Flusses. Die Pfeile geben die Feldrichtung an. $B_0 A_0 = B A$.

Die in der galaktischen Scheibe wirkenden Kräfte

Nach dieser kurzen Zwischenbemerkung über die Eigenschaften von Magnetfeldern in leitfähigen Fluiden wenden wir uns jetzt speziell dem interstellaren Medium zu, wobei wir das interstellare Magnetfeld als eine fast unabhängig existierende Gegebenheit betrachten wollen. Wie schon erwähnt, können die Teilchen der kosmischen Primärstrahlung nur durch den sie zurückhaltenden Einfluß des Magnetfeldes daran gehindert werden, das interstellare Medium mit Lichtgeschwindigkeit zu verlassen. Umgekehrt verhalten diese Teilchen sich wie ein hochgradig leitendes Fluid in der beschriebenen Weise und versuchen, die Magnetfeldlinien mit sich aus der Galaxie herauszureißen. Das Magnetfeld ist jedoch auch in der interstellaren Materie verankert und wird

---

17) Diese Vorstellungen über die Wechselwirkung zwischen leitendem Fluid und Magnetfeld wurden zunächst theoretisch begründet, dann aber sehr schnell in Experimenten mit Quecksilber verifiziert. Es ist sehr schwierig, zwischen den Polen eines starken Elektromagneten befindliches Quecksilber in Bewegung zu versetzen. Aber wenn sich die Flüssigkeit bewegt, dann ändert sich die magnetische Induktion in der von der Theorie vorausgesagten Weise.

durch Ströme in diesem Gas hervorgerufen, so daß es die Milchstraße nicht verlassen kann, ohne dieses Gas mitzunehmen. Wenn plötzlich eine hinreichend große Menge kosmischer Primärstrahlungsteilchen in der Milchstraße erzeugt würde, könnte dies passieren. Etwas ähnliches muß während einiger der Explosionsvorgänge geschehen sein, die wir in einigen anderen Galaxien beobachten und die wir in Kapitel 3 erwähnt haben.

Es gibt eine weitere wichtige Kraft in der galaktischen Scheibe: Das Gas wird durch die Anziehungskraft der Sterne und durch seine Eigengravitation zur Mittelebene hingezogen. Gäbe es kein Magnetfeld und keine kosmischen Primärstrahlungsteilchen, dann wäre die Dicke der Gasscheibe durch das Gleichgewicht zwischen den zufälligen Geschwindigkeiten in dem Gas und der gravitativen Anziehung durch die Sterne und das Gas selbst bestimmt. Dies entspräche den Verhältnissen in der von den Sternen gebildeten Scheibe, bei denen es – wie in Kapitel 4 beschrieben – ein Gleichgewicht zwischen den zufälligen Geschwindigkeiten und ihrer wechselseitigen gravitativen Anziehung gibt. Da die kosmische Strahlung durch das Magnetfeld an das Gas gekoppelt ist, versucht sie, das Gas von der Mittelebene wegzuziehen, wodurch die Gasscheibe dicker wird. Es gibt noch einen weiteren Faktor, der möglicherweise von Bedeutung ist: Es ist nicht klar, ob es eine wesentliche Menge intergalaktischer Materie in der Nähe der Milchstraße gibt oder nicht. Wenn es sie gäbe, könnte sie einen Druck auf die Randzonen der Scheibe ausüben und diese dünner machen als sie sonst wäre.

Die Entwicklung der galaktischen Scheibe

Zu jedem Zeitpunkt der galaktischen Entwicklung können wir das Gleichgewicht der oben erwähnten Kräfte als Basis für die Diskussion der galaktischen Scheibe benutzen. Wir werden in Kürze bei der Diskussion der heutigen Verhältnisse in der Sonnenumgebung so verfahren. Zuvor wollen wir aber einige Anmerkungen über die Änderungen dieses Kräftegleichgewichts als Folge der galaktischen Entwicklung machen, bei der es zu einem Austausch zwischen den verschiedenen Komponenten in der Scheibe kommt. So bilden sich beispielsweise Sterne aus der interstellaren Materie, und ebenso gibt es eine Reihe von explosionsartigen und anderen Prozessen, durch die die vorhandenen Sterne Masse an das interstellare Medium verlieren. Da die von Sternen ausgeworfene Materie in der Regel erheblich mehr kinetische Energie pro Masseneinheit besitzt als das allgemeine interstellare Gas, resultiert aus der Sternentstehung und dem Masseverlust der Sterne letztlich eine Zunahme der kinetischen Energie pro Masseneinheit im interstellaren Gas. Dies allein würde zu einer Aufweitung der Gasscheibe führen. Es gibt jedoch

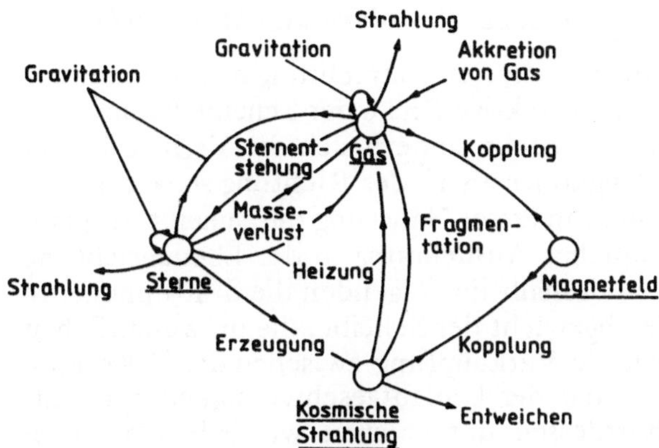

Bild 6-2 Schematische Übersicht über die physikalischen Prozesse, durch die die verschiedenen Konstituenten des Milchstraßensystems miteinander wechselwirken.

eine Reihe miteinander konkurrierender Effekte, die schematisch in Bild 6-2 gezeigt sind. Die Art und Weise, wie sich die Dicke der galaktischen Scheibe im Laufe der Zeit ändert, hängt von dem Wechselspiel all dieser Faktoren ab. Die Untersuchung der Höhenverteilung der Sterne über der galaktischen Ebene, die in Kapitel 2 (Tabelle 2-3) beschrieben ist, könnte Anhaltspunkte über die Dicke der Gasscheibe zum Zeitpunkt ihrer Entstehung geben. Wir könnten diese Resultate dann mit den theoretischen Vorstellungen darüber vergleichen, wie sich die Dicke der Scheibe hätte ändern sollen. Die Verhältnisse sind jedoch nicht völlig eindeutig. Obgleich Sterne nur selten mit anderen Sternen zusammenstoßen, stoßen sie häufiger mit interstellaren Wolken, die größer und massereicher sind. Gewöhnlich wird das Ergebnis einer solchen Kollision in der Übertragung von kinetischer Energie von der massereicheren Wolke auf den masseärmeren Stern bestehen, zumindest so lange, bis die mittlere kinetische Energie einzelner Sterne und der Wolken ähnlich ist. Ein ähnlicher Effekt könnte durch die temporäre Änderung des Gravitationsfeldes hervorgerufen werden, der ein Stern ausgesetzt ist, wenn er sich durch einen Spiralarm hindurchbewegt. Das bedeutet, daß *alte* Sterne sich auf eine dickere Scheibe verteilen könnten als sie es zum Zeitpunkt ihrer Entstehung taten. Es gibt heute keine klaren Hinweise dafür, daß sich die Dicke der Scheibe wesentlich geändert hätte, seit der größte Teil der Masse des Milchstraßensystems in Sternen auskondensierte.

Gleichgewicht zwischen Gas, kosmischer Strahlung und Magnetfeld

Wir wenden uns jetzt einer quantitativeren Betrachtung des Aufbaus der galaktischen Scheibe zu. Da die effektive Dicke der Scheibe kaum mehr als ein Prozent ihres Radius ausmacht, ändern sich die Verhältnisse in radialer Richtung sehr viel langsamer als in der Richtung senkrecht zur Scheibe. Daraus folgt, daß man in erster Näherung die Scheibe als planparalleles System mit unendlicher Ausdehnung in der Ebenenrichtung betrachten kann. Wir werden deshalb im folgenden die $\tilde{\omega}$-Komponente in der Gleichung für das Gleichgewicht der Scheibe, die im wesentlichen wie in Kapitel 5 beschrieben die Verknüpfung zwischen der $\tilde{\omega}$-Komponente des Gravitationsfeldes und der Umlaufgeschwindigkeit herstellt, nicht mehr betrachten. Stattdessen untersuchen wir lediglich die z-Komponente der Gleichgewichtsbedingung, wozu wir ein mit der lokalen Kreisbahngeschwindigkeit $v_{\phi 0}$ rotierendes Koordinatensystem verwenden. Obgleich die Galaxie differentiell rotiert, ist die Zeit, die Sterne oder Gaswolken benötigen, um sich durch die Scheibe hindurchzubewegen, um ein Vielfaches kleiner als die galaktische Rotationsperiode (vgl. Kapitel 2). Das bedeutet, daß wir in erster Näherung die differentielle Rotation ignorieren können, wenn es darum geht, die Struktur der Scheibe in z-Richtung zu behandeln.

Wir greifen nun ein kleines Massenelement in einer solchen unendlich ausgedehnten Scheibe heraus und betrachten die Bilanz der darauf wirkenden Kräfte unter der Annahme, daß ein Gleichgewichtszustand erreicht sei. Uns interessiert hierbei das aus Gas, kosmischer Strahlung und Magnetfeld gebildete System, und wir behandeln die Sterne lediglich als Quelle der auf das Gas wirkenden Anziehungskraft. Auf ein Massenelement der Dicke δz mit der Grundfläche δS in der Höhe z über der galaktischen Mittelebene (Bild 6-3) wirkt dann die Gravitationskraft $\rho \delta S \delta z g_z$, wobei ρ die Massendichte des Gases und der kosmischen Primärstrahlungsteilchen bezeichnet und g_z die zur Milchstraßenebene senkrechte Komponente des Gravitationsfeldes ist. Wenn E_{cr} die Energiedichte der kosmischen Strahlung unter Einschluß der Ruhmassenenergie bezeichnet, dann ergibt sich die Massendichte auf

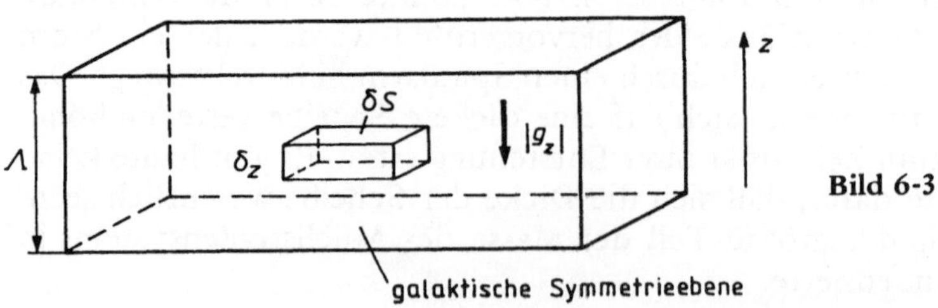

Bild 6-3

Grund der Einsteinschen Energie-Massen-Relation zu E_{cr}/c^2. Wie wir in Kürze sehen werden, ergibt sich für E_{cr} aus den Beobachtungen ein Wert, der dieselbe Größenordnung hat wie $\rho_{gas} \langle v_{gas}^2 \rangle$, wobei ρ_{gas} die Massendichte des Gases und $\langle v_{gas}^2 \rangle$ das mittlere Geschwindigkeitsquadrat sind. Da $\langle v_{gas}^2 \rangle \ll c^2$, muß dann $\rho_{cr} \ll \rho_{gas}$ gelten, so daß ρ_{cr} in guter Näherung vernachlässigt werden kann. Die Gravitationskraft F auf ein Massenelement ist also

$$F = \rho_{gas} g_z \, \delta z \, \delta S. \tag{6-3}$$

Man kann nun das Gas und die kosmische Strahlung wie Flüssigkeiten behandeln, die auf die untere und obere Wand des Volumenelements einen Druck ausüben. Die resultierende, nach unten gerichtete Kraft F_P, die durch diese beiden Komponenten hervorgerufen wird, ist

$$F_P = [P_{gas}(z + \delta z) + P_{cr}(z + \delta z) - P_{gas}(z) - P_{cr}(z)] \, \delta S, \tag{6-4}$$

wobei P_{gas} und P_{cr} den jeweiligen Druckbeitrag des Gases bzw. der kosmischen Strahlung bezeichnen. Die Kraft, die pro Flächeneinheit von einem Magnetfeld ausgeübt wird, ist in der Regel komplizierter anzugeben als ein einfacher Druck. Sie wird dann gut durch einen Druckterm P_{mag} beschrieben, wenn das Feld rein horizontal verläuft und wenn sich das Feld in z-Richtung viel rascher ändert als in allen anderen Richtungen. Obgleich das galaktische Magnetfeld sicher nicht *rein* horizontal verläuft, lassen sich die Beobachtungen wie beispielsweise die in Kapitel 2 beschriebene interstellare Polarisation so interpretieren, daß das Magnetfeld vorzugsweise parallel zur galaktischen Ebene verläuft. Es dürfte deshalb vernünftig sein, der Gl. (6-4) einen Term

$$[P_{mag}(z + \delta z) - P_{mag}(z)] \, \delta S \tag{6-5}$$

hinzuzufügen, um die vom Magnetfeld ausgeübte Kraft zu berücksichtigen. Setzen wir die aus den Druckbeiträgen resultierende Kraft der gravitativen Anziehungskraft gleich, so erhalten wir

$$\frac{dP}{dz} \equiv \frac{dP_{gas}}{dz} + \frac{dP_{cr}}{dz} + \frac{dP_{mag}}{dz} = \rho_{gas} g_z, \tag{6-6}$$

wobei g_z negativ ist, weil das Gravitationsfeld (seine z-Komponente) in Richtung zur Mittelebene wirkt.

Bevor wir diese Gleichung weiter diskutieren, sollten wir uns selbst von der Plausibilität der Annahme überzeugen, daß die galaktische Scheibe sich in einem Gleichgewichtszustand befindet. Qualitativ sieht man leicht, daß es so sein sollte. Wir haben bereits in Kapitel 4 gesehen, daß Materie in ungefähr $2 \cdot 10^7$ Jahren zur Mittelebene fallen würde, wenn es nichts gäbe, das dies verhindert. Das bedeutet, daß die Dicke der Scheibe sich in solchen Zeiträumen ändern sollte, wenn die Gravitationskraft und die Druckgradienten sich nicht weitestgehend ausgleichen würden. Diese Zeitspanne ist sehr kurz im Vergleich zu allen anderen Zeitskalen, die für die galaktische Entwicklung eine Rolle spielen: die galaktische Rotationsperiode, die Entwicklungszeit der meisten Sterne und damit die Zeitskala für die chemische Entwicklung der Galaxie. Es scheint deshalb klar, daß sich die galaktische Scheibe in erster Näherung in einem Gleichgewichtszustand befinden muß. Es sei aber daran erinnert, daß einzelne Sterne und Gaswolken, aus denen die galaktische Scheibe aufgebaut ist, relativ frei durch diese Scheibe hindurchoszillieren können. Das System befindet sich in dem Sinne im Gleichgewicht, daß die einzelnen Komponenten trotz ihrer oszillierenden Bewegungen so verteilt bleiben, daß sich ein stationärer Zustand ergibt.

Die Eigenschaften des interstellaren Mediums in der Sonnenumgebung

Wir kehren jetzt zur Betrachtung der Gl. (6-6) zurück. Wir können diese Gleichung nicht im formalen Sinne lösen, wir können aber versuchen zu zeigen, daß die beobachteten Werte für die in die Gleichung eingehenden Größen konsistent damit sind, daß sich die Scheibe im Gleichgewicht befindet. Da es bezüglich der Werte aller dieser Größen erhebliche Unsicherheiten gibt, besteht kein Anlaß, die Gleichung mit größter Exaktheit zu behandeln. Zunächst wollen wir die einzelnen Terme in Gl. (6-6) näher betrachten. Das Gas ist innerhalb des Milchstraßensystems nicht gleichförmig verteilt. Abgesehen von einer Konzentration in den Spiralarm-Bereichen, die wir später in diesem Kapitel im Zusammenhang mit den Dichtewellen näher betrachten wollen, tritt das Gas teilweise in weitgehend unionisierten Wolken mit Temperaturen in der Größenordnung zwischen 50 K und 100 K auf und teilweise als ionisiertes Gas mit viel geringerer Dichte und Temperaturen von ungefähr 10^4 K. Es gibt vermutlich sogar eine Komponente noch geringerer Dichte mit 10^6 K. Das neutrale Gas läßt sich leicht durch die 21 cm-Strahlung des Wasserstoffs beobachten (Kapitel 2), aber es ist offensichtlich, daß dies nicht die einzig auftretende Gaskomponente sein kann. Eine typische Wolke hat eine solche Masse, daß ihre Eigengravitation nicht ausreicht, um sie gegen die inneren Druckkräfte zusammenzuhalten. Eine solche Wolke würde frei expandieren und dispergieren, gäbe es nicht ein heißes Zwischenwolkengas, das einen Druck gleicher Größenordnung ausübte. Man stellt sich deshalb vor, daß die Dichte in der Scheibe zwar stark variiert, daß der thermische Gasdruck aber weitgehend konstant ist.

Wir können schreiben

$$P_{\text{gas}} = \frac{1}{3}\rho_{\text{gas}}\langle v_{\text{gas}}^2\rangle, \tag{6-7}$$

wobei man für v_{gas} die zufälligen Pekuliargeschwindigkeiten der kalten Wolken einsetzen kann, da deren Bewegungen den Hauptbeitrag zum Druck leisten.

Direkte Beobachtungen des kosmischen Primärstrahlung sind auf die Erde und ihre unmittelbare Umgebung beschränkt, obgleich man davon überzeugt, daß die Radiostrahlung, die man aus anderen Teilen des Milchstraßensystems empfängt, von Elektronen der kosmischen Primärstrahlung emittiert wird, die sich im galaktischen Magnetfeld auf spiralförmigen Bahnen bewegen. Wenn man die Effekte der Magnetfelder der Sonne und der Erde auf ihre Ausbreitung berücksichtigt, dann scheint es, als kommen die kosmischen Primärstrahlungsteilchen aus allen Raumrichtungen mit gleicher Intensität, so daß sie eindeutig nicht lokalen Ursprungs sind. Man glaubt, daß sie im gesamten Milchstraßensystem entstehen. Daher erscheint die Annahme vernünftig, daß ihre Anzahldichte in Erdnähe charakteristisch ist für ihre Anzahldichte in anderen Teilen der Milchstraße nahe der Mittelebene. Da die Teilchen der kosmischen Primärstrahlung sich mit relativistischer Geschwindigkeit bewegen, gilt (wie in allen relativistischen Systemen)

$$P_{\text{cr}} = \frac{1}{3}E_{\text{cr}}. \tag{6-8}$$

Schließlich gilt in dem Fall, in dem sich die von einem Magnetfeld pro Flächeneinheit ausgeübte Kraft durch einen Druck approximieren läßt,

$$P_{\text{mag}} = \frac{B^2}{2\mu_0}, \tag{6-9}$$

wobei wie zuvor B die Stärke der magnetischen Induktion und μ_0 die Permeabilität des Vakuums bezeichnen.

Wenn wir annehmen, daß die halbe Dicke der galaktischen Scheibe durch Λ gegeben ist (Bild 6-3) und daß kein äußerer Druck am oberen Rand der Scheibe wirkt, dann können wir den Druckgradienten auf der linken Seite der Gl. (6-6) annähern durch die Differenz der Drucke am oberen und unteren Rand der Scheibe dividiert durch Λ, d.h. in der Form

$$\frac{-[P_{\text{gas}} + P_{\text{cr}} + P_{\text{mag}}]_{z=0}}{\Lambda}. \tag{6-10}$$

Dies sollte eine erste Abschätzung für den Wert des Druckgradienten auf halbem Wege zwischen der Mittelebene und dem oberen Rand der

Scheibe sein, und wir können ihn mit der an gleicher Stelle berechneten Anziehungskraft gleichsetzen. Das heißt

$$-\frac{[P_{gas} + P_{cr} + P_{mag}]_{z=0}}{\Lambda} = [\rho_{gas}\, g_z]_{z=\Lambda/2}\,. \tag{6-11}$$

Aus Beobachtungen kennen wir näherungsweise den Wert aller in dieser Gleichung vorkommenden Größen. Durch Einsetzen können wir die Gültigkeit der Gl. (6-11) prüfen.

Die Oortsche Grenzdichte

Bevor wir das tun, greifen wir eine Diskussion wieder auf, die wir am Ende von Kapitel 4 nicht abgeschlossen hatten. In Kapitel 4 haben wir die Messungen stellarer Geschwindigkeiten dazu benutzt, um in der galaktischen Scheibe Werte für g_z zu bestimmen, und wir hatten angemerkt, daß daraus die Gesamtdichte der gravitierenden Materie abgeleitet werden könnte, sobald g_z bekannt ist. Unter der Annahme, daß Gradienten in z-Richtung sehr viel größer sind als Gradienten in $\tilde{\omega}$-Richtung, hat die Poisson-Gleichung für das Gravitationspotential Φ folgende einfache Gestalt

$$\frac{d^2\Phi}{dz^2} = -4\pi G\rho, \tag{6-12}$$

wobei ρ jetzt den Beitrag der Sterne zur Massendichte einschließt. In der Nähe der galaktischen Symmetrieebene gilt (Kapitel 4)

$$g_z = -\lambda z, \tag{4-31}$$

mit $\lambda \approx 10^{-29}\,s^{-2}$. Indem wir berücksichtigen, daß $g_z = d\Phi/dz$ ist, können wir Gl. (6-12) mit Hilfe von Gl. (4-31) nach ρ auflösen und erhalten

$$\rho \approx 0{,}15\, M_\odot\ pc^{-3} \tag{6-13}$$

in der Nähe der Mittelebene – ein Wert, den wir bereits in Kapitel 5 verwendet haben. Dieser Wert für die Materiedichte nahe der galaktischen Symmetrieebene wird als *Oortsche Massengrenze* bezeichnet.

Die besondere Bedeutung dieses Wertes erklärt sich aus der Tatsache, daß man sie mit der bekannten Materiedichte in demselben Bereich vergleichen kann. Wenn die bekannte Dichte kleiner als der Oortsche Grenzwert sein sollte, dann folgt daraus, daß es in der Sonnenumgebung *fehlende Materie* gibt. Wäre die bekannte Dichte dagegen größer, dann würde das umgekehrt einen Überschuß an Materie implizieren und wäre äußerst beunruhigend. Tatsächlich haben die Beobachtungen immer zu Werten geführt, die kleiner waren als die Oortsche Grenzdichte. Ursprünglich konnte nur etwa die Hälfte der Dichte auf beobachtete Materie zurückgeführt werden. Seither sind weitere schwache Sterne und weiteres Gas (insbesondere molekularer Wasserstoff) entdeckt worden, und die gegenwärtig besten Werte lauten

$$\rho_{\text{Stern}} \approx 0{,}064\, M_\odot\ \text{pc}^{-3}, \quad \rho_{\text{gas}} \approx 0{,}024\, M_\odot\ \text{pc}^{-3}. \tag{6-14}$$

Die immer noch fehlende Materie könnte in sehr leuchtschwachen oder toten Sternen stecken und in weiterem, bisher nicht entdecktem Gas. Es sei betont, daß der relative Anteil von im Gas bzw. in Sternen steckender Materie wie er aus Gl. (6-14) folgt, keinen Widerspruch zu den früheren Aussagen über die relative Masse in Sternen bzw. interstellarem Gas für die Milchstraße als Ganzes darstellt. Der relative Anteil des Gases ist in den Zentralbereichen, in denen ein Großteil der Gesamtmasse des Milchstraßensystems steckt, viel niedriger, und der Anteil des Gases liegt über dem Mittelwert in der Sonnenumgebung.
Wir kehren nun zur Gl. (6-11) zurück und betrachten die gemessenen Werte aller darin vorkommenden Größen. Wir haben schon gesagt, daß die magnetische Induktion einen Wert in der Größenordnung $3 \cdot 10^{-10}$ Tesla besitzt, daß dieser aber sicher von Ort zu Ort variiert. In Gl. (6-9) eingesetzt ergibt dies

$$P_{\text{mag}} \approx 4 \cdot 10^{-14}\,\text{N}\,\text{m}^{-2}. \tag{6-15}$$

Die Energiedichte der kosmischen Strahlung in Erdnähe beträgt ungefähr $10^6\,\text{eV}\,\text{m}^{-3}$ oder $1{,}6 \cdot 10^{-13}\,\text{J}\,\text{m}^{-3}$. Daraus resultiert

$$P_{\text{cr}} \approx 5 \cdot 10^{-14}\,\text{N}\,\text{m}^{-2}, \tag{6-16}$$

woraus deutlich wird, daß der Druck des Magnetfeldes und der kosmischen Primärstrahlung nahezu gleich sind. Darauf werden wir später zurückkommen. Schließlich betragen die zufälligen Geschwindigkeiten des Gases rund $10\,\text{km}\,\text{s}^{-1}$, was in Verbindung mit Gl. (6-14) zu

$$P_{\text{gas}} \approx 6 \cdot 10^{-14}\,\text{N}\,\text{m}^{-2}, \tag{6-17}$$

führt – ein Wert, der wiederum nur wenig von den zuvor abgeleiteten Druckwerten abweicht. Im Rahmen der Genauigkeit, mit der sie bestimmt werden können, stimmen alle drei Werte ohne Zweifel überein. Die halbe Dicke der Scheibe beträgt rund 100 pc oder $3 \cdot 10^{18}$ m, so daß wir für die linke Seite von Gl. (6-11) $5 \cdot 10^{-32}\,\text{N}\,\text{m}^{-3}$ erhalten. Was die rechte Seite betrifft, so ist auf Grund von Gln. (6-12) und (4-31) klar, daß g_z mit wachsender Höhe viel rascher abfällt als ρ_{gas}; wenn g_z exakt linear von z abhängen würde, dann wäre ρ konstant. Wir werden keinen großen Fehler machen, indem wir für ρ_{gas} den in der Mittelebene gefundenen Wert einsetzen und g_z für eine Höhe von 50 pc berechnen. Tun wir dies, so ergibt sich für die rechte Seite von Gl. (6-11) rund $3 \cdot 10^{-32}$ $\mathrm{N\,m^{-3}}$. Obgleich das nicht völlige Gleichheit bedeutet, ist die Übereinstimmung angesichts der verwendeten Näherungen und der Tatsache, daß keine der Größen sehr genau bekannt ist, bemerkenswert gut. Eine Abschätzung wie diese kann nicht *beweisen*, daß die Scheibe im Gleichgewicht ist, sie gibt aber sicherlich auch keinen Anlaß, unsere frühere Schlußfolgerung fallenzulassen.

Wir haben bereits einige Anmerkungen über mögliche zeitliche Änderungen der Dicke der galaktischen Scheibe gemacht. Jetzt sind wir in der Lage, einige quantitative Aussagen zu machen, indem wir die Gl. (6-11)

$$\Lambda \approx \frac{\left[\frac{1}{3}\langle v_{\mathrm{gas}}^2\rangle + \frac{1}{\rho_{\mathrm{gas}}}(P_{\mathrm{cr}} + P_{\mathrm{mag}})\right]_{z=0}}{|g_z|_{\frac{\Lambda}{2}}} \tag{6-18}$$

benutzen. Aus dieser Gleichung sieht man leicht, daß – da g_z sich nicht ändert, solange die Galaxie weder Masse verliert noch gewinnt – entweder eine Zunahme von $\langle v_{\mathrm{gas}}^2\rangle$ oder eine Abnahme von ρ_{gas} eine Zunahme der Scheibendicke bewirken können, wenn sich die Eigenschaften des Magnetfeldes und der kosmischen Strahlung nicht gleichfalls ändern. Umgekehrt verursacht eine Abnahme von $\langle v_{\mathrm{gas}}^2\rangle$, z.B. als Folge einer Abkühlung des Gases oder weil durch Stöße zwischen Gaswolken und Sternen Energie auf die Sterne übertragen wird, eine Abnahme der Dicke der Gasscheibe. Die Rolle, die die kosmische Strahlung oder das Magnetfeld spielen, wenn beide allein wirken, ist leicht erkennbar. Wenn sich alle Größen gleichzeitig ändern, dann ist das Ergebnis schwieriger zu durchschauen. Dieser Fall dürfte jedoch die vergangene Entwicklung des Milchstraßensystems bestimmt haben.

Der galaktische Halo und intergalaktische Materie

Zu unserer Diskussion des Gleichgewichts der Scheibe sollte noch eine letzte Bemerkung hinzugefügt werden. Indem wir Gl. (6-6) durch Gl. (6-11) ersetzt haben, haben wir angenommen, daß der Druck am oberen Rand der Scheibe sehr niedrig sei. Das könnte falsch sein. Die Milchstraße könnte von einem intergalaktischen Medium umgeben sein, das einen erheblichen Druck ausübt. Die gegenwärtigen Beobachtungen des Halos der Milchstraße schließen nicht die Möglichkeit aus, daß in ihm Gas sehr geringer Dichte, aber hoher Temperatur (ca. 10^6 K) existiert, dessen Druck an der Stelle $z = \Lambda$ in Gl. (6-11) berücksichtigt werden sollte.

Messungen der galaktischen Radiostrahlung weisen darauf hin, daß sowohl kosmische Primärstrahlungsteilchen als auch Magnetfelder weit außerhalb der dünnen Gasscheibe auftreten. Wir werden darauf später noch einmal zurückkommen. Die Ungleichheit der beiden Seiten der Gl. (6-11), die in unserer Diskussion deutlich wurde, könnte durch das Vorhandensein eines heißen Halos zumindest verringert werden, da dieser wegen des für $z = \Lambda$ abzuziehenden Druckbeitrags zu einer Verkleinerung der linken Seite führen würde. Wie oben bereits festgestellt, ist das jedoch gar nicht unbedingt nötig.

Zur Tatsache, daß die Druckbeiträge von Gas, kosmischer Primärstrahlung und Magnetfeld nahezu gleich groß sind

Wir wollen jetzt einige qualitative Anmerkungen zu der Tatsache machen, daß die Druckbeiträge des Gases, der kosmischen Primärstrahlung und des Magnetfeldes nahezu gleich groß sind. Müssen wir das als reinen Zufall betrachten oder hat das tiefere Gründe? Wir wollen zunächst die kosmische Strahlung betrachten. Sie wird durch das Magnetfeld in der Milchstraße festgehalten. Funktioniert das hundertprozentig? Wir glauben heute, daß kosmische Primärstrahlungsteilchen ständig neu erzeugt werden, vermutlich in *Supernova*-Explosionen oder durch *Pulsare*, die ihrerseits in Supernova-Explosionen entstehen. Wenn ein kosmisches Primärstrahlungsteilchen erst einmal auf hohe Energie beschleunigt ist, dann bewegt es sich durch das Milchstraßensystem, wobei es gelegentlich zu Stößen mit interstellaren Gasteilchen kommt. Als Folge solcher Kollisionen werden die Atomkerne der kosmischen Strahlung entweder abgebremst, oder sie brechen in weniger massereiche Kerne auseinander. Der wichtigste Prozeß ist das Aufbrechen schwerer Kerne in leichtere. Die beobachtete chemische Zusammensetzung der kosmischen Primärstrahlung gibt darüber quantitativen Aufschluß und damit über das mittlere Alter der Teilchen, wobei sich auf diese Weise ein Alter von weniger als 10^7 Jahren für die kosmische Strahlung in Sonnennähe ergibt. Das deutet darauf hin, daß die kosmischen Primärstrahlungsteilchen nicht permanent im Milchstraßensystem gefangen bleiben.

Das Entweichen kosmischer Strahlung

Die — allerdings noch nicht zu einer vollständigen Theorie ausgearbeitete — Grundidee, die das Entweichen der kosmischen Strahlung erklären soll, ist folgende: Man stellt sich vor, daß die kosmische Strahlung durch das Magnetfeld in der Milchstraße gehalten wird — ein Mechanismus, der ohne Zweifel so lange funktionieren sollte, wie die

Energiedichte der kosmischen Strahlung erheblich kleiner als die des Magnetfeldes ist. In diesem Fall wirkt das Magnetfeld wie ein geschlossener Behälter, den die kosmische Strahlung nicht verformen kann. Das gilt wahrscheinlich nicht mehr, wenn die Energiedichte der kosmischen Strahlung zu groß wird: Dann müssen wir erwarten, daß der vom Magnetfeld gebildete Behälter „platzt" oder zumindest anfängt zu „lecken".

Auf ein ähnliches Problem stößt man in Experimenten, die die kontrollierte thermonukleare Fusion ermöglichen sollen. Die ursprüngliche Idee war, das sehr heiße ionisierte Gas durch Magnetfelder einzuschließen, so daß es nicht mit den Wänden der Anlage in Berührung kommt. Dazu wurden magnetische Flaschen entworfen, die unter Gleichgewichtsbedingungen ein heißes Gas durch ein Magnetfeld einschließen sollen. Die meisten dieser Entwürfe erwiesen sich jedoch im Experiment als sehr instabil, insbesondere dann, wenn der Druck des eingeschlossenen Gases dem Magnetfelddruck vergleichbar war. Es ist sehr wahrscheinlich, daß das System aus kosmischer Strahlung und Magnetfeld in der Milchstraße gegen ähnliche Instabilitäten anfällig ist, dies in besonderem Maße, wenn die Energiedichte der kosmischen Strahlung lokal der Energiedichte des Magnetfeldes vergleichbar wird. Dies *könnte* die beobachtete näherungsweise Gleichheit des magnetischen und des durch die kosmischen Strahlung verursachten Drucks erklären. Wenn alle kosmischen Primärstrahlungsteilchen, die jemals im Milchstraßensystem erzeugt worden sind, sich heute noch im System befänden, dann würde der Druck der kosmischen Strahlung den des Magnetfeldes um mehrere Größenordnungen übertreffen. Unter diesen Umständen würde die kosmische Strahlung jedoch entweichen. Wenn Instabilitäten als Folge eines Druckanstiegs der kosmischen Strahlung die Ursache für das Entweichen der kosmischen Strahlung sind, dann diffundieren sie wahrscheinlich über eine Kette relativ lokaler Instabilitäten von der Mitte der Scheibe nach außen. Demnach müßte das mittlere Alter der kosmischen Strahlung nahe am Rand der Scheibe erheblich größer sein als in Sonnennähe. Diese Erwartung läßt sich jedoch nicht direkt prüfen, weil wir nur die chemische Zusammensetzung derjenigen kosmischen Primärstrahlung messen können, die die Erde erreicht. Wenn kosmische Strahlung als Folge solcher Instabilitäten tatsächlich in den Halo entweicht, dann könnte dies die weiter oben erwähnte Radiostrahlung erklären, die aus einem Bereich kommt, der ausgedehnter ist als die Gasscheibe.

Beispiel einer einfachen Instabilität in einem System aus Gas, kosmischer Strahlung und Magnetfeld

Um die obigen Überlegungen etwas zu präzisieren, wollen wir einen Typ von Instabilität betrachten, der leicht zu beschreiben und zu verstehen

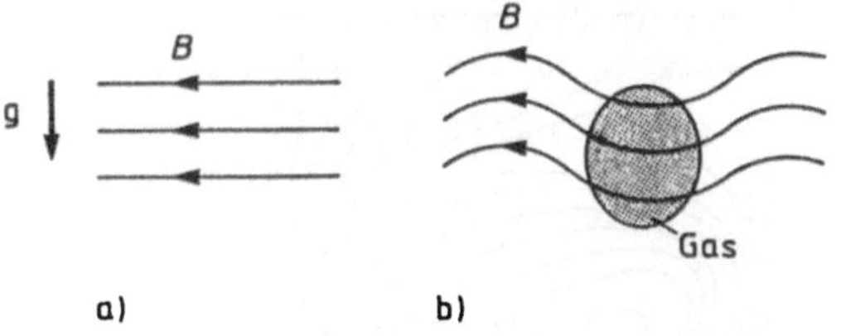

Bild 6-4
Einfaches Beispiel für eine Instabilität eines Systems aus Magnetfeld und Gas

ist. Dazu betrachten wir einige horizontale magnetische Feldlinien wie in Bild 6-4a. Im Feld soll sich sowohl interstellares Gas als auch kosmische Strahlung befinden. Nun sollen die Feldlinien leicht verbogen werden, wie im Teilbild b skizziert. Als Ergebnis dieser Störung wird das interstellare Gas, das der Gravitation unterliegt, die Tendenz haben, sich in der Umgebung der tiefsten Feldlinienpunkte zu sammeln. Im Gegensatz dazu werden die Teilchen der kosmischen Strahlung durch das Gravitationsfeld nicht beeinflußt, so daß sie etwa gleichverteilt entlang der Feldlinien bleiben. Im Ergebnis werden sie versuchen, das Magnetfeld an den höher liegenden Stellen nach oben zu drücken, da hier die Menge des Gases abgenommen hat. Die ursprüngliche Störung wird demnach verstärkt. Genaue Rechnungen bestätigen diese Art von Instabilität; jedoch sollte erwähnt werden, daß es andere, kompliziertere Typen von Instabilitäten gibt, die hier nicht beschrieben werden können, die jedoch der kosmischen Strahlung auf noch effektivere Weise ein Entweichen aus der Gasscheibe ermöglichen.

Wechselwirkungen zwischen Gas und Magnetfeld

Wir wenden uns nun der Diskussion der ungefähren Gleichheit zwischen Gasdruck und magnetischem Druck zu. Diese Frage können wir hier nur qualitativ behandeln, denn einerseits wäre eine genauere Behandlung sehr kompliziert, und andererseits gibt es bis heute keine befriedigende Theorie hierfür. Zu Anfang dieses Kapitels haben wir erwähnt, daß das galaktische Magnetfeld kaum abklingen dürfte, daß seine Stärke aber durch Strömungsvorgänge beeinflußt werden könnte. Insbesondere beeinflußt die Bewegung eines Fluids die Stärke der magnetischen Induktion, läßt aber den magnetischen Fluß unverändert. Im Prinzip können solche Fluidbewegungen sowohl zu einer Verstärkung als auch zu einer Abschwächung der magnetischen Induktion führen (wie man sich leicht klarmacht, wenn man ein bestimmtes Strömungsmuster betrachtet und sich fragt, was bei seiner Umkehrung passiert). Wenn das Feld anfänglich eine einfache Struktur hatte, dann werden die meisten Veränderungen jedoch zu einer Verstärkung der Induktion führen (Bild 6-5). Es scheint deshalb wahrscheinlich, daß die mittlere Stärke des magne-

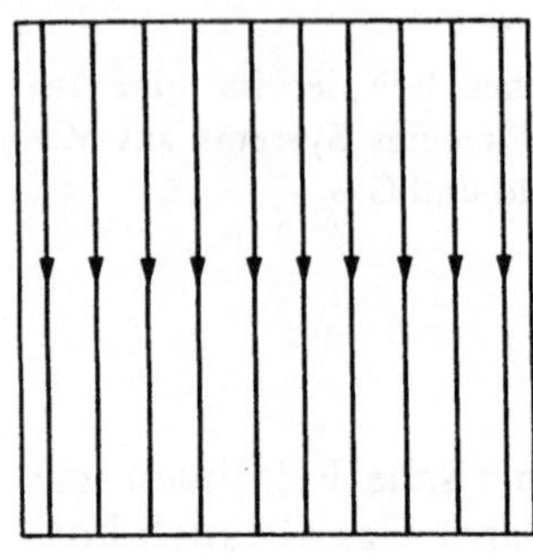

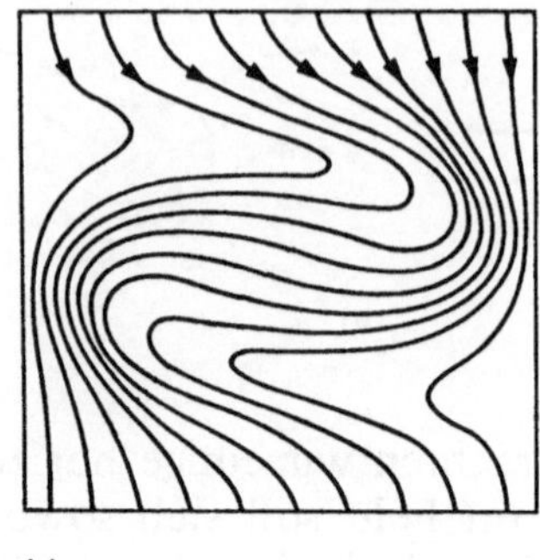

Bild 6-5 Der Einfluß von Bewegungen eines Fluids auf ein Magnetfeld. Eine einfache Wirbelbewegung verbiegt die ursprünglich geraden Feldlinien (durch Pfeile markiert zu dem in b) wiedergegebenen Muster. Wo die Feldlinien dichter beieinander liegen, hat die magnetische Induktion erheblich zugenommen, und der Mittelwert der magnetischen Induktion ist ebenfalls größer geworden.

tischen Induktionsfeldes in der Milchstraße im Laufe ihrer Entwicklung infolge von Bewegungen des galaktischen Gases zugenommen hat. Wenn die Strömungsvorgänge fest vorgegeben sind, kann sich dieser Prozeß unendlich fortsetzen, oder zumindest so lange, bis die Feldlinien infolge dieser Bewegungen so stark verzerrt worden sind, daß die charakteristische Länge L, über die sich das Feld wesentlich ändert, so klein geworden ist, daß die in Gl. (6-2) angegebene Abklingzeit kleiner wird als andere, für die Entwicklung der Milchstraße charakteristische Zeiten. Es gibt in einem derartigen System jedoch einen anderen wichtigen Effekt: Wenn die Stärke des magnetischen Induktionsfeldes hinreichend wächst, dann können die magnetischen Kräfte so groß werden, daß sie die Fluidbewegungen beeinflussen.

Dies hat zu der Überlegung geführt, daß ein Fluid so lange das Magnetfeld verformen kann, wie die kinetische Energie wesentlich größer ist als die Energie, die im Feld steckt, daß das Feld aber weitere Verformungen und damit eine Zunahme seiner Stärke verhindert, sobald beide Energien vergleichbar sind. Das könnte die ungefähre Gleichheit des Gasdrucks und des magnetischen Drucks in der Scheibe erklären, vorausgesetzt, daß sich die Gaswolken während der bisherigen Entwicklungszeit der Milchstraße bereits sehr häufig durch die Scheibe hindurchbewegt haben. Dieses Argument zugunsten einer Gleichverteilung der Energie zwischen den Bewegungen eines Fluids und dem Magnetfeld ist nicht sehr gut begründet, und es gibt eine Tendenz, es im Zusammenhang mit manchen astrophysikalischen Problemen anzuwenden, wo dies mit Sicherheit nicht gerechtfertigt ist. Es gibt z.B. Fälle, in denen in den Fluidbewegungen weniger Energie steckt als im Feld, wo es trotzdem zu einer Verformung des Feldes kommen kann. Das ist dann der Fall, wenn die Bewegung der Fluid-Teilchen durch einen Mechanismus angeregt wird, der selbst viel mehr Energie besitzt als das Fluid oder das Feld, und der dafür sorgt, daß das Feld die Strömungen im Fluid nicht unterbinden kann.

Es muß betont werden, daß die zwei Betrachtungen, die wir gerade über die Wechselwirkungen zwischen der kosmischen Strahlung, dem Magnetfeld und dem interstellaren Gas angestellt haben, letztlich zu einer einheitlichen Betrachtung der drei Komponenten des interstellaren Mediums zusammengefaßt werden müssen.

Sternentstehung

Wir schließen dieses Kapitel mit einigen Bemerkungen über die Entstehung der Sterne ab, einem anderen schwierigen Thema im Zusammenhang mit der interstellaren Materie. Damit sich aus interstellarem Gas Sterne bilden, muß die mittlere Dichte der Materie um einen Faktor von rund 10^{24} wachsen. Der Kollaps einer Wolke interstellaren Gases, der zur Sternentstehung führen könnte, tritt dann ein, wenn diese einen Zustand erreicht, in dem die Gravitationsenergie die kinetische Energie überwiegt. Normalerweise scheint sich das interstellare Medium nicht in einem Zustand beginnender Sternentstehung zu befinden. Wäre das so, dann wäre der Sternentstehungsprozeß extrem effizient, und es gäbe heute wahrscheinlich kein interstellares Gas mehr. Offenbar *war* die Sternentstehung sehr effizient, als die Galaxien sich gebildet haben, wie wir für den Fall unserer Galaxie im nächsten Kapitel deutlich sehen werden. Man sieht in dieser früheren Effizienz der Sternentstehung den Grund dafür, warum es in elliptischen Galaxien heute so wenig Gas gibt. In Spiralgalaxien wie unserer eigenen, in denen ein erheblicher Bruchteil der Masse nach der Entstehungsphase als Gas zurückblieb, kann es deshalb heute noch zur Sternentstehung kommen, wenn in einer Wolke interstellaren Gases durch irgendeinen Prozeß die mittlere Dichte erhöht und/oder die mittlere thermische Geschwindigkeit reduziert wird. Tatsächlich dürfte ein Anstieg der Dichte von einem Absinken der mittleren kinetischen Energie begleitet werden, da die Kühlungsprozesse effizienter werden, wenn die Dichte ansteigt.

Dazu wurde ein Prozeß vorgeschlagen, der auf dem Zusammenstoß der beobachteten interstellaren Wolken basiert. Diese sind nicht durch ihre Eigengravitation gebunden und können nur deshalb für einige Zeit überleben, weil sie in ein heißes Zwischenwolkenmedium eingebettet sind, das sie an der Expansion hindert. Wenn interstellare Wolken miteinander zusammenstoßen, können sie sich vereinigen, und dieser Prozeß könnte schließlich zu massereichen Wolken führen, in denen die Gravitationskraft überwiegt. Dieser Prozeß könnte tatsächlich von Bedeutung sein, man ist heute jedoch allgemein überzeugt, daß ein anderer Faktor in Spiralgalaxien eine größere Rolle spielt.

Dichtewellen und Sternentstehung

In Kapitel 3 haben wir die Vorstellung beschrieben, daß die Spiralstruktur einer Galaxie mit einer Wellenbewegung verknüpft ist, die dazu führt, daß ein Spiralarm nicht zu allen Zeiten von derselben Materie gebildet wird. Diese Vorstellung wurde entwickelt, weil nicht alle Teile einer Galaxie mit derselben Winkelgeschwindigkeit rotieren, so daß eine Spiralstruktur, die durch eine bestimmte, feste Gesamtheit von Teilchen definiert wäre, schon nach wenigen Umdrehungen zur Unkenntlichkeit verzerrt wäre. Man glaubt deshalb, daß sich ein spiralförmiges Wellenmuster in der Weise durch eine Galaxie bewegt, daß das globale Erscheinungsbild der Galaxie für viele Rotationsperioden praktisch erhalten bleibt, obgleich die Materie in den Spiralarmen ständig ausgetauscht wird.

Diesem Bild zufolge kommt es jedesmal zu einem Anstieg der Dichte, wenn die spiralförmige Dichtewelle durch den betreffenden Teil der Galaxie hindurchläuft. Durch diesen Prozeß könnte ein Teil des Gases zum Gravitationskollaps veranlaßt werden, es ist jedoch unwahrscheinlich, daß auf diese Weise die Entstehung einzelner Sterne angestoßen werden kann. Das macht schon eine grobe Abschätzung deutlich. Eine Gasmasse mit Radius R und mittlerer quadratischer Geschwindigkeit $\langle v^2 \rangle$ kann dann einen Gravitationskollaps erleiden, wenn $GM^2/R \gtrsim M \langle v^2 \rangle$. Es ist geschickter, R aus dieser Ungleichung zu eliminieren und stattdessen die Dichte ρ einzuführen. Wenn wir numerische Faktoren von der Größenordnung Eins ignorieren, dann können wir die Ungleichung in der Form

$$M \gtrsim \langle v^2 \rangle^{\frac{3}{2}} G^{-\frac{3}{2}} \rho^{-\frac{1}{2}} \tag{6-19}$$

schreiben. Für normale interstellare Dichten und thermische Geschwindigkeiten im Wolkeninnern ergibt dies $M \geqslant 10^3 M_\odot$. Es ist unwahrscheinlich, daß dieser Wert durch den Anstieg der Dichte und/oder die Abnahme der Temperatur in einer Dichtewelle so reduziert werden kann, daß sich eine typische Einzelsternmasse in der Größenordnung von $M_\odot$ ergibt. Wenn der Kollaps einer großen Wolke jedoch erst einmal begonnen hat, so daß ρ anwächst, dann sind – wie man aus Gl. (6-19) ablesen kann – immer kleinere Massen gravitativ gebunden. Man stellt sich vor, daß die kollabierende Wolke in kleinere kollabierende Massen fragmentiert, bis sich schließlich eine große Zahl von Objekten mit Sternmasse gebildet hat. Man denkt sich den Sternentstehungsprozeß also als *fortgesetzten Fragmentationsprozeß*. Die meisten Sterne könnten also eher in Form von Sternhaufen als einzeln entstanden sein.

Die Hinweise dafür, daß die Sternentstehung mit der Spiralstruktur verknüpft ist und daß dieser ein Wellenmuster zugrunde liegt, sind qualitativ überzeugend: Da ist zunächst die Tatsache zu nennen, daß massereiche Hauptreihensterne, die mit Sicherheit sehr jung sind, sowohl in unserer wie auch in anderen Spiralgalaxien vorwiegend in den Spiralarmen angetroffen werden. Dies läßt sich am leichtesten in nahen, hellen Spiralgalaxien erkennen, in denen man die ganze Spiralstruktur sieht. Da kein Grund für die Annahme existiert, daß massereiche und massearme Sterne auf unterschiedliche Weise entstehen, können wir aus dem konzentrierten Auftreten der jungen massereichen Sterne in den Spiralarmen schließen, daß die Spiralarme der bevorzugte Ort der Sternentstehung sind. Wir haben erläutert, daß sich die Dichtewelle durch eine Galaxie so hindurchbewegt, daß die Sternentstehung nach und nach in allen Teilen der galaktischen Scheibe ausgelöst werden kann. Die massereichsten Sterne haben eine so kurze Lebensspanne, daß das Spiralmuster sich in der Zeit bis zu ihrem Verlöschen kaum weitergeschoben hat; sie sollten deshalb überhaupt nur in Spiralarmen gefunden werden. Etwas weniger massereiche Sterne leuchten für eine Zeit, die schon einen Bruchteil der Umlaufperiode der Dichtewelle ausmacht. Diese Sterne sollten deshalb nicht nur in den Spiralarmen, sondern auch in Bereichen beobachtbar sein, durch die die Dichtewelle vor kurzem hindurchgelaufen ist und in denen es dabei zur Sternentstehung gekommen ist. Sterne geringerer Masse (wie unsere Sonne) verweilen auf der Hauptreihe für eine Zeit, die vielen Rotationsperioden entspricht. Solche Sterne sollten deshalb überall in der Scheibe beobachtet werden, und zwar ohne signifikante Korrelation zur gegenwärtigen Position der Spiralarme. Die beobachtete Verteilung der Sterne verschiedenen Spektraltyps, d.h. unterschiedlicher Lebenserwartung, stimmt mit diesen Voraussagen weitgehend überein, insbesondere wenn man berücksichtigt, daß die Verdichtung des Gases durch Dichtewellen vermutlich nicht der einzige Prozeß ist, durch den die Sternentstehung ausgelöst wird.

Zusammenfassung

In diesem Kapitel ging es um die dynamischen Eigenschaften jener Komponenten, die neben den Sternen in Galaxien vorkommen, und insbesondere ging es um die Struktur der Scheibe unserer eigenen Galaxie in Sonnennähe. Es wurde gezeigt, daß der elektrische Widerstand des interstellaren Gases so gering ist, daß ein einmal vorhandenes galaktisches Magnetfeld kaum abklingen dürfte, so daß es als immer vorhandene Komponente der Milchstraße betrachtet werden kann. Das Magnetfeld ist eng an die beiden anderen Hauptkomponenten des interstellaren Mediums gekoppelt, das Gas und die kosmische Strahlung. Elektrisch geladene Teilchen, gleich ob es sich um kosmische Primärstrahlungsteilchen oder um die ionisierte Komponente des interstellaren Gases handelt, müssen sich auf Helixbahnen um die Magnetfeldlinien herum bewegen. Die kosmische Strahlung kann nicht durch das Gravitationsfeld der Sterne und des Gases im Milchstraßensystem gehalten werden, wohl aber durch das Magnetfeld. Umgekehrt versuchen diese Teilchen das Magnetfeld aus der Milchstraße herauszuziehen. Das Magnetfeld ist an das Gas gekoppelt, auf das die Gravitationsanziehung der Sterne wirkt. Die Dicke der galaktischen Scheibe muß durch das Gleichgewicht zwischen diesen verschiedenen Kräften bestimmt sein, und es wurde gezeigt, daß die Dicke der galaktischen Scheibe in Sonnennähe mit diesem Bild konsistent ist.

Diese Diskussion des Gleichgewichts der galaktischen Scheibe ließe sich im Prinzip für beliebige Werte der Energiedichten durchführen, die der Bewegung des Gases, dem Magnetfeld und der kosmischen Strahlung entsprechen. Messungen in Sonnennähe ergeben jedoch, daß alle drei nahezu gleich sind. Es wurde argumentiert, daß diese näherungsweise Gleichheit kaum zufällig sein dürfte. Wahrscheinlich kann das Magnetfeld nicht das Entweichen der kosmischen Strahlung verhindern, wenn deren Energiedichte lokal größer als die magnetische Energiedichte wird. Wenn kosmische Primärstrahlungsteilchen ständig erzeugt werden, dann könnte es sein, daß ihre Dichte nur so lange zunimmt, bis sich in etwa ein Gleichgewichtszustand eingestellt hat. Die interstellaren Gaswolken bewegen sich durch die Scheibe hindurch und verformen dadurch das Magnetfeld, was zu einem Anstieg der mittleren Stärke der magnetischen Induktion führen könnte. Umgekehrt kann das Magnetfeld jedoch die Bewegungen des Gases beeinflussen, wenn seine Energiedichte vergleichbar oder größer als die des Gases geworden ist. Wir verstehen die ungefähre Gleichheit der drei Energiedichten aber noch längst nicht vollständig, und wir haben keine direkte Kenntnis darüber, ob sie in anderen Bereichen der galaktischen Scheibe auch gegeben ist.

Das Kapitel endete mit einer kurzen Diskussion der Sternentstehung. Es wurde vorgeschlagen, daß die durch Dichtewellen verursachte Dichteerhöhung heute den wichtigsten Prozeß zur Initiierung der Sternentstehung in der Milchstraße und in anderen Spiralgalaxien darstellt. Es wurde auch darauf hingewiesen, daß die Sternentstehung vermutlich eher das Ergebnis der wiederholten Fragmentation einer Wolke mit einer Masse in der Größenordnung von Sternhaufenmassen ist, als daß es zur direkten Entstehung von Einzelsternen kommt.

Kapitel 7

Die chemische Entwicklung von Galaxien

Einleitung

Eine Untersuchung der chemischen Zusammensetzung von Sternen in unserer Galaxie deutet darauf hin, daß diese Zusammensetzung von Stern zu Stern variiert und daß diese Veränderungen nicht zufällig sind. Insbesondere gibt es einen Zusammenhang zwischen

(a) der chemischen Zusammensetzung und dem Alter von Sternen und
(b) der chemischen Zusammensetzung und dem Ort eines Sterns, oder genauer, dem Ort, an dem er entstand.

Sowohl die ältesten Sterne als auch die Sterne, die im Halo-Bereich der Milchstraße entstanden sind, zeigen einen niedrigeren Gehalt an schweren Elementen als die jüngsten Sterne und als die Sterne, die in der Scheibe entstanden sind. Es ist nicht völlig klar, ob es sich bei diesen Zusammenhängen um eine oder um zwei Korrelationen handelt. Im Rahmen der Genauigkeit, mit der man das Alter von Sternen kennt, könnten *alle* Halo-Sterne älter als *alle* Scheibensterne sein, und ihr niedriger Gehalt an schweren Elementen könnte einfach aus ihrem Entstehungszeitpunkt resultieren. Es gibt jedoch auch einige Hinweise dafür, daß Halo-Sterne ähnlichen Alters einen sehr unterschiedlichen Gehalt an schweren Elementen aufweisen, wobei in jenen Halo-Sternen, die in größter Entfernung vom galaktischen Zentrum entstanden sind, die schweren Elemente am stärksten unterrepräsentiert sind. Da der Gehalt der Milchstraße an schweren Elementen, wir wir später sehen werden, vermutlich schon kurz nach ihrer Entstehung stark angestiegen ist, reicht die Genauigkeit heute möglicher Abschätzungen für das Alter der Sterne nicht aus, um zu entscheiden, ob der Entstehungszeitpunkt der ausschlaggebende Faktor für die chemische Zusammensetzung eines Sterns ist, oder ob es immer erhebliche Variationen der Zusammensetzung in Abhängigkeit vom Entstehungsort gegeben hat.
Da die jüngsten Sterne mehr schwere Elemente enthalten als die ältesten und da Kernreaktionen im Innern von Sternen, bei denen leichte Elemente zu schwereren fusionieren, die einzige mögliche Quelle für die von den meisten Sternen abgestrahlte Energie darstellen, ist es sehr

wahrscheinlich, daß die ursprüngliche chemische Zusammensetzung des Milchstraßensystems eine starke Unterhäufigkeit an schweren Elementen aufwies und daß die heute existierenden schweren Elemente in den ersten Sterngenerationen erzeugt und – nachdem sie von den Sternen in das interstellare Medium ausgestoßen wurden – anschließend in neue Sterngenerationen eingebaut wurden. In diesem Buch sollen nur die Grundideen zu diesen Vorstellungen kurz zusammengetragen werden. Wir werden dabei im wesentlichen Ergebnisse von Untersuchungen aus den letzten 10 Jahren beschreiben, wobei es uns nicht primär um die genaue chemische Zusammensetzung der Sterne oder des interstellaren Gases geht, sondern um folgende drei Hauptfragen:

1. Wie ändert sich die Gesamtmenge des Gases in einer Galaxie in Abhängigkeit von der Zeit?
2. Wie ändert sich die mittlere chemische Zusammensetzung des interstellaren Gases als Funktion der Zeit?
3. Gibt es in einem bestimmten Zeitpunkt signifikante räumliche Variationen in der chemischen Zusammensetzung des Gases?

Die Diskussion wird sich weitgehend auf unsere Galaxie konzentrieren, da wir darüber die meisten Detailkenntnisse besitzen, wir werden aber auch einige Bemerkungen über andere Typen von Galaxien machen. Die Unterschiede in der chemischen Zusammensetzung von Stern zu Stern geben uns wichtige Hinweise zur zweiten und dritten Frage.

Wir beginnen mit der Betrachtung einiger Grundprinzipien. Wir sind überzeugt, daß sich während der ganzen Vergangenheit unserer Milchstraße immer wieder Sterne aus interstellarem Gas gebildet haben. Gleichzeitig haben vorhandene Sterne Materie an das interstellare Medium abgegeben, entweder auf spektakuläre Weise, indem ein ganzer Stern explodierte, oder auf eine ruhigere Weise. Da die Masse, die ein Stern verliert, nur kleiner oder höchstens gleich seiner eigenen Masse sein kann und in den meisten Fällen erheblich kleiner ist, wird letztlich durch jede neu entstehende Generation von Sternen die verbleibende Masse *interstellarer* Materie reduziert. Nur durch einen Einfall von Materie aus dem *intergalaktischen* Medium, durch den die Gesamtmasse der Milchstraße anwachsen würde, könnte diesem Verlust möglicherweise entgegengewirkt werden. Letztlich dürfte die dem interstellaren Medium verlorengegangene Masse in kompakten stellaren Objekten enden, die das Endprodukt der Sternentwicklung sind: Weiße Zwerge, Neutronensterne und Schwarze Löcher. Obgleich diese Massenabnahme des interstellaren Mediums unvermeidlich ist, folgt daraus nicht, daß die Masse monoton abnehmen *muß*. An einem extremen Beispiel läßt sich das leicht verständlich machen. Wenn ursprünglich die Gesamtmasse der

Milchstraße sich in Sternen konzentriert hätte, so daß es kein interstellares Medium gegeben hätte, dann hätte der anschließende Masseverlust dieser ersten Sterngeneration zumindest in einem gewissen Umfang wieder ein interstellares Medium erzeugt. Analog muß es trotz der Tatsache, daß jede Generation von Sternen durch ihre Entwicklung für eine Anreicherung des interstellaren Mediums mit schweren Elementen sorgen wird, nicht zu einem monotonen Anstieg des relativen Anteils der schweren Elemente im interstellaren Medium kommen. Wir werden diese Feststellung später in diesem Kapitel rechtfertigen.

Grundprinzipien, die die chemische Entwicklung von Galaxien beeinflussen

Eine Diskussion der Entwicklung des *Gasgehalts* und der *chemischen Zusammensetzung* von Galaxien muß mehrere unabhängige Faktoren berücksichtigen. Darunter sind:

(a) Was bewirkt, daß Sterne entstehen? Wenn Sterne entstehen, wie sieht ihre Massenverteilung aus?
(b) Welcher Bruchteil der Masse einer Sterngeneration fließt an das interstellare Medium zurück und wann geschieht das?
(c) Wird die den Sternen verlorengehende Materie gründlich mit der vorhandenen interstellaren Materie durchmischt?

Wir werden nacheinander auf jede dieser Fragen kurz eingehen.

zu (a): Die Häufigkeit, mit der Sterne bestimmter Masse entstehen, wird gewöhnlich mit Hilfe der *anfänglichen Massenfunktion* (englisch: *initial mass function* IMF) $f(M)$ beschrieben, die so definiert ist, daß die Zahl der mit Massen zwischen M und $M+\delta M$ entstehenden Sterne proportional ist zu

$$f(M)\,\delta M. \tag{7-1}$$

Für die jungen Sterne in der Sonnenumgebung gilt offenbar die von Salpeter gefundene Gesetzmäßigkeit

$$f(M) \sim M^{-7/3}, \tag{7-2}$$

aber es ist nicht klar, wie es zu dieser Gesetzmäßigkeit kommt und ob wir sie allgemein anwenden dürfen. Wir werden später auf einige Hinweise dafür stoßen, daß die erste Generation von Sternen des Milchstraßensystems nicht das Salpetersche Massenspektrum aufgewiesen hat.

In vereinfachenden Diskussionen der Entwicklung der Milchstraße, wie wir sie im folgenden auch durchführen wollen, wird i.a. angenommen, daß die Sternentstehungsrate eine Funktion der Dichte ρ des interstellaren Gases ist. Es ist aber klar, daß das eine grobe Übervereinfachung sein muß, selbst wenn es zu spontaner Sternentstehung käme. Wir müssen erwarten, daß die Sternentstehungsrate auch von der Temperatur T und von der chemischen Zusammensetzung des Gases abhängt. Außerdem weiß man, daß sowohl Rotation als auch Magnetfelder das Auskondensieren von Wolken auf Grund ihrer Eigengravitation beeinflussen können. Obgleich es Beobachtungshinweise dafür gibt, daß Sterne in den Gebieten entstehen, in denen die Gasdichte am höchsten ist (das kann kaum überraschen), wobei die Sternentstehungsrate ungefähr der zweiten Potenz der Gasdichte proportional ist, ist es klar, daß dies nur eine sehr grobe Beschreibung der wirklichen Vorgänge sein kann. Tatsächlich gibt es, wie wir im vorangehenden Kapitel diskutiert haben, starke Hinweise dafür, daß Sterne nicht spontan in Gebieten entstehen, in denen die Dichte ρ zufällig groß ist, sondern daß besondere Umstände eintreten müssen, um das Gas über den Punkt zu bringen, an dem es kollabiert und fragmentiert. Wir haben besonders betont, daß die Verdichtung des Gases durch Dichtewellen vermutlich eine Schlüsselrolle spielt.

zu (b): Um die Rate diskutieren zu können, mit der Gas infolge des Masseverlusts der Sterne an das interstellare Medium zurückfließt, müssen wir die Entwicklung von Sternen verschiedener Masse unter Berücksichtigung des im Laufe ihres Lebens eintretenden Masseverlusts kennen und auch wissen, wann dieser auftritt. Das letztere ist äußerst wichtig um eine Vorstellung von der chemischen Zusammensetzung des ausgeworfenen Gases zu haben, zusätzlich zu der Kenntnis, wieviel Masse ausgeworfen wird. Wie an anderer Stelle erläutert wird, glauben wir heute, die Zeitskala der Sternentwicklung gut zu kennen, aber wir haben keine wirklich präzisen Vorstellungen über das Ausmaß des Masseverlusts der Sterne. Man kann Abschätzungen machen – und man benutzt sie in der gegenwärtigen Diskussion der galaktischen Entwicklung –, aber diese müssen als sehr unsicher betrachtet werden. Mittelfristig dürften weitere Beobachtungen des Masseverlusts von Sternen sowie weitere Sternentwicklungs-Rechnungen die Situation verbessern, ein Durchbruch ist für die nahe Zukunft jedoch nicht zu erwarten.

zu (c): Das den Sternen verlorengehende Gas fließt in das interstellare Medium zurück und kann bei der Entstehung neuer Sterngenerationen verwendet werden. Wird dieses Gas gleichmäßig dem schon vorhandenen Gas beigemischt, so daß wir das sich ergebende Gasgemisch zumindest lokal als chemisch homogen ansehen können, oder gibt es erhebliche Unterschiede in der chemischen Zusammensetzung des Gases selbst innerhalb kleiner Bereiche in der Milchstraße? Schließlich, wenn die Sternentstehungsrate zumindest näherungsweise einer Potenz der Gasdichte proportional ist, und wenn die Gasdichte innerhalb einer Galaxie variiert, können wir dann erwarten, daß zwischen weit auseinanderliegenden Bereichen interstellaren Gases in einer Galaxie wichtige Unterschiede in der chemischen Zusammensetzung auftreten? Solche Unterschiede könnten entstehen, weil die größere Sternentstehungsrate in einem ursprünglich dichteren Gebiet dazu führt, daß die Gasmenge rascher abnimmt und die Menge der schweren Elemente rascher zunimmt als in einem Bereich, in dem die Dichte ursprünglich geringer war. In diesem Zusammenhang gibt es sowohl Beobachtungen in unserer eigenen Galaxie als auch in anderen Galaxien, die helfen können, unsere theoretischen Überlegungen zu überprüfen. Wir wollen sie später in diesem Kapitel behandeln.

Ein einfaches Modell für die galaktische Entwicklung in der Sonnenumgebung

Um ein Gefühl dafür zu bekommen, worum es bei dieser Thematik geht, behandeln wir jetzt ein hochgradig vereinfachtes Modell für die Entwicklung des Gasgehalts unserer eigenen Galaxie in Sonnennähe. Wir nehmen an, daß dieses lokale Gas zu allen Zeiten gut durchmischt war bzw. ist, ohne allerdings zu verlangen, daß die chemische Zusammensetzung des Gases im gesamten Milchstraßensystem dieselbe ist. Zusätzlich nehmen wir an, daß die wirklich wichtigen Masseverlustprozesse in den relativ massereichen Sternen auftreten, die ihre Entwicklung in einer Zeitspanne durchlaufen, die kurz ist im Vergleich zu allen Zeitskalen, die für die galaktische Entwicklung von Bedeutung sind. Das bedeutet, daß wir annehmen, daß das von einer jeden Sterngeneration ausgeworfene Gas fast instantan verfügbar ist und in der nächsten Sterngeneration benutzt werden kann. In diesem Modell nimmt man also an, daß es zu einer sofortigen Wiederbeimischung der ausgeworfenen Materie kommt. Wir nehmen ferner an, daß die Sternentstehungsrate tatsächlich einfach proportional zu einer Potenz der Gasdichte ist und daß der relative Anteil des Gases, der an das interstellare Medium zurückfließt und der relative Anteil *neuer* schwerer Elemente für jede Sterngeneration derselbe ist. Implizit steckt in diesen Annahmen die Voraussetzung, daß die anfängliche Massenfunktion während der gesamten Entwicklungszeit der Milchstraße immer dieselbe ist. Wie wir später sehen wer-

den, muß diese anfängliche Massenfunktion in den Gleichungen, die wir lösen wollen, gar nicht explizit angegeben werden.
Dieses sehr einfache Modell wollen wir im folgenden diskutieren und daraufhin überprüfen, ob es die wichtigsten Beobachtungsbefunde erklären kann. Es gibt wohl drei Schlüsselbeobachtungen:

(a) die Änderung der chemischen Zusammensetzung als Funktion des Alters der Sterne, die wichtige Aufschlüsse darüber gibt, wie sich die chemische Zusammensetzung des Gases in der Sonnenumgebung im Laufe der Zeit verändert hat,
(b) die Zahl der Sterne in Abhängigkeit von Typ und chemischer Zusammensetzung, woraus wir unter Verwendung von (a) auf die zeitliche Änderung der Sternentstehungsrate schließen können, die in Verbindung mit den Modellannahmen Hinweise auf die Änderung der Gasdichte mit der Zeit gibt und
(c) unabhängige Information über die Anreicherungsrate des Materials im Sonnensystem mit schweren Elementen durch die Untersuchung schwerer, radioaktiver Elemente.

Wir werden die entsprechenden Beobachtungsergebnisse diskutieren, nachdem wir zunächst das Modell noch etwas genauer beschrieben haben. Die Masse des Gases pro Flächeneinheit (die Flächendichte) in der galaktischen Scheibe sei $\sigma(t)$, wobei t die Zeit bezeichnet, die seit der Entstehung der Scheibe vergangen ist. Ferner sei $\Sigma(t)$ die Gesamtmasse, die bis zur Zeit t in einem zylinderförmigen Ausschnitt der Scheibe mit Einheitsquerschnitt (Bild 7-1) in Form von Sternen auskondensiert ist. Gäbe es keinen Masseverlust der Sterne, dann wäre $\Sigma(t)$ notwendigerweise kleiner als die ursprüngliche Masse von Gas $\sigma(0)$ in diesem Ausschnitt. Da der Masseverlust der Sterne es möglich

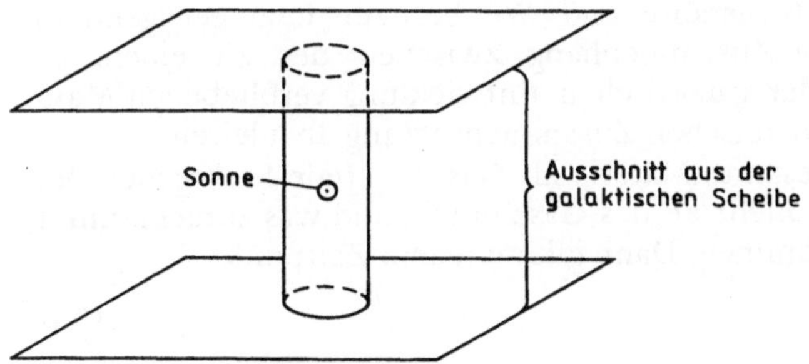

Bild 7-1 Ein zylinderförmiger Ausschnitt aus der Milchstraße. Die Sonne befinde sich im Mittelpunkt des Zylinders.

macht, daß dieselbe Materie in mehr als einer Sterngeneration beteiligt ist, muß $\Sigma(t)$ nicht notwendig kleiner als $\sigma(0)$ sein. Es erweist sich als günstig, nun neue Größen $\mu(t)$ und $S(t)$ durch die Gleichungen

$$\sigma(t) = \sigma(0)\,\mu(t) \tag{7-3}$$

und

$$\Sigma(t) = \sigma(0)\,S(t) \tag{7-4}$$

zu definieren, so daß $\mu(t)$ und $S(t)$ dimensionslose Meßgrößen für die Gasdichte bzw. die gesamte in Sternen auskondensierte Masse sind, mit $\mu(0) = 1$ und $S(0) = 0$. Wenn die Sternentstehungsrate proportional zu einer Potenz der Flächendichte des Gases ist[18]), gilt

$$\frac{\mathrm{d}S}{\mathrm{d}t} = C\mu^n, \tag{7-5}$$

wobei C und n Konstanten sind. Wie schon erwähnt, gibt es Beobachtungshinweise dafür, daß n dicht bei 2 liegen könnte; allgemein wird angenommen, daß n nicht größer als 2 ist und daß $1 \leqslant n \leqslant 2$.

Als Ergebnis aufeinanderfolgender Sterngenerationen entwickelt sich der relative Massenanteil der schweren Elemente im interstellaren Gas, den wir als $Z(t)$ schreiben, langsam von dem angenommenen Anfangswert $Z(0) = 0$ weg. Wir wollen annehmen, daß von jeder Sterngeneration der Massenbruchteil α nicht an das interstellare Medium zurückfließt. Dieser Anteil ist dann in den Überresten explodierter Sterne oder in Sternen sehr geringer Masse enthalten, deren Entwicklungszeit länger ist als das Alter der Milchstraße. Der Bruchteil $1-\alpha$ möge stattdessen instantan an das Gas zurückfließen. Wir wollen weiter annehmen, daß der Bruchteil λ der Masse einer Sterngeneration sich in den Zonen im Innern von Sternen befindet, wo es zur vollständigen Umwandlung in schwere Elemente *und* zum späteren Auswurf des Materials in das interstellare Medium kommt. Unsere Grundannahme ist, daß α und λ ebenso wie C und n Konstante sind. Wir besitzen jetzt genügend Information, um einen Zusammenhang zwischen der zu einem bestimmten Zeitpunkt der galaktischen Entwicklung verbliebenen Masse des Gases und seiner chemischen Zusammensetzung abzuleiten.

Zu Anfang liegt die gesamte Materie als Gas vor. Jede Sterngeneration gibt einen Bruchteil α nicht an das Gas zurück, und was zurückkommt, soll instantan zurückkommen. Dann gilt zu jedem Zeitpunkt

$$\mu = 1 - \alpha S. \tag{7-6}$$

[18]) Wir haben bisher angenommen, daß die Sternentstehungsrate proportional zu einer Potenz der Volumendichte ρ und nicht der Flächendichte σ sei. Diese beiden Annahmen sind äquivalent, wenn die Dicke der Scheibe als Funktion der Zeit nicht variiert.

Aus Gl. (7-6) zusammen mit Gl. (7-5) folgt dann

$$\frac{d\mu}{dt} = -\alpha \frac{dS}{dt} = -\alpha C \mu^n = -\frac{\mu^n}{t_0}, \tag{7-7}$$

wobei $t_0 = 1/\alpha C$ die Dimension einer Zeit hat und als charakteristische Zeit für signifikante Änderungen der Gasdichte betrachtet werden kann. Betrachten wir nun die Anreicherung des interstellaren Mediums mit schweren Elementen. Die Gesamtmenge der schweren Elemente ändert sich aus zwei Gründen. Durch die Sternentstehung gehen neben Wasserstoff und Helium auch schwere Elemente verloren, und schwere Elemente sind in der von Sternen ausgeworfenen Materie enthalten. Im zweiten Fall waren einige schwere Elemente bereits vorhanden, als die Sterne entstanden und einige wurden in den Sternen selbst produziert. Die Gesamtmasse schwerer Elemente pro Masseneinheit in der Scheibe zu einem beliebigen Zeitpunkt ist $Z\mu$, und es gilt

$$\frac{d(Z\mu)}{dt} = -Z\frac{dS}{dt} + (1-\alpha-\lambda)Z\frac{dS}{dt} + \lambda\frac{dS}{dt}. \tag{7-8}$$

Die drei Terme auf der rechten Seite der Gl. (7-8) ergeben sich auf folgende Weise: Der erste Term beschreibt den Verlust an schweren Elementen infolge der Sternentstehung. Der zweite beschreibt den Rückfluß von Materie an das interstellare Medium, deren Anteil an schweren Elementen im Innern der Sterne nicht verändert worden ist; die Annahme einer instantanen Rückführung hat zur Folge, daß diese Materie durch den aktuellen Wert von Z und nicht durch den zu einem früheren Zeitpunkt gültigen charakterisiert ist. Der dritte Term beschreibt den Rückfluß jener Materie an das interstellare Medium, die vollständig in schwere Elemente umgewandelt worden ist. Gl. (7-8) kann umgeschrieben werden in die Form

$$\frac{d(Z\mu)}{dS} = \lambda(1-Z) - \alpha Z. \tag{7-9}$$

Mit Hilfe von Gl. (7-6) können wir jetzt S eliminieren, und wir erhalten

$$\frac{d(Z\mu)}{dS} = \mu\frac{dZ}{dS} + Z\frac{d\mu}{dS} = -\alpha\mu\frac{dZ}{d\mu} - \alpha Z,$$

so daß gilt

$$-\frac{\mu\, dZ}{d\mu} \equiv \frac{dZ}{d\ln\left(\frac{1}{\mu}\right)} = \frac{\lambda(1-Z)}{\alpha}. \qquad 7\text{-}10)$$

Der Quotient λ/α – gewöhnlich als *Ausbeute* an schweren Elementen bezeichnet – gibt das Verhältnis zwischen der vollständig in schwere Elemente umgewandelten Masse und der in Sternen gebundenen Masse an. Wenn wir $\lambda/\alpha = p$ schreiben und berücksichtigen, daß während der gesamten Entwicklung der Milchstraße bis heute $Z \ll 1$ ist, dann können wir Gl. (7-10) mit hinreichender Genauigkeit in der Form

$$\frac{\mathrm{d}Z}{\mathrm{d}\ln\left(\frac{1}{\mu}\right)} = p$$

schreiben, aus der sich durch Integration

$$Z = p \ln\left(\frac{1}{\mu}\right) \tag{7-11}$$

ergibt. Das ist im Rahmen unseres einfachen Modells der Zusammenhang zwischen dem Gehalt des interstellaren Gases an schweren Elementen und der Masse des verbleibenden Gases, der sich als unabhängig von n erweist. Die Annahme $Z \ll 1$ ist, wie man an Gl. (7-10) erkennt, nicht nötig, um ein von n unabhängiges Ergebnis zu erhalten. Wenn wir sehen wollen, wie Z und μ mit der Zeit t variieren, müssen wir für n einen Wert einsetzen. Um μ als Funktion von t zu erhalten, kann man Gl. (7-7) integrieren

$$\left.\begin{aligned} \mu &= \exp\left(-\frac{t}{t_0}\right) \qquad \text{für } n = 1 \\ \mu^{n-1} &= \frac{1}{1 + (n-1)\dfrac{t}{t_0}} \qquad \text{für } n > 1 \end{aligned}\right\} \tag{7-12}$$

Bezeichnen wir die gegenwärtige Zeit mit $t = t_1$, so daß heute $Z = Z_1$ und $\mu = \mu_1$, dann können wir mit den abgeleiteten Ausdrücken einige Größen berechnen, die sich mit Beobachtungen vergleichen lassen. Dazu betrachten wir speziell langlebige Sterne, die so geringe Masse haben mögen, daß selbst jene, die sich in der ersten Phase der galaktischen Entwicklung gebildet haben, heute noch Hauptreihensterne sind. Dies trifft mit Sicherheit für alle Sterne zu, die etwas geringere Masse als die Sonne haben. Wir können mit Hilfe unseres Modells die relative Anzahl dieser Sterne mit Z-Werten zwischen 0 und Z_1 vorauszusagen und mit etwas geringerer Genauigkeit die mittlere Häufigkeit der schweren Elemente in ihnen abschätzen.

Die Gesamtzahl von Sternen, die mit einer Häufigkeit der schweren Elemente $\leqslant Z$ entstanden ist, ist proportional zu $S(Z)$, der Gesamtmasse von Sternen, die bis zu dem Zeitpunkt entstanden sind, zu dem die Häufigkeit der schweren Elemente Z war. Entsprechend ist die Gesamtzahl der bis heute entstandenen proportional zu S_1. Nun folgt aus den Gln. (7-6) und (7-11)

$$\frac{S(Z)}{S_1} = \frac{1-\mu}{1-\mu_1} = \frac{1-\exp\left(-\frac{Z}{p}\right)}{1-\exp\left(-\frac{Z_1}{p}\right)} = \frac{1-\mu_1^{Z/Z_1}}{1-\mu_1}. \tag{7-13}$$

Man beachte, daß dieses Ergebnis nicht von p abhängt. Durch die Beobachtung der heutigen Werte von μ_1 und Z_1 können wir deshalb mit unserem Modell die Verteilung der langlebigen Sterne in Abhängigkeit von der Häufigkeit der schweren Elemente voraussagen und mit der Wirklichkeit vergleichen. Eine gröbere Vorgehensweise wäre, die mittlere Häufigkeit der schweren Elemente in allen bis heute entstandenen Sternen geringer Masse zu betrachten. Für diese gilt

$$\begin{aligned}\langle Z\rangle_1 &= \int_0^{S_1} \frac{Z(S)\,\mathrm{d}S}{S_1} = \int_0^{\mu_1} \frac{Z(\mu)\,\mathrm{d}\mu}{1-\mu_1} \\ &= p\left[1-\frac{\mu_1}{1-\mu_1}\ln\left(\frac{1}{\mu_1}\right)\right].\end{aligned} \tag{7-14}$$

Die Ausbeute p kann wiederum mit Hilfe der Gl. (7-11) eliminiert werden. Für $t = t_1$ folgt

$$\frac{\langle Z\rangle_1}{Z_1} = \left[\frac{1}{\ln\left(\frac{1}{\mu_1}\right)} - \frac{\mu_1}{1-\mu_1}\right]. \tag{7-15}$$

Vergleich mit Beobachtungen

Damit ist die Beschreibung des einfachsten möglichen Modells für die chemische Entwicklung der Milchstraße in unserer Nachbarschaft abgeschlossen, es soll nun mit den Beobachtungen verglichen werden. Ein vollständiger Vergleich ist nicht möglich, ohne Werte für n, α und p zu haben, aber wir haben gerade gesehen, daß die Gln. (7-13) und (7-15) keine Größen enthalten, die nicht wenigstens im Prinzip direkt aus Beobachtungen gewonnen werden können. Diese Tatsache kann man ausnutzen für einen Vergleich, der unabhängig von n, α und p ist. Um ihn anzuwenden, benötigen wir Werte für μ_1 und Z_1 sowie Angaben über die Zahl der Sterne mit unterschiedlicher Häufigkeit der schweren

Elemente. Wir haben bereits in früheren Kapiteln erläutert, daß die exakte Aufteilung der Gesamtmasse in der Sonnenumgebung in einen stellaren und einen interstellaren Anteil ziemlich unsicher ist. Der in Kapitel 6 wiedergegebenen Diskussion der *Oortschen Grenzdichte* konnten wir entnehmen, daß es in der Sonnenumgebung „fehlende Materie" gibt, bei der es sich zumindest teilweise um Gas handeln dürfte. Ziemlich sicher gilt $\mu_1 > 0{,}1$; und $\mu_1 \approx 0{,}2$ ist zumindest möglich. Wir werden sehen, daß man für μ_1 keinen genaueren Wert braucht, um zeigen zu können, daß das einfache Modell sich nicht in guter Übereinstimmung mit den Beobachtungen befindet. Der Wert für Z_1 muß aus dem interstellaren Gas und/oder kürzlich entstandenen Sternen abgeleitet werden. Hierbei zeigt sich eine erhebliche Streuung in den Ergebnissen, und man muß einen Mittelwert für Z_1 einsetzen. Weiter unten werden wir zu dieser Streuung noch einige Anmerkungen machen.

Wir können in diesem Buch die Beobachtungen zur Bestimmung der chemischen Zusammensetzung der Sterne nicht im Detail beschreiben. In Bild 7-2 zeigen wir die Ergebnisse und einen Vergleich mit den theoretischen Vorhersagen nach Gl. (7-13). Die durchgezogenen Kurven geben den Zusammenhang zwischen S und Z (für $\mu_1 = 0{,}1$ und $\mu_1 = 0{,}2$), die ausgefüllten Kreise sind beobachtete Werte. Der Verlauf der theoretischen Kurven weicht offensichtlich völlig von dem beobachteten ab. Insbesondere ergeben die Beobachtungen im Vergleich zu den theoretischen Kurven bei weitem zu wenige Sterne mit ausgesprochen niedriger Häufigkeit der schweren Elemente.

Wir müssen uns jetzt überlegen, mit welchen Änderungen die Theorie mit der Beobachtung in Übereinstimmung zu bringen ist. Es gibt zwei mögliche Vorgehensweisen: Die eine basiert darauf, einige der verein-

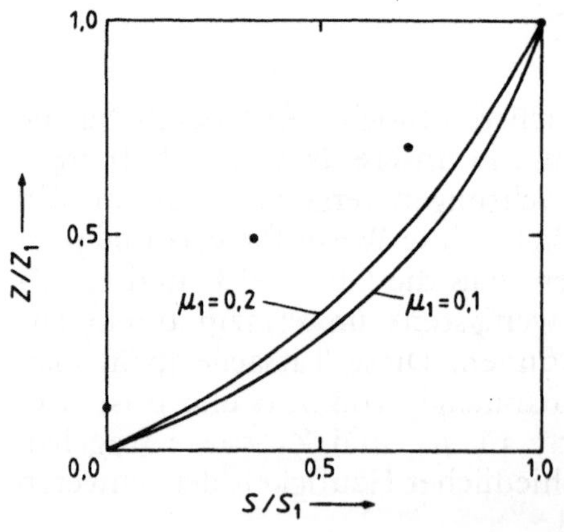

Bild 7-2

fachenden Annahmen in dem Modell fallenzulassen, wodurch es notwendig komplizierter werden müßte, die andere basiert darauf, die Relevanz der Beobachtungen in Zweifel zu ziehen.
Bisher haben wir nur die kumulative Zahl der Sterne betrachtet, bei denen die Häufigkeit der schweren Elemente kleiner ist als ein bestimmter Wert, und wir haben nicht gefragt, ob die Sterne mit einem niedrigen Anteil der schweren Elemente tatsächlich die ältesten Sterne sind, wie sie es dem einfachen Modell zufolge sein sollten. Es ist nicht einfach, zuverlässige Alter für Sterne zu bestimmen, aber innerhalb der möglichen Genauigkeit zeichnet sich ein langsamer, monotoner Anstieg der Häufigkeit der schweren Elemente mit der Entstehungszeit in der galaktischen Entwicklung ab, der anknüpft an einen anfänglichen sehr steilen Anstieg. Diesem mittleren Trend überlagert findet man sehr starke Fluktuationen (Bild 7-3). Die Streuung in Z für einen gegebenen Zeitpunkt t ließe sich reduzieren, wenn man annähme, daß alle Sterne mit zu großem Z um den Betrag jünger wären, um den die Sternalter typisch unsicher sind, und umgekehrt für Sterne mit zu kleinem Z. Dieses Vorgehen kann jedoch nicht die schon erwähnte Streuung in der chemischen Zusammensetzung der sehr jungen Sterne und des heutigen interstellaren Mediums beseitigen. Diese Streuung ließe sich erklären, wenn die Annahme, daß das interstellare Medium zu allen Zeiten gut durchmischt ist, falsch wäre. Kürzlich ist ferner vorgeschlagen worden, daß die Annahme, daß die chemische Zusammensetzung der Oberflächenschicht eines Sterns dieselbe sein müßte wie die des interstellaren Gases, aus dem er entstanden ist, falsch sein könnte. Wäre das wahr, dann würde dem Vergleich der Beobachtungen mit unserem einfachen Modell die Grundlage entzogen; auch würde dies den Befund, daß viele Scheibensterne mit niedriger Häufigkeit der schweren Elemente zu fehlen scheinen – wir werden dies in Kürze sehen – erklären.

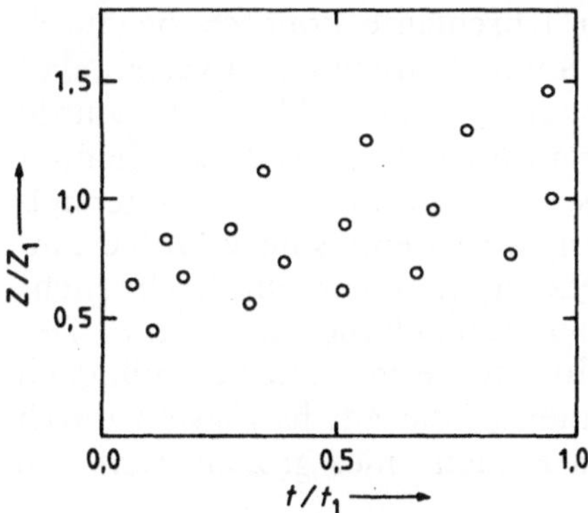

Bild 7-3

Die Häufigkeit der schweren Elemente in Abhängigkeit vom Alter einzelner Sterne, schematisch

Indem wir die chemische Zusammensetzung an der Oberfläche eines Sterns untersuchen, studieren wir entweder

(a) die chemische Zusammensetzung des Sterns zum Zeitpunkt seiner Entstehung, oder
(b) die entweder durch Kernreaktionen im Innern des Sterns oder durch irgendwelche Trennprozesse der Elemente infolge von Bewegungen im Innern des Sterns modifizierte ursprüngliche Zusammensetzung, oder
(c) die chemische Zusammensetzung der kürzlich vom Stern akkretierten interstellaren Materie.

Um die Änderungen der Zusammensetzung infolge von Kernreaktionen auszuschließen, untersuchen wir Hauptreihensterne, in denen noch keine wesentlichen Kernreaktionen abgelaufen sind. Die Trennung von Elementen im Innern von Sternen tritt mit größter Wahrscheinlichkeit nur bei einer Minderheit von Sternen auf, und von der Möglichkeit (c) wird allgemein angenommen, daß sie für die meisten Sterne unwichtig ist. Sie kann keine besondere Rolle spielen, denn sonst müßten *alle* Sterne an ihrer Oberfläche eine chemische Zusammensetzung zeigen, die der der interstellaren Materie in ihrer Umgebung ähnlich ist, und man sollte keinen Scheibenstern mit niedriger Häufigkeit der schweren Elemente beobachten. Tatsächlich weiß man, daß die Akkretion aus dem allgemeinen interstellaren Medium ineffektiv ist und daß viele Sterne, die Sonne eingeschlossen, ständig in geringem Ausmaß Masse verlieren, was dazu führt, daß die Oberfläche des Sterns „sauber“ bleibt.

Die Überzeugung, daß (c) unwichtig sei, ist kürzlich in Frage gestellt worden, da man entdeckt hat, daß in den galaktischen Spiralarmen Gaswolken auftreten, in denen die Dichte erheblich höher ist, als im allgemeinen interstellaren Medium. Da es sich bei den Spiralarmen um ein Wellenmuster handelt, das durch die Verteilung der Sterne hindurchläuft, bewegen sich alle Sterne in periodischen Abständen durch Spiralarme hindurch, und bei einigen dieser Durchläufe könnten sie durch sehr dichte Wolken laufen. Im Fall der Sonne können wir erwarten, daß sie etwa alle 10^8 Jahre durch einen Spiralarm hindurchläuft. Es wurde die Vermutung geäußert, daß die Akkretion von Gas aus diesen dichten Wolken viel effektiver sein könnte als aus dem allgemeinen interstellaren Medium und daß, wenn ein Stern durch eine solche Wolke hindurchliefe, die chemische Zusammensetzung an seiner Oberfläche nicht mehr derjenigen zum Zeitpunkt seiner Entstehung entspräche. Der Effekt wäre am ausgeprägtesten für alte Sterne mit einer ursprünglich geringen Häufigkeit der schweren Elemente, die am häufigsten durch Spiralarme hindurchgelaufen sind. Das Fehlen einer großen Zahl von

Sternen, bei denen man nur einen geringen Gehalt an schweren Elementen feststellt, ließe sich so vielleicht verstehen.
Es ist im Augenblick nicht klar, ob dieser Vorschlag einer sorgfältigen Prüfung standhält. Wenn Sterne normalerweise Masse ,verlieren, dann muß dieser Prozeß beim Durchgang des Sterns durch eine dichte Wolke umgekehrt werden und Akkretion muß an seine Stelle treten, und es ist nicht klar, daß das passieren wird. Selbst wenn es zur Akkretion kommt, geht das akkretierte Material infolge des anschließenden Masseverlustprozesses rasch wieder verloren. Wenn die insgesamt akkretierte Masse klein ist, dann sorgt zumindest bei einigen Sternen die Konvektion in der Atmosphäre dafür, daß sie mit der ursprünglichen Sternmaterie durchmischt wird, wodurch die Auswirkung auf die beobachtete Zusammensetzung reduziert wird.

Modifikationen der einfachen Theorie

Wir wenden uns jetzt den Möglichkeiten zu, unsere einfache Theorie so zu modifizieren, daß sie besser mit den Beobachtungen übereinstimmt. Eine Annahme, die man offensichtlich sofort in Zweifel ziehen kann, ist die, daß alle Generationen von Sternen ähnliche Eigenschaften haben. Der Prozeß der Sternentstehung wird bis heute nur unvollständig verstanden, aber die Annahme, daß die Sternentstehungsrate nur von der Gasdichte abhängt und daß das Massenspektrum der Sterne eine einheitliche Form hat, ist sicherlich eine Übervereinfachung. Wir haben bereits früher in diesem Kapitel festgestellt, daß sowohl die Sternentstehungsrate als auch die ursprüngliche Massenfunktion durch die Temperatur (oder mittlere kinetische Energie) und die chemische Zusammensetzung des Gases sowie durch seinen Drehimpuls und sein Magnetfeld beeinflußt werden müssen. Zusätzlich legt die Beobachtung, daß man junge Sterne vorzugsweise in oder nahe von Spiralarmen findet, nahe, daß die Sternentstehung durch das Durchlaufen einer spiralförmigen Dichtewelle angeregt wird und weniger ein spontaner Prozeß ist. Die sich letztlich ergebende Sternentstehungsrate (z.B. über eine galaktische Rotationsperiode) sowie das Massenspektrum *könnten* nur schwach von einigen dieser Faktoren abhängen, und wir wollen nicht den Versuch machen, diese Frage im Detail zu diskutieren.
Versuche, Theorie und Beobachtung in Übereinstimmung zu bringen, müssen folgende drei Faktoren berücksichtigen, die von Bedeutung sein könnten:

1. eine rasche anfängliche Anreicherung mit Metallen,
2. eine durch größeren Metallgehalt erhöhte Sternentstehungsrate,
3. Akkretion aus dem intergalaktischen Raum.

Wir werden jeden dieser Faktoren jetzt genauer definieren und sie nacheinander diskutieren. Dabei werden wir sehen, daß die ersten beiden einige der Gesichtspunkte berücksichtigen, die im letzten Abschnitt erwähnt wurden.

Anfängliche Anreicherung

Wenn unsere allgemeinen Überlegungen zutreffen, dann enthielt das Milchstraßensystem zum Zeitpunkt seiner Entstehung praktisch keine schweren Elemente. Trotzdem beobachten wir heute keine Scheibensterne, die einen fast verschwindenden Metallgehalt zeigen. Dies ließe sich erklären, wenn alle Scheibensterne verunreinigte äußere Hüllen hätten, aber es gibt mindestens drei andere mögliche Erklärungen. Zwei von diesen basieren auf Betrachtungen der chemischen Zusammensetzung von Objekten im Halo der Milchstraße, wie beispielsweise der Sterne in Kugelhaufen. Bei den meisten Sternen in Kugelhaufen findet man einen erheblich kleineren Massenanteil Z an schweren Elementen als bei den meisten Scheibensternen, aber der Wert von Z variiert von Haufen zu Haufen, obgleich ihre Alter sich kaum unterscheiden. Zusätzlich scheinen diejenigen Haufen, die sich in größter Nähe zum Zentrum gebildet haben dürften, ein größeres Z aufzuweisen, als diejenigen, die weit draußen entstanden sind. Schließlich sind überhaupt keine Sterne völlig ohne schwere Elemente gefunden worden. In den einfachsten Theorien der Entstehung von Galaxien wird angenommen, daß sich eine prägalaktische Gaswolke unter dem Einfluß der Schwerkraft zusammenzog und daß während dieses anfänglichen Kollapses Unterbereiche auskondensiert sind, aus denen die Kugelhaufen entstanden. Da die prägalaktische Wolke rotierte, zog sie sich nicht auf einen Punkt zusammen, sondern bildete eine Scheibe. Wenn bei diesem Prozeß keine Energie dissipiert worden wäre, dann hätte sie anschließend auf ihren ursprünglichen Radius zurückexpandieren können. Tatsächlich erwarten wir, daß das nicht kondensierte Gas einen großen Teil der Energie durch Stöße dissipiert, solange es noch dünn ist, und dann eine Scheibe bildet. Im Gegensatz dazu könnten die Proto-Kugelhaufen, die viel dichter als das übrige Gas sind, sich ohne großen Energieverlust durch die Scheibe hindurchbewegen und weiterhin ein viel größeres Volumen ausfüllen, wie man es beobachtet.

Obgleich dieses allgemeine Bild sehr attraktiv ist, erklärt es nicht, wie die schweren Elemente in die Kugelhaufen gekommen sind und warum jene in Zentrumsnähe den größeren Anteil haben. Eine mögliche Erklärung hängt mit der Idee zusammen, daß die Milchstraße viel massereicher ist, als allgemein angenommen wird, und daß die Sternentstehung ursprünglich in einem massereichen Halo vor sich ging, wie schon in Kapitel 5 erwähnt. Durch den Masseverlust von diesen extremen Halo-Sternen, die vielleicht ein ähnliches Massenspektrum aufwiesen wie die heutigen Scheibensterne, könnte angereichertes Material dem übrigen Gas in der Galaxis hinzugefügt worden sein, bevor sich die Kugelhaufen bzw. die erste Generation von Scheibensternen gebildet hat. Dies könnte das Fehlen von Scheibensternen mit einer sehr geringen Häufigkeit der schweren Elemente verständlich machen und könnte auch erklären, warum es in Kugelhaufen-Sternen überhaupt schwere Elemente gibt. Eine zweite Hypothese wäre, daß sich die Kugelhaufen nicht während der anfänglichen Kontraktionsphase der Protogalaxie gebildet haben. Stattdessen wird vorgeschlagen, daß die Galaxie als Gaswolke kontrahierte, bis es in ihrem Zentralbereich zu einer starken thermonuklearen Explosion kam, in der schwere Elemente erzeugt wurden. Dies würde sowohl das Vorhandensein schwerer Elemente zum Zeitpunkt der Entstehung der ersten Sterne erklären als auch die größere Häufigkeit der schweren Elemente in der Nähe des galaktischen Zentrums. Obgleich manches für diese Hypothese spricht, ist es bisher überhaupt nicht klar, ob es tatsächlich zu einer solchen Explosion kommen könnte und ob sie den gewünschten Effekt hätte.

Eine dritte mögliche Erklärung für das Fehlen von *Scheiben*sternen mit sehr kleinem Z wäre, daß die erste Generation von Scheibensternen (in einem Milchstraßensystem, in dem sich zuvor keine Sterne in einem massereichen Halo gebildet haben) praktisch nur aus massereichen Sternen bestand. Wenn das so gewesen wäre, dann hätte die erste Generation von massereichen Sternen schwere Elemente erzeugen können, es wären von ihr aber keine Sterne niedriger Masse mit geringem Z übriggeblieben, die man heute beobachten könnte. Diesem Modell zufolge müßte ein Großteil der Masse der heutigen Scheibe in Schwarzen Löchern stecken. Obgleich dies zunächst wie eine *Ad-hoc*-Hypothese klingt, gibt es einige theoretische Hinweise dafür, daß die Sternentstehung in einer nur aus Wasserstoff und Helium bestehenden Gaswolke zu einer völlig anderen anfänglichen Massenfunktion führt als die Sternentstehung in einer Gaswolke, in der schwere Elemente vorhanden sind, wobei massereichere Sterne bevorzugt gebildet werden.

Alle drei Vorschläge führen dazu, daß Z nicht mehr Null ist, wenn die ersten Scheibensterne entstehen. Dieser Prozeß wird als *anfängliche Anreicherung* bezeichnet. In Rechnungen zur galaktischen Entwicklung behandelt man den Grad der Anreicherung i.a. als freien Parameter, der sich nicht unmittelbar mit einem der erwähnten Prozesse in Verbindung bringen läßt.

Erhöhung der Sternenstehungsrate durch das Vorhandensein von Metallen

Kalte Gaswolken kollabieren und bilden leichter Sterne als heißere Gaswolken, denn die hohe mittlere kinetische Energie der Gasteilchen in den heißen Wolken wirkt der Eigengravitation entgegen. Das Vorhandensein selbst geringer Spuren schwerer Elemente erhöht die Kühlungsrate im interstellaren Gas. Zu keinem Zeitpunkt besitzt das interstellare Medium eine völlig homogene chemische Zusammensetzung; das wissen wir durch direkte Messungen, die wir heute machen können, sowie durch die Unterschiede in der chemischen Zusammensetzung von Sternen gleichen Alters. Möglicherweise entstehen Sterne vorzugsweise in Gebieten, in denen die Häufigkeit der schweren Elemente höher als im Mittel ist. Dann würden wir erwarten, daß das mittlere Z aller Sterne bestimmten Alters immer größer ist als das mittlere Z des interstellaren Mediums, aus dem sie sich gebildet haben. Diesen Prozeß bezeichnet man als die durch den Metallgehalt verstärkte Sternentstehung. Diese Idee kann in gewissem Umfang die geringe Zahl von Sternen mit niedrigem Z erklären, aber sie kann das Problem nicht völlig lösen, wenn die Erhöhung der Sternentstehungsrate mit der mittleren Häufigkeit korreliert ist. Solange Z tatsächlich Null ist, kann es keine Fluktuationen geben, und solange Z sehr klein ist, sollten auch die Fluktuationen sehr klein sein.

Akkretion aus dem intergalaktischen Raum

Bei dem dritten Vorschlag für eine Abänderung des einfachen Modells betrachtet man die Möglichkeit, daß das Milchstraßensystem keine in sich abgeschlossene Einheit bildet, sondern Materie aus dem *intergalaktischen Raum* akkretiert. Dabei soll es sich um unprozessiertes Material handeln, d.h. es soll keine schweren Elemente enthalten. Bei dieser Materie könnte es sich entweder um echtes intergalaktisches Material handeln, durch das sich unsere Galaxie hindurchbewegt, oder um Materie, die im Prinzip immer schon zum Milchstraßensystem gehörte, die jedoch, da sie sich ursprünglich in den äußeren Zonen der Protogalaxie befand, länger brauchte, um zur Scheibe hin zu kollabieren als das übrige Material. Man kann sich leicht ein qualitatives Bild davon machen, welche Wirkung die Akkretion intergalaktischer Materie hat. Wenn dem interstellaren Medium Gas hinzugefügt wird, das keine schweren Elemente enthält, dann verringert sich der relative Anteil der schweren Elemente Z. Wenn zu dem Zeitpunkt, zu dem diese Akkretion stattfindet, der aus der Sternentstehung und dem anschließenden Massenverlust der Sterne resultierende Effekt die Zunahme von Z ist, dann führt die Akkretion dazu, daß Z entweder langsamer ansteigt, oder – wenn sehr viel Materie akkretiert wird – sogar abfällt. Da wir erwarten, daß die Sternentstehung irgendwann aufhört und Z einem Grenzwert zustrebt, wenn es keine Akkretion gibt, muß die Akkretion über einen hinreichend langen Zeitraum notwendigerweise zu einer schließlichen Abnahme von Z führen.

Folgende Form der Akkretion könnte weitgehend das Fehlen von Sternen mit geringem Gehalt an schweren Elementen in der galaktischen Scheibe erklären: Angenommen, die Sternentstehung begann in der Scheibe zu einem Zeitpunkt, als erst ein kleiner Bruchteil der endgültigen Scheibenmasse zur Ebene hin kollabiert war. Dann gäbe es nur eine kleine Zahl von Sternen mit sehr geringem Gehalt an schweren Elementen, denn die in dieser ersten Generation von Sternen erzeugten schweren Elemente könnten in die weiteren Sterne, die sich während der Zunahme der Scheibenmasse bilden, eingebaut werden. Eine entsprechende Kombination zwischen dem ursprünglichen Massenspektrum und der Rate, mit der die Scheibe Masse akkretiert, könnte die Zahl von Sternen mit unterschiedlichen Z-Werten erklären.

Eine größere Anzahl von Modellen, die von einer raschen, in der Anfangsphase passierenden Anreicherung, von einer durch die Metalle beschleunigten Sternentstehung und von Akkretion ausgehen, und bei denen die Modellparameter innerhalb plausibler Grenzen frei sind und nicht direkt mit den Eigenschaften massereicher Halos, der Sternentstehung und des intergalaktischen Mediums zusammenhängen, können qualitative (und wahrscheinlich auch quantitative) Übereinstimmung mit den geschilderten Beobachtungsbefunden erzielen. Als weiteren Test könnte man überprüfen, ob die relative Häufigkeit der radioaktiven Kerne in dem Material, das zum Sonnensystem gehört, richtig wiedergegeben wird; jedoch kann aufgrund der gegenwärtig bekannten Tatsachen kein bestimmtes Modell als einzig mögliches ausgewählt werden. Eine abschließende Diskussion wird deshalb erst möglich sein, wenn verbesserte theoretische und empirische Resultate vorliegen. Die Theorien der Sternentstehung müssen sowohl über die Sternentstehungsrate als auch über das resultierende Massenspektrum genauere Angaben in Abhängigkeit nicht nur von der Gasdichte sondern auch der Temperatur und chemischen Zusammensetzung und möglicherweise noch anderer Parameter des Gases liefern. Die Theorien der Sternentwicklung müssen zuverlässige Werte für α und p oder entsprechende Größen ergeben, die in eine detailliertere Diskussion eingehen. Ebenso muß geklärt werden, ob unsere Galaxie einen massereichen Halo besitzt oder nicht und ob es ein hinreichend dichtes intergalaktisches Medium in der Umgebung des Milchstraßensystems gibt oder nicht.

Die Variation der chemischen Zusammensetzung innerhalb von Galaxien

Es gibt noch einen weiteren empirischen Befund, der helfen könnte, zwischen den verschiedenen möglichen Erklärungen für die chemische Entwicklung unserer und anderer Galaxien zu unterscheiden. Dabei handelt es sich um die Beobachtung, wie die chemische Zusammensetzung in Galaxien heute von Punkt zu Punkt variiert, zusammengenommen mit Beobachtungen des relativen Massenanteils von Gas und Sternen in den verschiedenen Punkten. Beobachtungen dieser Art werden heute durchführbar. Zwar ist es nicht möglich, detaillierte Untersuchungen der chemischen Zusammensetzung an Sternen außerhalb des Milchstraßensystems zu machen, weil diese zu lichtschwach sind, jedoch lassen sich solche Untersuchungen an Gaswolken durchführen. Selbst im Fall unserer eigenen Galaxie geht der größte Teil des Fortschritts auf die Untersuchung von Gaswolken zurück, da das Sternlicht in der galaktischen Ebene stark absorbiert wird. Die zur Zeit vorliegenden Ergebnisse weisen darauf hin, daß es in den Galaxien ausgeprägte Gradienten in der chemischen Zusammensetzung in radialer Richtung gibt, derart, daß Gaswolken in der Nähe der Zentren zumindest bei einigen schweren Elementen größere Häufigkeiten zeigen als näher am Rande stehende Gaswolken. Ferner scheint die Änderung in der Zusammensetzung relativ glatt zu verlaufen. Sollte sich die letztgenannte Beobachtung bestätigen, dann wäre das ein Argument gegen eine erhöhte Sternbildungsrate infolge erhöhten Metallgehalts, denn es könnte sein, daß es keine metallreichen Wolken gibt, in denen dieser Prozeß stattfinden könnte.

Aus theoretischer Sicht sollten die radialen Häufigkeitsgradienten keine Überraschung darstellen. Wir könnten deshalb unsere Diskussion, die sich auf die Eigenschaften von Gas und Sternen in der Sonnenumgebung bezog, verallgemeinern. Dazu betrachten wir zunächst noch einmal das einfache Modell, obgleich wir wissen, daß es die Verhältnisse in der Sonnenumgebung nicht erklären kann. In diesem Modell hängt die Häufigkeit der schweren Elemente nach Gl. (7-11) direkt von der Masse des übrigbleibenden Gases ab, vorausgesetzt, die Ausbeute p ist überall dieselbe. Wir sollten deshalb an den Stellen mit niedrigem Gasgehalt schwere Elemente in großer Häufigkeit finden. Leider handelt es sich dabei nur um eine logarithmische Abhängigkeit, so daß es nicht leicht ist, wegen der Fehler in den Beobachtungen und der echten Streuung in den Daten signifikante Resultate zu erzielen. Bei dieser Voraussage haben wir angenommen, daß das Gas an jedem Ort innerhalb des Milchstraßensystems so betrachtet werden kann als sei es völlig unabhängig von dem Gas an allen anderen Orten. Das ist nichts anderes als die Annahme, die wir bereits bei unserer Untersuchung der Sonnenumgebung machten. Wir sollten aber die Effizienz betrachten, mit der Gas aus verschiedenen Bereichen des Milchstraßensystems durchmischt werden kann. Ein einfaches Argument läßt sich darauf gründen, wie weit bei Supernovae-Ausbrüchen ausgeworfene Materie fliegt, bevor sie in das allgemeine interstellare Medium hineingemischt ist, sowie auf die beobachteten Pekuliargeschwindigkeiten interstellarer Wolken. Danach scheint – trotz einer gewissen Durchmischung – die Annahme, daß es zu überhaupt keiner Durchmischung kommt, viel besser zu sein als die Annahme vollständiger Durchmischung.

Auswirkungen einer sofortigen anfänglichen Anreicherung und der Akkretion

Berücksichtigt man eine sofortige anfängliche Anreicherung und die Akkretion, dann könnten diese erheblichen Einfluß auf die resultierenden Ergebnisse haben. Nehmen wir deshalb an, eine Galaxie bewege sich durch das intergalaktische Medium und akkretiere Gas (Bild 7-4). Die Galaxie kann sich entweder mit Unterschall- oder Überschallgeschwindigkeit bewegen. Wenn sich die Galaxie langsam durch das Gas hindurch bewegt, oder wenn das Gas sogar zur ursprünglichen Protogalaxie gehörte, dann bestimmt das Gravitationsfeld der Galaxie den Akkretionsprozeß, und das Gas wird vorwiegend zum Zentrum der Galaxie hin angezogen, wo sich die größte Massenkonzentration befindet (Bild 7-4a). Da der Anteil vorhandenen Gases vermutlich in Zentrumsnähe nicht sein Maximum hat, könnte die Akkretion von Gas, das wenig oder keine schweren Elemente enthält, den durch das einfache Modell vorhergesagten Häufigkeitsgradienten ändern oder sogar umkehren. Besitzt die Galaxie dagegen eine hohe Überschallgeschwindigkeit (Bild 7-4b), dann wirkt sich das Gravitationsfeld der Galaxie viel weniger aus, und

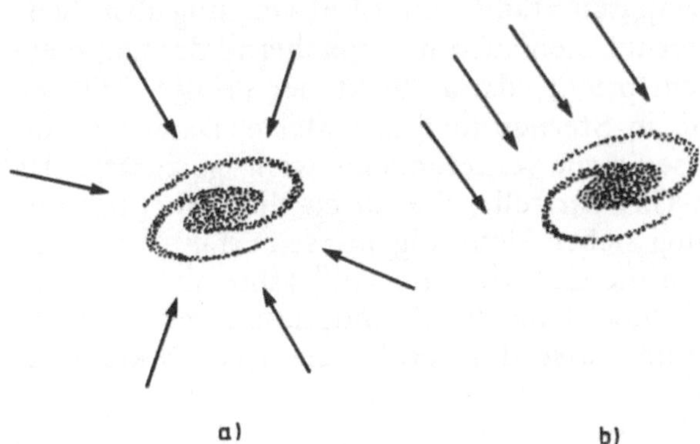

Bild 7-4

Die Akkretion von Gas aus dem intergalaktischen Medium bei Bewegung der Galaxie a) mit Unterschallgeschwindigkeit, b) mit Überschallgeschwindigkeit.

die Akkretion des Gases geht innerhalb der Scheibe viel gleichförmiger vonstatten. In beiden Fällen muß untersucht werden, wie das akkretierte Gas in das vorhandene hineingemischt wird. Im Fall sofortiger anfänglicher Anreicherung aus einem massereichen galaktischen Halo muß die Flächendichte des angereicherten Materials nicht direkt proportional zur Flächendichte der nicht angereicherten Scheibenmaterie sein. In allen drei Fällen wird es zu Unterschieden in der chemischen Zusammensetzung des galaktischen Gases kommen, die auf den unterschiedlichen Anteil der akkretierten Masse an den verschiedenen Stellen innerhalb einer Galaxie zurückgehen.

Nicht-sofortige Wiederbeimischung

Unsere ganze Diskussion basierte auf der Näherung sofortiger Wiederbeimischung, nach der der in diesem Zusammenhang wichtige Austausch des Gases zwischen Sternen und dem interstellaren Medium von relativ massereichen Sternen bewerkstelligt wird, die sich gemessen an der allgemeinen Zeitskala für die galaktische Entwicklung sehr rasch entwickeln. Das ist bestensfalls eine Näherung, denn Masseverlust tritt auch bei Sternen niedriger Masse auf, die selbst kaum schwere Elemente erzeugen. Wir haben ferner angenommen, daß das von den Sternen ausgeworfene Gas vollständig in der Galaxie zurückgehalten werden kann. Wir werden nacheinander zu jeder dieser Annahmen einige Anmerkungen machen.

Es besteht kein Zweifel, daß Masseverlust bei Sternen geringer Masse in späten Stadien ihrer Entwicklung auftritt. Man beobachtet zum Beispiel, daß Sterne mit ungefähr Sonnenmasse durch Masseverlust Planetarische Nebel bilden (Bild 7-5), und es gibt auch auf Grund eines Vergleichs der beobachteten Eigenschaften von Sternen in Kugelhaufen mit den Theorien der Sternentwicklung einige Hinweise, die nahelegen (allerdings nicht schlüssig beweisen), daß alle Sterne in diesem Massenbereich mehr als 20 % ihrer Masse in relativ späten Stadien ihrer Entwicklung abstoßen. Wenn die Verteilung der Sternmassen auch nur annähernd der Salpeter-Massenfunktion Gl. (7-2) entspricht, dann steckt der größte Teil der Masse jeder Sterngeneration in Sternen niedriger Masse. Daraus würde folgen, daß das Gas, daß diese Sterne verlieren, eine wichtige zusätzliche Quelle für das interstellare Gas darstellt, die durch die Näherung der sofortigen Wiederbeimischung sicher nicht angemessen erfaßt wird. Das gilt insbesondere dann, wenn die Galaxie rund 10^{10} Jahre alt oder älter ist, da die Sterne geringer Masse dann in die Endphase ihrer Entwicklung eintreten und die Gesamtmasse des verbliebenen Gases klein ist.

Bild 7-5 Der Planetarische Nebel um den Stern HD 148937. (Das Bild wurde mit dem UK-1,2 m-Schmidt-Spiegel aufgenommen. Mit freundlicher Genehmigung des Royal Observatory Edinburgh)

Man *kann* die den Sternen niedriger Masse verlorengehende Materie in einem galaktischen Entwicklungsmodell in Form eines Akkretionsterms berücksichtigen, wobei es sich jetzt allerdings nicht um die Akkretion völlig unprozessierten Materials handelt, da die Sterne selbst sich nicht aus völlig unprozessierter Materie gebildet haben. Hinzukommt, daß in diesen Sternen geringer Masse zwar nicht wirklich schwere Elemente synthetisiert werden, daß sie aber doch wichtige Beiträge zur Produktion von ^{12}C und ^{16}O leisten könnten. Wir haben zuvor in diesem Kapitel erwähnt, daß der relative Anteil der schweren Elemente im interstellaren Medium selbst dann, wenn es keine Akkretion gibt, nicht monoton mit der Zeit zunehmen muß. Man kann leicht sehen, wie der Masseverlust der Sterne niedriger Masse zu einer Situation führen *könnte*, in der $Z(t)$ zunächst anwächst und später wieder abnimmt. Wenn der größte Teil der Masse einer Galaxie zu Anfang in einer einzigen Generation von Sternen auskondensiert, dann erzeugt der Masseverlust der massereichen Sterne zunächst ein interstellares Medium mit relativ großem Z. Wenn dann später (praktisch) unprozessiertes Material von den Sternen geringer Masse abgestoßen wird, dann wird Z abnehmen. Es bedarf also nicht der intergalaktischen Materie, um einen monotonen Anstieg von $Z(t)$ zu verhindern. Die Beobachtung eines monotonen Anstiegs von Z legt sowohl bezüglich der Akkretionsrate als auch bezüglich der Rate, mit der das galaktische Gas aufgebraucht wird, eine Grenze fest.

Isotopen-Häufigkeiten

Die Untersuchung der in Kapitel 2 erwähnten interstellaren Moleküle beginnt, nützliche Information über die *Isotopen-Häufigkeiten* bei den leichten Elementen zu liefern. Isotope wie Deuterium, ^{13}C, ^{15}N, ^{17}O und ^{18}O lassen sich in einigen Molekülwolken nachweisen. Die relativen Häufigkeiten wie $^{13}C/^{12}C$ und $^{15}N/^{14}N$ variieren offenbar von Ort zu Ort in unserem Sternsystem. Das ist nicht überraschend, weil z.B. die relative Menge der in Sternen verschiedener Masse erzeugten Isotope verschieden ist. In unterschiedlichen Abständen vom galaktischen Zentrum ist die Mischung der Sterne, die die beobachteten schweren Elemente erzeugt haben, nicht dieselbe gewesen. Wir können deshalb Variationen im $^{13}C/^{12}C$- und $^{15}N/^{14}N$-Verhältnis erwarten. Wir müssen jetzt von unseren Modellen verlangen, daß sie die beobachteten Quotienten richtig voraussagen. Einige der galaktischen Entwicklungsmodelle, die den bisher erwähnten Tests standgehalten haben, ergeben nicht die korrekten Isotopen-Häufigkeiten und können deshalb fallengelassen werden. Ähnliche Überlegungen auf der Basis detaillierter *Elementhäufigkeiten* spielen ebenfalls eine Rolle. So variiert die Häufigkeit des Stickstoffs relativ zum Sauerstoff heute sowohl von Ort zu Ort in der Galaxie als auch zwischen jungen Sternen und alten. Das ist eine weitere wichtige Einschränkung für die Modelle.

Die Bindung des Gases an Galaxien

Als nächstes betrachten wir die Frage, wieweit Gas durch ein System von Sternen wie einem Sternhaufen oder einer Galaxie festgehalten werden kann. Wenn ein System von Sternen hinreichend niedrige Masse hat, dann scheint es kaum möglich, daß es mehr als eine Generation von Sternen geben wird. Es kann Gas nicht festhalten und folglich kann es keine chemische Entwicklung geben. Galaktische (offene) Sternhaufen in der Milchstraße gehören mit Sicherheit in diese Kategorie. Unabhängig davon, ob das gesamte Gas eines Proto-Haufens während des ursprünglichen Sternentstehungsprozesses in Sternen auskondensiert oder nicht, wird es entweder durch Aufheizung durch die von den massereichen Sternen erzeugte Ultraviolettstrahlung oder durch Materie, die während eines Supernova-Ausbruchs mit hohen Geschwindigkeiten ausgeworfen wird, aus dem Haufen hinausgetrieben werden. Da die Entweichgeschwindigkeit von einem einzelnen Stern größer ist als die von einem solchen Haufen, wird anschließend die gesamte den Sternen verlorengehende Materie den Haufen frei verlassen. Es gibt sicherlich keinerlei Hinweise für deutliche Variationen der chemischen Zusammensetzung in galaktischen Haufen, die auf das Vorhandensein mehrerer Sterngenerationen hinweisen würden.

Ist ein Sternsystem hinreichend massereich, dann kann es Gas festhalten. Die Beobachtungen der chemischen Zusammensetzung von Sternen in benachbarten Systemen deuten darauf hin, daß die kritische Masse wahrscheinlich bei $10^6 M_\odot$ oder etwas darüber liegt, so daß die massereichsten Kugelhaufen und sogar die Zwerggalaxien diesen Wert übertreffen. Ob eine Galaxie ihr Gas dann zurückhält und es zur Ausbildung vieler Sterngenerationen kommt, scheint kritisch davon abzuhängen, mit welcher Effizienz Gas bei der Entstehung der ersten Generation in Sterne auskondensiert. Wenn der größte Teil des Gases nicht sofort in Sternen gebunden wird, dann kann das verbliebene Gas das von der ersten Sterngeneration ausgeworfene Gas festhalten, und die Galaxie behält für den größten Teil ihres Lebens eine erhebliche Menge an Gas. Das scheint im Fall unserer eigenen Galaxie, in anderen Spiralgalaxien und in irregulären Galaxien wie der Kleinen und Großen Magellanschen Wolke der Fall zu sein. Offenbar gilt es im allgemeinen nicht für elliptische Galaxien. Wie wir schon in Kapitel 3 erläutert haben, besitzen diese wenig oder kein Gas und nur einige junge Sterne. Als Grund dafür erscheint, daß die Sternentstehung zum Zeitpunkt der Entstehung der elliptischen Galaxien extrem effizient war und daß sie in der Folge nicht imstande waren, signifikante Mengen von Gas festzuhalten. Drei Anmerkungen sollen jedoch zu diesem scheinbaren Unterschied zwischen elliptischen und Spiralgalaxien gemacht werden.

Die erste nimmt Bezug auf die möglicherweise massereichen Halos um Spiralgalaxien, die schon häufig in diesem Buch erwähnt wurden. Wenn es sie gibt, dann könnte die Sternentstehung in elliptischen Galaxien durchaus nicht so viel effizienter als die anfängliche Sternentstehung in Spiralgalaxien gewesen sein, wie es zunächst scheint. Die zweite Bemerkung ist, daß einige elliptische Galaxien helle blaue Kerne besitzen, die auf das Vorhandensein massereicher Hauptreihensterne hinweisen, welche den größten Teil ihrer Strahlung im blauen und ultravioletten Teil des Spektrums emittieren. Dies belegt, daß zumindest *in einigen Fällen* sich Gas in den Zentren von elliptischen Galaxien ansammeln und neue massereiche Sterne bilden kann. Der dritte Punkt ist, wie schon in Kapitel 3 erwähnt, daß einige elliptische Galaxien mit starken Radioquellen assoziiert sind, die ihre Energie aus dem Zentrum der jeweiligen Galaxie beziehen dürften. Die Gravitationsenergie, die durch den freien Fall von Gas zum Zentrum einer Galaxie hin freigesetzt wird, wäre eine geeignete Quelle für diese Energie. Dies legt wiederum nahe, daß gewisse Mengen von Gas sich in den Zentren elliptischer Galaxien ansammeln und daß diese nicht notwendigerweise fragmentieren müssen, um Sterne zu bilden.

Das Ausfegen von Gas durch das intergalaktische Medium

Wir haben zuvor überlegt, daß Galaxien intergalaktische Materie akkretieren können. Es gibt jedoch auch eine andere Möglichkeit: Wenn sich eine Galaxie hinreichend schnell durch ein (relativ) dichtes intergalaktisches Medium hindurchbewegt, dann kann das intergalaktische Gas das Gas der Galaxie aus dieser herausfegen, statt daß es selbst akkretiert wird. Dieser Prozeß dürfte in Galaxienhaufen am wichtigsten sein. In mehreren Fällen konnte man die Röntgen-Emission von Galaxienhaufen als thermische Emission eines heißen intergalaktischen Gases deuten, dessen Dichte groß genug wäre, um einige Galaxien leerzufegen. Obgleich dies kein besonders wichtiger Faktor im Hinblick auf den Unterschied zwischen elliptischen Galaxien und Spiralgalaxien sein mag, könnte er für den Unterschied zwischen S0- und gewöhnlichen Spiralgalaxien von Bedeutung sein.

Unterschiedliche Entwicklungszustände von Galaxien

Eine weitere Beobachtung, die letztlich erklärt werden muß, ist der unterschiedliche Entwicklungszustand von Galaxien unterschiedlichen Typs, die ihr Gas behalten. Zum Beispiel liegt in den Magellanschen Wolken ein größerer Teil der Masse in der Form von Gas vor als in unserer Galaxie, und der relative Anteil der schweren Elemente ist geringer. Sie erscheinen deshalb als die jüngeren Systeme, obgleich ihr tatsächliches Alter ähnlich dem der Milchstraße sein dürfte. Trotz des Umstands, daß die Magellanschen Wolken in der Vergangenheit ihr Gas sehr viel langsamer aufgebraucht haben als das Milchstraßensystem, gehen sie gegenwärtig durch eine Phase, in der die Sternentstehung viel auffallender ist als in unserer Galaxie.

Zusammenfassung

Dieses Kapitel beschäftigte sich mit der Frage, wie sich der Massenanteil und die chemische Zusammensetzung des interstellaren Gases in Galaxien im Laufe ihres Lebens ändern. Die Einzelheiten der Diskussion bezogen sich weitgehend auf das Milchstraßensystem, jedoch wurden auch einige kurze Anmerkungen über die Eigenschaften anderer Galaxien gemacht. Die Menge des Gases in einer Galaxie ändert sich mit der Zeit, weil durch die Sternentstehung Gas in Sternen gebunden wird, aber auch, weil einige Typen von Sternen Masse verlieren. Zusätzlich könnte es einen Austausch zwischen dem Gas einer Galaxie und dem intergalaktischen Medium geben. Die chemische Zusammensetzung des Gases ändert sich, weil die von den Sternen ausgeworfene Materie in charakteristischer Weise mehr schwere Elemente enthält, als das Gas, aus dem sie entstanden sind und als jedes akkretierte Gas. Eine vollständige Untersuchung der chemischen Entwicklung von Galaxien setzt eine Kenntnis des Galaxien- und Sternentstehungsprozesses voraus, der sich im Innern von Sternen unterschiedlicher Masse abspielenden chemischen Entwicklung, des Ausmaßes des Masseverlusts der Sterne und wann er passiert, der Art und Weise, wie das den Sternen verlorengehende Material der bereits vorhandenen interstellaren Materie beigemischt wird, und des Ausmaßes, in dem es zu einem Austausch von Gas mit dem intergalaktischen Medium kommt.

Ein großer Teil des Kapitels befaßte sich mit einem einfachen Modell für die chemische Entwicklung unserer Galaxie in der Sonnenumgebung. In diesem Modell wurde angenommen, daß das Gas in der Sonnenumgebung isoliert sowohl von den übrigen Teilen des Milchstraßensystems als auch von dem intergalaktischen Medium betrachtet werden kann. Die Sternentstehung sollte nur von der Dichte des Gases beeinflußt werden, und es wurde weiter angenommen, daß der Masseverlust nur bei den Sternen relevant ist, die so massereich sind, daß ihre Entwicklungszeit erheblich kleiner ist als die Zeitskala für die galaktische Entwicklung. Dieses einfache Modell erwies sich als völlig ungeeignet, um die Beobachtungsbefunde in der Sonnenumgebung zu erklären. Insbesondere sagte es eine gegenüber den Beobachtungen viel zu große Zahl von Sternen geringer Masse voraus, die eine starke Unterhäufigkeit an schweren Elementen aufweisen sollten.

Der Rest des Kapitels befaßte sich mit Modifikationen dieser einfachen Theorie, die nicht nur die Beobachtungsbefunde in der Sonnenumgebung sondern auch in anderen Teilen der Milchstraße sowie in anderen Galaxien erklären könnten. Diese Modifikationen schlossen die Idee einer sofortigen, anfänglichen Anreicherung ein, die auftritt, wenn z.B. die ersten Generationen von Sternen vorwiegend aus Sternen großer Masse bestünden, die sehr schnell erhebliche Mengen schwerer Elemente produzieren könnten; sie schlossen die Überlegung ein, daß Sterne sich vorzugsweise in Gebieten bilden könnten, in denen die Häufigkeit der schweren Elemente im Gas über dem Durchschnitt liegt (durch Metalle erhöhte Sternentstehung), sowie eine Untersuchung der Auswirkung der Akkretion von Gas durch Galaxien. Eine abschließende Diskussion der chemischen Entwicklung von Galaxien ist gegenwärtig sicher nicht möglich, die Grundideen werden aber langsam klar.

Kapitel 8
Galaxien und das Universum

Einleitung

Es ist nicht wirklich möglich, die Entstehung und die ersten Phasen der Entwicklung von Galaxien zu behandeln, ohne auf Fragen der Kosmologie einzugehen, d.h. sich mit der Struktur und Entwicklung des ganzen Universums zu beschäftigen. Wie schon in Kapitel 3 erwähnt, haben wir keinen eindeutigen Hinweis darauf, daß es mehr als eine Epoche gegeben hat, in der sich Galaxien gebildet haben. Dies und die Tatsache, daß diese Epoche kurze Zeit nach der Entstehung des Weltalls anzusiedeln ist, wenn wir die Dopplerverschiebungen in den Spektren entfernter Galaxien tatsächlich als Folge der Expansion des Weltalls aus einem ursprünglich sehr dichten Stadium heraus deuten, ist der Grund für unsere kurze Beschäftigung mit kosmologischen Fragen. Wir nehmen an, daß sich die Galaxien auf ähnliche Weise aus intergalaktischem (oder genauer prä-galaktischem) Gas gebildet haben, wie Sterne aus interstellarem Gas entstanden sind. Es gibt jedoch einen wichtigen Unterschied: Sobald eine Galaxie entstanden ist, vergrößert sich ihre Entfernung von anderen Galaxien auf Grund der Expansion des Weltalls; aber es gibt keinen Grund anzunehmen, daß die Galaxie selber expandiert. Während man also annehmen kann, daß die Sternentstehung in einem System abläuft, in welchem das Gas – von internen Bewegungen innerhalb der Galaxie abgesehen – stationär ist, findet die Entstehung von Galaxien vor dem Hintergrund allgemeiner Expansion des prä-galaktischen Gases statt.

Es ist wichtig zu wissen, wann Kondensationen von der Größe von Galaxien zum ersten Mal entstanden sind, da dies darüber entscheidet, wieviel Gravitationsenergie durch die Bildung von Galaxien freigesetzt worden ist. Heute haben große Galaxien einen Abstand voneinander, der typisch das Zehn- bis Hundertfache ihrer eigenen Ausdehnung ausmacht. Das gilt zumindest dann, wenn der größte Teil der Masse sich dort befindet, wo wir ihn zu sehen meinen. Wenn Galaxien sich erst in jüngster Vergangenheit gebildet hätten – wir werden in Kürze genauer erklären, was wir damit meinen –, dann müßten sie sich aus Gebieten zusammengezogen haben, die ein Vielfaches ihrer gegenwärtigen Größe hatten, und es müßte eine erhebliche Menge von Gravitationsenergie während der Entstehung der Galaxien freigesetzt worden sein. Wenn im Gegensatz dazu protogalaktische Kondensationen bereits in den frühesten Epochen existierten, dann ist die Freisetzung von Gravitationsenergie in den Phasen der Galaxienentstehung, die der Sternentstehung unmittelbar vorausgehen, entsprechend geringer. In diesem Fall könnte die Protogalaxie ursprünglich sogar kleiner als heute gewesen sein. Wie wir bald sehen werden, muß sie anschließend allerdings mindestens auf das Zweifache ihrer heutigen Größe expandiert sein. Eine damit zusammenhängende Frage betrifft die Effizienz der Galaxienentstehung: Hat der Prozeß der Galaxienentstehung zu einer Situation geführt, in der praktisch die gesamte Masse des Universums sich in Galaxien befindet, oder gibt es heute noch eine erhebliche Menge intergalaktischen Materials?

Kosmologische Theorien, die einen heißen Urknall annehmen

Da dies kein Lehrbuch über Kosmologie sein soll, werden wir nicht versuchen, die Entstehung und Entwicklung von Galaxien und die Interpretation von Galaxienbeobachtungen im Lichte einer Vielzahl kosmologischer Modelle zu diskutieren. Stattdessen werden wir die Dinge nur im Rahmen eines einzigen Modells das von einem heißen Urknall ausgeht, diskutieren – ein Modell, das die wenigen Beobachtungen, über die wir verfügen und die zweifelsfrei von kosmologischer Bedeutung sind, befriedigend zu erklären vermag. Wenn wir so vorgehen, müssen wir uns immer daran erinnern, daß sich herausstellen könnte, daß dieses Modell bestenfalls eine erste Näherung für eine zutreffende Beschreibung des Universums ist.

Bei dieser Theorie wird die großräumige Struktur des Universums durch die *Allgemeine Relativitätstheorie* beschrieben. In unserem speziellen Fall soll das Weltall im Mittel *homogen* und *isotrop* sein, d.h. seine makroskopischen Eigenschaften sollen an allen Punkten und – von einem festen Punkt aus betrachtet – in allen Richtungen dieselben sein. Obgleich es im Rahmen einer relativistischen Theorie nicht allgemein zutrifft, daß an verschiedenen Punkten befindliche Beobachter bei der Messung von Raum und Zeit zu denselben Ergebnissen kommen, läßt sich für alle Beobachter, die sich lokal innerhalb des expandierenden Universums in Ruhe befinden, eine *kosmische Zeit* einführen. Mit Hilfe dieser kosmischen Zeit t läßt sich der Abstand zwischen Objekten, die an der Expansion des Weltalls teilnehmen, durch einen Skalenfaktor $R(t)$ ausdrücken, der ein dimensionsloses Maß für den Abstand zwischen ihnen zum Zeitpunkt t darstellt.

Die kosmologische Theorie, die von einem heißen Urknall ausgeht, existiert nicht nur in einer einzigen Form. In ihrer einfachsten Gestalt –

und das ist die, die wir hier beschreiben wollen – hat sie nur einen freien Parameter. In allen Versionen der Theorie gilt, daß sowohl die Temperatur als auch die Dichte zum Zeitpunkt $t = 0$ unendlich waren. Danach sinken Temperatur und Dichte, solange das Weltall hinreichend homogen bleibt, so daß die Verhältnisse durch jeweils einen Wert für diese Größen beschrieben werden. Die verschiedenen Varianten der Theorie können durch den Wert der Materiedichte charakterisiert werden, die sich bei einer bestimmten Temperatur kurz nach dem Beginn der Expansion einstellte, beispielsweise bei 10^{10} K. Für verschiedene Dichtewerte ändert sich der Skalenfaktor $R(t)$ auf eine der drei in Bild 8-1 skizzierten Weisen als Funktion der Zeit. Im Fall (a) wächst $R(t)$ ohne Begrenzung mit t an. Man spricht dann von einem *offenen Weltall*[19]. Im Fall (b) wächst $R(t)$ für $t \to \infty$ ebenfalls über alle Grenzen, $\dot{R}(t)$ strebt jedoch asymptotisch gegen Null. Im Fall (c) wächst $R(t)$ bis zu einem Maximalwert und nimmt danach wieder ab und erreicht zu einem endlichen Zeitpunkt t den Wert Null. In diesem letzten Fall spricht man von einem *geschlossenen Weltall*. Der Fall (c) könnte zu einem oszillierenden Weltall führen, bei dem auf einen ersten Zyklus weitere ähnliche Zyklen folgen. Eine völlig konsistente Theorie dieser Art ist bisher jedoch noch nicht entwickelt worden. Es scheint immerhin klar zu sein, daß eine Re-Expansion, wenn sie überhaupt passiert, bei sehr hohen Temperaturen und Dichten eintritt, so daß ein oszillierendes Weltall vom Standpunkt eines Beobachters sich nicht wesentlich von einem nur einen Zyklus durchlaufenden geschlossenen Weltall unterscheidet. In jedem der Zyklen könnte ein solches Universum nur wenig „Erinnerung" an die vorangegangenen Zyklen besitzen.

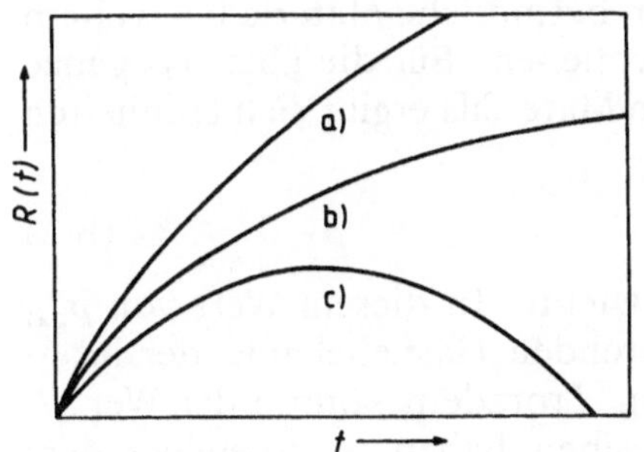

Bild 8-1

[19]) In diesem Abschnitt sprechen wir über verschiedene Formen des Weltalls. Natürlich gibt es *per definitionem* nur einen Kosmos. Es ist jedoch unpraktisch, wenn man jedesmal von „möglichen Modellen für das Weltall" sprechen muß.

Weiter unten wollen wir diskutieren, welche Galaxienbeobachtungen uns Aufschluß darüber geben können, ob das Weltall geschlossen ist oder nicht. Die Modelle (a), (b) und (c) stellen eine Sequenz von Modellen mit wachsender Dichte in einer gegebenen Epoche dar, denn je größer die mittlere Dichte ist, desto größer ist die Wahrscheinlichkeit dafür, daß die Eigengravitation der Materie imstande ist, die ursprüngliche Expansion umzukehren. Die heutige kritische Dichte, die dem Fall (b) entspricht, hängt von dem Wert der Hubble-Konstanten ab, deren Bestimmung bereits in Kapitel 1 diskutiert wurde. Die kritische Dichte ρ_0 beträgt in $\mathrm{kg\,m^{-3}}$

$$\rho_0 = 1{,}9 \cdot 10^{-30} H^2, \tag{8-1}$$

wobei die Hubble-Konstante H in den Einheiten $\mathrm{km\,s^{-1}\,Mpc^{-1}}$ gemessen wird. Auf welche Weise kann uns die Beobachtung von Galaxien Auskunft darüber geben, ob die mittlere Dichte des Weltalls größer oder kleiner als die kritische Dichte ist?

Die mittlere Materiedichte im Weltall

Es gibt zwei verschiedene Ansatzpunkte, um durch die Beobachtung von Galaxien die mittlere Dichte im Weltall zu bestimmen. Als erstes fragen wir, welchen Beitrag die Gesamtmasse aller bekannten Galaxien zur kritischen Dichte zu leisten vermag. Das bedeutet, daß wir die Gesamtmasse aller Galaxien in einem bestimmten Volumen aufaddieren und durch die Größe des Volumens teilen, um eine mittlere Dichte zu erhalten. Wir haben in Kapitel 3 bereits die Unsicherheiten in der Massenbestimmung für Galaxien betont, aber das Ergebnis solcher Rechnung unter Benutzung der allgemein akzeptierten Werte für die Galaxienmassen zeigt, daß die in diesen Galaxien befindliche Materie bei weitem nicht ausreicht, um das Weltall abzuschließen. Für die über das ganze Volumen gemittelte Dichte galaktischen Materials ergibt sich (Einheiten wie in Gl. (8-1))

$$\rho_{gal} \approx 2 \cdot 10^{-32} H^2 \tag{8-2}$$

oder rund ein Prozent der kritischen Dichte. In diesem Wert von ρ_{gal} sind die Beiträge der bekannten leuchtenden Gasnebel und der interstellaren Materie in Galaxien enthalten. Trotzdem könnte der Wert – wie wir in den Kapiteln 3 und 5 gesehen haben – gegenüber dem wahren Wert ρ_{gal} erheblich unterschätzt sein. Wenn die Galaxien massereiche Halos besitzen, dann würde das die Differenz zwischen ρ_{gal} und ρ_0 zumindest teilweise beseitigen, aber es erscheint unwahrscheinlich, daß die Galaxien genügend Masse enthalten, um das Weltall zu schließen. Das legt nahe, daß das Weltall offen ist, es sei denn, es gäbe eine

erhebliche Menge intergalaktischen Materials. Unglücklicherweise gibt es gegenwärtig weder einen direkten empirischen Hinweis auf das Vorhandensein eines allgemeinen intergalaktischen Mediums, noch gibt es einen schlüssigen Beweis, daß es nicht existiert, so daß sich der Beitrag der intergalaktischen Materie nicht unmittelbar berücksichtigen läßt.
Beim zweiten Ansatzpunkt benutzt man Beobachtungen an Galaxien, um indirekte Hinweise auf das Vorhandensein intergalaktischer Materie abzuleiten, die das Weltall schließen könnte. Dabei handelt es sich um zwei verschiedene Beobachtungen. Die erste betrifft Galaxienhaufen, die wir in den Kapiteln 3 und 5 behandelt haben. Wie wir dort gesehen haben, ergibt sich für die Gesamtmasse vieler Galaxienhaufen aus dem Virial-Theorem unter der Annahme, daß es sich um gravitativ gebundene Systeme handelt, ein viel größerer Wert als aus den Abschätzungen der Massen der einzelnen Galaxien in den jeweiligen Haufen. Dies weist auf eine der folgenden drei Möglichkeiten hin: daß die Massen der einzelnen Galaxien tatsächlich sehr viel größer sind, als man abgeschätzt hat, oder daß es eine große Menge intergalaktischer Materie in den Haufen gibt, oder daß die Haufen zufällige Überlagerungen am Himmel darstellen und keine gravitativ gebundenen Systeme bilden. Obgleich es ohne Zweifel einige Fälle von zufälliger Überlagerung gibt, die irrtümlich als Haufen interpretiert werden, scheint kein Zweifel daran möglich, daß es sich bei der Virial-Massen-Diskrepanz zumindest in einigen Fällen um ein echtes Problem handelt, das sich auf die einfachste Weise durch das Vorhandensein großer Mengen intergalaktischer Materie lösen ließe.
Die zweite Beobachtung hat mit der Expansion des Weltalls zu tun und mit dem Versuch, im Weltall eine Entfernungsskala zu etablieren, wie wir sie in Kapitel 1 diskutiert haben. Aus Bild 8-1 kann man ablesen, daß sich die Expansion des Weltalls unabhängig davon, ob es offen oder geschlossen ist, in jedem Fall verlangsamen sollte, wenn die Urknall-Hypothese in ihrer einfachsten Form richtig ist. Diese Abbremsung kann mit Hilfe des *Beschleunigungsparameters* q_0 ausgedrückt werden, der in der gegenwärtigen Epoche den Wert

$$q_0 = -\frac{\ddot{R}_0 R_0}{\dot{R}_0^2} \tag{8-3}$$

hat, wobei R_0, $\dot{R}_0$ und $\ddot{R}_0$ die heutigen Werte von R und seinen ersten beiden Zeitableitungen bezeichnen. Wenn das Weltall gerade abgeschlossen wäre, dann sollte $q_0 = 0{,}5$ sein. Ist q_0 größer, dann ist das Weltall geschlossen, ist es kleiner, dann ist es offen. Kann man den Wert von q_0 aus Beobachtungen bestimmen?

Die Bestimmung des Beschleunigungsparameters

Wir könnten q_0 durch Beobachtungen bestimmen, wenn wir über Entfernungsindikatoren mit wirklich großer Reichweite verfügten. Bei nahen Galaxien finden wir einen linearen Zusammenhang zwischen ihrer Fluchtgeschwindigkeit – diese folgt aus ihrer Rotverschiebung – und ihrer Entfernung, die unter der Annahme bestimmt wird, daß wir geeichte Entfernungsindikatoren besitzen. Beobachten wir dagegen Objekte in immer größeren Entfernungen (d.h. bei immer größeren Rotverschiebungen), dann treten Abweichungen von dem linearen Zusammenhang

$$v = Hr \tag{8-4}$$

auf. Im Prinzip läßt sich aus den beobachteten Abweichungen von diesem Gesetz ein Wert für den Beschleunigungsparameter und damit für die heutige mittlere Dichte im Weltall bestimmen, da die Abweichungen von einer Geraden von diesem Beschleunigungsparameter abhängen (Bild 8-2). Der Zusammenhang zwischen scheinbarer Leuchtkraft und Rotverschiebung, der äquivalent ist zu dem Zusammenhang zwischen Entfernung und Geschwindigkeit, ist hier für verschiedene Werte des Beschleunigungsparameters dargestellt. Wir können jetzt fragen, welche der Kurven aus dieser Schar die beste Übereinstimmung mit den Beobachtungen ergibt.

In der Praxis treten bei dieser Methode jedoch aus zwei Gründen Schwierigkeiten auf: Die erste Schwierigkeit ist experimenteller Natur. Es ist schwierig, in ausreichendem Maße wirklich zuverlässige Beobachtungen an sehr entfernten Objekten durchzuführen, obgleich diese Situation durch die modernen Teleskope und Zusatzeinrichtungen, die sehr viel effizienter arbeiten als die photographische Platte, sich langsam

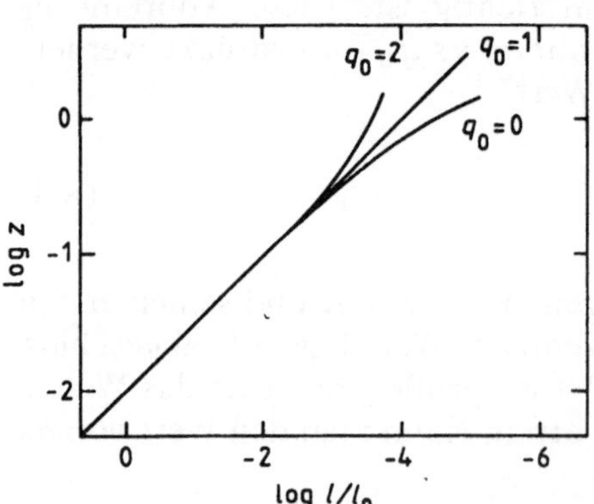

Bild 8-2

Aufgetragen ist die scheinbare Leuchtkraft l gegen die Rotverschiebung z für ein Objekt bestimmter Helligkeit unter der Annahme von drei verschiedenen Werten für den Beschleunigungsparameter q_0. Die Leuchtkraft l_0 dient zur Normierung.

verbessert. Nach einer Periode von über zehn Jahren, in der bezüglich der Galaxie mit der größten gemessenen Rotverschiebung keine Änderung eintrat, sind kürzlich mehrere Galaxien mit größeren Rotverschiebungen entdeckt worden. Die zweite Schwierigkeit berührt das gesamte Konzept der Entfernungsbestimmung. Wenn die Eigenschaften der Entfernungsindikatoren (zum Beispiel die Leuchtkraft von elliptischen Riesengalaxien oder der Durchmesser von Galaxienhaufen bestimmter Reichtumsklasse) nicht wirklich konstant sind, sondern sich ihrerseits in Abhängigkeit von der Zeit ändern, dann bestimmen wir nicht den Beschleunigungsparameter, sondern die Veränderung dieser Eigenschaften, oder genauer, eine Kombination dieser beiden Dinge. Man muß dann theoretische Vorstellungen darüber entwickeln, wie sich die Eigenschaften der Entfernungsindikatoren verändert haben könnten.

Änderung der Helligkeit mit dem Alter der Galaxien

Meistens hat man bisher von Beobachtungsseite den Zusammenhang zwischen der scheinbaren Leuchtkraft und der Rotverschiebung für die hellsten Galaxien in Galaxienhaufen untersucht. Wenn man sehr entfernte Galaxien beobachtet, sieht man sie in einem Zustand, der einer weit zurückliegenden Vergangenheit entspricht. Kann man vernünftigerweise annehmen, daß sie zu diesem Zeitpunkt dieselbe Helligkeit aufweisen, wie wir sie heute bei den elliptischen Riesengalaxien in unserer Nachbarschaft messen? Um diese Frage zu beantworten, müssen wir überlegen, wie sich die Leuchtkraft einer Galaxie im Laufe ihrer Entwicklung ändern könnte. Im Prinzip können wir dazu galaktische Entwicklungsmodelle von der Art, wie wir sie im vorhergehenden Kapitel diskutiert haben, benutzen und die Leuchtkraft aller Sterne, die zu einem bestimmten Zeitpunkt vorhanden sind, aufaddieren, wobei die Helligkeitsänderungen jedes Sterns, die er im Laufe seiner Entwicklung durchmacht, berücksichtigt werden müssen. Wie wir gesehen haben, reicht es in der Praxis vermutlich aus, davon auszugehen, daß es in elliptischen Galaxien nur eine einzige Sterngeneration gibt, die von Bedeutung ist, so daß lediglich berechnet werden muß, wie die Gesamtleuchtkraft dieser Generation sich mit der Zeit verändert.

Auf den ersten Blick könnte man annehmen, daß die Leuchtkraft einer Galaxie sehr viel größer ist, wenn sie jung und noch nicht so alt wie unsere Galaxie ist, denn die massereichen hellen Sterne treten nur in dieser Phase auf. Die tatsächliche Situation ist nicht ganz so extrem, denn die weniger massereichen Sterne gewinnen an Leuchtkraft, wenn sie sich zu roten Riesen entwickeln. Dadurch wird der erste Effekt teilweise kompensiert. Auch wenn man alle diese Faktoren berücksichtigt,

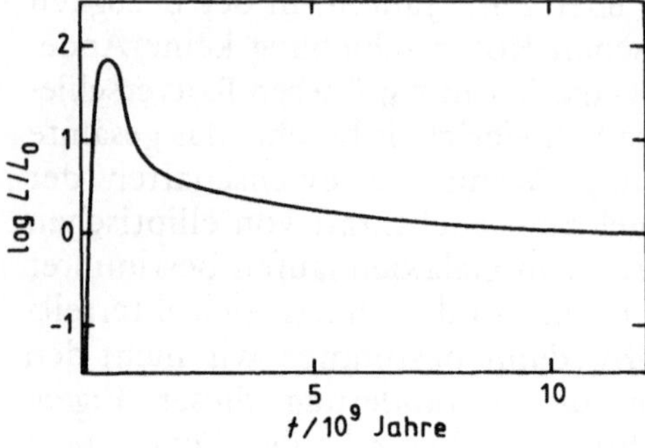

Bild 8-3
Schematische Darstellung der Helligkeitsänderung einer Galaxie, wobei L_0 ihre heutige Helligkeit bezeichnet

scheinen trotzdem Galaxien eine größere Helligkeit zu besitzen, wenn sie jung sind (siehe Bild 8-3). Setzt man dies in Rechnung, dann befinden sich entfernte Galaxien in noch größerer Entfernung als man meint, wenn man sie als in ihren Eigenschaften konstante Entfernungsindikatoren behandelt. Folglich muß der sich ergebende Wert für den Beschleunigungsparameter korrigiert werden. Der Effekt wirkt sich so aus, daß der wahre Wert des Beschleunigungsparameters kleiner wird als der scheinbare. Als man anfing, die Korrekturen für die Helligkeitsänderungen von Galaxien zu diskutieren, schien es zunächst so, als sei das Weltall mit großer Wahrscheinlichkeit offen. Es gab sogar eine Periode, in der man glaubte, daß sich die Beobachtungen nur verstehen ließen, wenn q_0 negativ wäre. Ein solcher Wert würde bedeuten, daß sich die Expansion des Weltalls beschleunigt und nicht verlangsamt. Dieses Ergebnis ließe sich im Rahmen eines einfachen Urknall-Modells, wie wir es hier beschreiben, nicht verstehen, denn die Gravitationskraft muß in diesem Fall zu einer Abbremsung führen. Um ein solches Ergebnis zu erklären, müßte man eine zusätzliche abstoßende Kraft einführen, die zur Expansion des Weltalls führt.

Die Rolle von Zusammenstößen zwischen Galaxien

Erst vor kurzem hat man erkannt, daß es einen weiteren Faktor gibt, der die Helligkeit der massereichsten Galaxien in Galaxienhaufen beeinflussen könnte. Dieser Faktor würde zu einer Zunahme der Leuchtkraft mit der Zeit führen. Dabei handelt es sich um folgendes. Galaxien in Haufen bewegen sich in dem von den anderen Haufengalaxien erzeugten Gravitationsfeld auf dieselbe Weise, wie die Sterne innerhalb einer einzelnen Galaxie miteinander wechselwirken und wie es in Kapitel 4 beschrieben wurde. In Kapitel 4 wurde gesagt, daß Sterne nicht sehr häufig miteinander zusammenstoßen, solange sie sich nicht an bestimmten ausgezeichneten Stellen innerhalb einer Galaxie befinden. Insbesondere haben wir gesagt, daß die Sonne so lange kaum mit einem anderen Stern zusammenstoßen dürfte, wie die Milchstraße nicht erheblich älter geworden ist, als sie jetzt ist. Der Hauptgrund dafür war, daß die Abstände zwischen den Sternen erheblich größer als die Radien der Sterne sind. Das gilt für Galaxien in dieser Form nicht, insbesondere nicht für Galaxien in mitgliederstarken Haufen. In den Zentralbereichen solcher Haufen können bis zum heutigen Weltalter bereits zahlreiche Zusammenstöße zwischen Galaxien stattgefunden haben. Der Effekt müßte noch erheblich stärker sein, wenn die Galaxien massereiche Halos besäßen. Die für unsere gegenwärtige Diskussion wichtigste Auswirkung solcher Zusammenstöße besteht darin, daß sich die massereichste Galaxie im oder nahe dem Massenschwerpunkt des Haufens befinden und versuchen wird, kleinere Galaxien, die mit ihr zusammenstoßen, zu akkretieren und zu „verschlucken". Wir stehen also vor einer Situation, in der die massereichsten Galaxien eines Haufens im Laufe der Zeit immer massereicher und vermutlich auch immer leuchtkräftiger werden. Es besteht sogar die interessante Möglichkeit, daß das Gas, das offenbar in den zur Entstehung von Radiogalaxien führenden Explosionen eine wichtige Rolle spielt, nicht aus dem normalen Masseverlust der Sterne resultiert, sondern aus der Akkretion einer Galaxie – entweder direkt als Gas, oder infolge des Aufbrechens einiger ihrer Konstituenten auf Grund von starken Gezeitenkräften während des Stoßvorgangs.

Berechnungen zeigen, daß die Masse von Riesengalaxien im Laufe von 10^9 Jahren um einige Prozent zunehmen könnte, so daß es im Laufe des Lebens einer Galaxie zu einer erheblichen Massenzunahme käme. Welche Leuchtkraftzunahme damit verbunden wäre, läßt sich heute nicht mit Bestimmtheit angeben, und man kann nicht voraussagen, ob dieser Effekt ausreicht, um die Helligkeitsänderungen auszugleichen, die als Folge der zuvor beschriebenen Entwicklung der Galaxien eintreten. Es ist klar, daß es noch vieler theoretischer und empirischer Untersuchungen bedarf, bevor sich entscheiden läßt, ob die Leuchtkraft-Rotverschiebungs-Relation nützliche Hinweise für die Abgeschlossenheit oder Nichtabgeschlossenheit des Weltalls liefern kann.

Weitere Beobachtungshinweise zur Abgeschlossenheit des Weltalls

Da sich dieses Buch mit Galaxien und nicht mit Kosmologie befaßt, sollen weitere Argumente, die in diesem Zusammenhang von Bedeutung sind, hier nicht im Detail diskutiert werden. Der Vollständigkeit halber seien sie aber doch erwähnt. Dabei handelt es sich um zwei Sorten von Argumenten. Bei der ersten geht es darum, das Alter astronomischer Objekte mit der Zeit zu vergleichen, die seit dem Beginn des

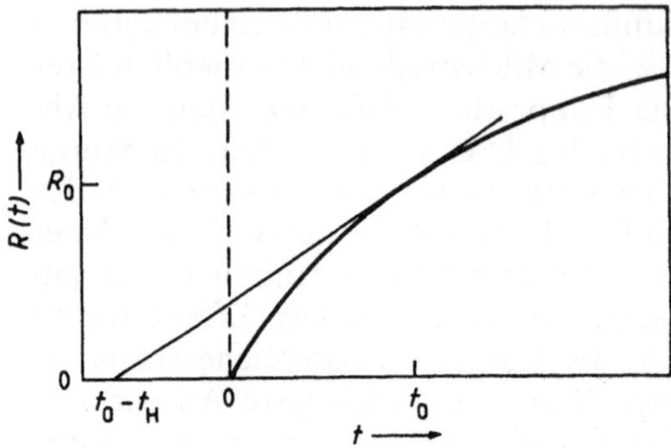

Bild 8-4
Der Zusammenhang zwischen dem Alter des Universums t_0 und der Hubble-Zeit t_H

Universums vergangen ist. Bei der zweiten geht es um die genaue Betrachtung der chemischen Zusammensetzung des Weltalls. Man kann aus Bild 8-1 oder besser noch aus Bild 8-4 ersehen, daß die seit dem Urknall verstrichene Zeit kleiner sein muß als die Hubble-Zeit, definiert durch

$$t_H = H^{-1}, \tag{8-5}$$

die aus der gegenwärtigen Expansionsrate des Weltalls abgeschätzt wird. Je offener das Weltall ist, desto näher liegt das Alter des Universums bei t_H. Wie wir gesehen haben, gilt als gegenwärtig bester Wert für $H \approx 50$ km s^{-1} Mpc^{-1}, aus dem $t_H \approx 20 \cdot 10^9$ Jahre folgt. Allerdings meinen einige Experten mit Nachdruck, daß H eher den Wert 75 km s^{-1} Mpc^{-1} hat, entsprechend $t_H \approx 13 \cdot 10^9$ Jahre. Das wirkliche Alter des Universums muß kleiner sein, und folglich müssen die ältesten bekannten Objekte ein geringeres Alter haben, als dieser Abschätzung entspricht, damit die Theorie konsistent bleibt. Im Prinzip kann man die tatsächlichen Alter dazu benutzen, um einen Grenzwert für q_0 anzugeben. Das Alter von Kugelsternhaufen wurde auf $15 \cdot 10^9$ Jahre abgeschätzt, und das Alter der schweren, radioaktiven Elemente in der Sonnenumgebung auf $11 \cdot 10^9$ Jahre. Die erste dieser beiden Zahlen gilt heute als zu groß, und ein gemittelter Wert von $12 \cdot 10^9$ Jahren für beide Altersabschätzungen dürfte eher akzeptabel sein, wobei jedoch Fehler von bis zu $4 \cdot 10^9$ Jahren in beiden Richtungen immer noch möglich sind.

Die zweite Betrachtung bezieht sich auf die Häufigkeiten von Helium und Deuterium ^{2}H im Weltall. Es wird angenommen, daß beide während der ersten Phasen eines heißen Urknall-Universums erzeugt worden sind. Die beobachtete ^{4}He-Häufigkeit und die abgeleitete ursprüngliche ^{2}H-Häufigkeit geben dann Aufschluß über die Dichte des Weltalls zu dem Zeitpunkt, als die Kernreaktionen abliefen, und damit über die Abge-

schlossenheit des Weltalls. Die Deuterium-Häufigkeit ist dabei der empfindlichste Indikator, zugleich aber auch empfindlicher gegenüber Änderungen im Laufe der galaktischen Entwicklung.
Gegenwärtig scheint es so, als ließen sich die Beobachtungen in ihrer Gesamtheit am leichtesten unter der Annahme verstehen, daß das Weltall offen ist. Die Situation ist jedoch noch nicht endgültig geklärt. Es muß betont werden, daß wir nicht wirklich *wissen*, ob wir in einem Universum leben, das aus einem Urknall hervorgegangen ist. Alle Feststellungen, die wir bisher getroffen haben, geschahen unter der Annahme, daß die Theorie eines heißen Urknalls zutrifft. *Das könnte falsch sein.* Insbesondere wenn sich aus zwei unabhängigen Beobachtungen oder theoretischen Diskussionen am Ende miteinander unverträgliche Werte für den Beschleunigungsparameter ergeben sollten, müßte man folgern, daß die kosmologische Standardtheorie mit einem heißen Urknall falsch ist. Als Beispiel sei erwähnt, daß dieses Standardmodell den Zusammenhang

$$\Omega_0 = 2q_0 \qquad (8\text{-}6)$$

voraussagt, wobei Ω_0 den Quotienten aus der mittleren Materiedichte und derjenigen Dichte beschreibt, die nötig wäre, um das Weltall zu schließen. Das zeigt, daß die mittlere Materiedichte, die möglicherweise auch in unserer Umgebung bestimmt werden kann, als kosmologischer Parameter angesehen werden muß.

Die Entstehung und Anfangsentwicklung von Galaxien

Nach dieser etwas offen bleibenden Diskussion darüber, wie die Beobachtung von Galaxien uns Aufschluß geben kann über die Entwicklung des Weltalls in Vergangenheit und Zukunft, kehren wir zu der ersten Fragestellung zurück, die in diesem Kapitel angesprochen wurde, nämlich zur Frage nach der Entstehung und Anfangsentwicklung von Galaxien. Wir wollen zuerst eine Frage stellen, die die Beobachtungen betrifft. Gibt es irgendeine Möglichkeit, daß wir weit genug in die Vergangenheit zurückschauen können, so daß wir neu sich bildende Galaxien beobachten könnten, und besteht vielleicht sogar die Möglichkeit, daß Galaxien auch heute noch entstehen? Die entferntesten Objekte, die bis heute beobachtet wurden, sind die Quasare, die häufig Rotverschiebungen zwischen $z = 2$ und $z = 4$ aufweisen, wobei z definiert ist als

$$\frac{\delta\lambda}{\lambda} = z \qquad (8\text{-}7)$$

und $\delta\lambda$ die Verschiebung der Wellenlänge einer Spektrallinie beschreibt, deren Laborwellenlänge λ ist. Dies setzt voraus, daß die Quasar-Rotverschiebungen auf den Doppler-Effekt zurückgehen und ein Entfernungsmaß sind. Die Epoche, in der die Galaxien entstanden, *könnte* dieselbe sein, in der die Zahl der Quasare besonders groß war – und einige Wissenschaftler meinen, daß Quasare nichts anderes als die extrem hellen Kerne neu entstehender Galaxien seien. Ein Quasar erscheint als punktförmige Lichtquelle, und mit Sicherheit kommt der größte Teil der Emission aus einem Bereich, der erheblich kleiner als eine normale Galaxie ist. Er könnte jedoch trotzdem von einem schwachen Halo von der Größe einer Galaxie umgeben sein, ohne daß dieser nachweisbar wäre.

Rotverschiebungen als Zeitmaß

Im Rahmen der Urknall-Theorie ist die Rotverschiebung einer entfernten Galaxie oder eines Quasars unmittelbar mit der Entfernung des Objekts von uns korreliert, wobei die Umwandlung der Rotverschiebung in eine Entfernung allerdings die Kenntnis des Beschleunigungsparameters voraussetzt[20]. Zusätzlich beobachten wir die entfernten Objekte in einem weit in der Vergangenheit zurückliegenden Zustand, und der Zeitpunkt in der Entwicklung des Weltalls, in dem man sie beobachtet, ist ebenfalls mit der Rotverschiebung korreliert. Wegen dieser Zusammenhänge kann z als Maß für die Zeit verwendet werden, die in der Entwicklung des Weltalls verstrichen ist. So wissen wir beispielsweise, daß bei einer Rotverschiebung $z = 3$ Quasare eine besondere Rolle spielen, und wir können fragen, ob die wichtigste Zeitspanne für die Galaxienentstehung bei höheren oder niedrigeren z auftrat. Der Vorteil, der in der Verwendung von z als Zeitmaß liegt, ist die direkte Beobachtbarkeit. Es kann natürlich nur dann in eine echte Zeitmessung übersetzt werden, wenn q_0 bekannt ist. Im folgenden werden wir z in diesem Sinne verwenden.

Wir kehren jetzt zu der Frage zurück, wann Galaxien entstanden. Lassen wir im Augenblick die Möglichkeit einmal beiseite, daß ein enger Zusammenhang zwischen Galaxien und Quasaren bestehen könnte. Wodurch können wir dann die Epoche der Galaxienentstehung eingrenzen? Wir nehmen an, daß Galaxien als Kondensationen aus dem prägalaktischen Medium unter dem Einfluß der Schwerkraft entstehen. Wenn das so ist, dann haben sie heute sicher eine geringere Ausdehnung als zu Beginn des Entstehungsprozesses. Das bedeutet, daß die Epoche der

---

20) Es gibt noch nicht einmal eine wirklich eindeutige Definition der Entfernung.

Galaxienentstehung, worunter wir die Phase des schnellen Kollapses von einer Protogalaxie zu einem als Galaxie erkennbaren Gebilde verstehen, zeitlich hinter der Epoche liegen muß, in der die mittlere Dichte des Weltalls gleich der heutigen mittleren Materiedichte in Galaxien war. Dieser Dichtewert hängt davon ab, ob eine typische Galaxie einen massereichen Halo besitzt oder nicht. Maximal ist die mittlere Materiedichte in Galaxien um einen Faktor der Größenordnung 10^6 größer als die heutige mittlere Dichte im Weltall. Im Fall größerer Galaxien, massereicher Halos und falls es erhebliche Mengen intergalaktischer Materie gibt, könnte sich dieser Faktor auf 10^4 reduzieren. Da sich die Materiedichte im Weltall im Rahmen der Urknall-Theorie gemäß dem Gesetz

$$\rho \sim (1+z)^3, \tag{8-8}$$

mit der Rotverschiebung ändert, impliziert dies, daß die Epoche der Galaxienentstehung nicht früher gelegen haben kann, als es einer Rotverschiebung z zwischen 20 und 100 entspricht.

Diese gerade angegebenen Rotverschiebungswerte sind erheblich größer als die bei Quasaren beobachteten, aber es gibt auch andere Argumente, die nahelegen, daß die Galaxienentstehung tatsächlich erheblich später stattfand als in der gerade erwähnten frühestmöglichen Epoche. Das erste Argument ist sehr einfach. Wenn eine Protogalaxie (oder ein Protostern) unter dem Einfluß der Schwerkraft kollabiert, dann kann sie (er) nur dann bei verkleinertem Radius einen Gleichgewichtszustand erreichen, wenn Energie verlorengeht. Bliebe die Gesamtenergie erhalten, dann käme es zu einer Re-Expansion zur ursprünglichen Größe. Das in Anhang 3 diskutierte Virial-Theorem sagt uns, daß die Gesamtenergie eines unter dem Einfluß der Eigengravitation stehenden Systems im Falle des Gleichgewichts negativ und gleich der halben potentiellen Energie ist. Für ein sphärisches System muß dann der Radius der endgültigen Gleichgewichtskonfiguration kleiner oder gleich dem halben Radius sein, den die ursprüngliche Kondensation hatte, als sie gerade im Begriff war, zu kollabieren. Wenn wir mit r_a und r_e den anfänglichen bzw. den endgültigen Radius bezeichnen, dann hat die ursprüngliche Energie den Wert $-\alpha GM^2/r_a$, wobei α eine Konstante der Größenordnung Eins ist, und die Endenergie den Wert $-\alpha GM^2/2r_e$ (die Hälfte der Gravitationsenergie im Endzustand). Da Energie verlorengegangen sein muß, folgt $r_e \leqslant r_a/2$. Daraus aber ergibt sich, daß die Galaxienentstehung zu einem Zeitpunkt begonnen haben muß, zu dem die mittlere Dichte kleiner als ein achtel der heutigen mittleren Dichte in Galaxien war. Dadurch reduziert sich der zur Epoche der Galaxienentstehung gehörende z-Wert um rund einen Faktor 2.

Die anderen Punkte sind etwas komplizierter. Galaxien konnten nur dort entstehen, wo es Dichteschwankungen gab, also in solchen Gebieten im Weltall, in denen die Dichte größer als die mittlere Dichte war. Da man diese erhöhte Dichte mit der heutigen Dichte in Galaxien gemäß der gerade durchgeführten Überlegung vergleichen muß, verschiebt sich die Epoche der Galaxienentstehung zu etwas späteren Zeiten hin, d.h. z wird noch einmal reduziert. Wenn die Protogalaxie schneller kollabieren soll, als das Weltall expandiert, so daß die Periode der Galaxienentstehung nicht zu lang wird, dann muß die Dichteüberhöhung ganz beträchtlich sein (vermutlich um eine Größenordnung). Mit diesen Annahmen kann die Epoche der Galaxienentstehung kaum früher als bei $z = 10$ gelegen haben, aber wohl auch kaum später. Danach scheint es überhaupt nicht ausgeschlossen, daß Quasare und sich bildende Galaxien miteinander zusammenhängen und daß wir Galaxien im Entstehungsprozeß beobachten können. Um den Zusammenhang zwischen der Rotverschiebung und der Zeit etwas expliziter anzugeben, sei erwähnt, daß in einem gerade geschlossenen Weltall die Rotverschiebung $z = 10$ einer Zeit von rund $4 \cdot 10^8$ Jahren nach dem Urknall entspricht, wobei der genaue Wert von H abhängt.

Es gibt noch eine Reihe tiefergehender Überlegungen, die den Rahmen dieses Buches sprengen würden, denen jedoch entscheidende Bedeutung zukommt. Wir haben bereits gesagt, daß die endgültige Größe einer Galaxie davon abhängt, wieviel Energie während des Entstehungsprozesses dissipiert wird. Dieser Energieverlustprozeß muß quantitativ untersucht werden, bevor sich die tatsächlichen Größen und Massen von Galaxien verstehen lassen. Wir sollten einige Anmerkungen zum *Mechanismus* der Galaxienentstehung machen. Wie kam es zu den Dichtefluktuationen, aus denen die Protogalaxien hervorgingen, wenn das Weltall in den Anfangsphasen völlig homogen war? An dieser Stelle muß man zugeben, daß es bis heute kein völlig überzeugendes Modell für die Galaxienentstehung gibt. Kleine statistische Schwankungen in einem ansonsten homogenen expandierenden Universum scheinen nicht rasch genug anwachsen zu können, um zum richtigen Zeitpunkt zur Galaxienentstehung zu führen. Vielleicht muß man annehmen, daß es bereits in den frühesten Epochen ein Spektrum von Dichtefluktuationen im Weltall gab. Manche Astrophysiker sehen in einer solchen Annahme allerdings den Verzicht, das Problem wirklich zu lösen. Nimmt man an, daß es ursprünglich ein Spektrum solcher Dichtefluktuationen gab, dann braucht man nur noch zu erklären, warum diejenigen auf der Skala von Galaxien überlebten und Galaxien bildeten, während alle Fluktuationen auf anderen Skalen verschwanden. Dieser Ansatz hat sich bisher als fruchtbarer erwiesen, wobei man natürlich erkennt, daß die

Galaxienmassen in einem weiten Bereich streuen (siehe Kapitel 3), so daß man keine sehr scharfe Trennlinie zwischen denjenigen Fluktuationen, die überleben, und denjenigen, die verschwinden, verlangen muß.

Der Ursprung der Gestalt der Galaxien

Wenn wir davon ausgehen, daß Protogalaxien entstehen und zu Galaxien kollabieren, dann müssen wir erklären, warum einige Galaxien (S, S0, SB und Irr I) stark abgeplattet sind, und andere (E-Galaxien) nur wenig. Hier sollte allerdings wieder die Bemerkung eingeflochten werden, daß die wirklichen Unterschiede im Fall der Existenz massereicher Halos nicht so groß wären wie die scheinbaren Unterschiede. Wir sollten auch anmerken, daß Photographien sehr hoher Auflösung kürzlich zur Entdeckung von Spiralstrukturen in einigen Galaxien geführt haben, die zuvor als elliptische Systeme galten. Eine offensichtliche Erklärung für die Abplattung von Galaxien ist die, daß hochgradig abgeplattete Systeme rasch rotieren und daß elliptische Systeme erheblich langsamer rotieren. Wir wissen, daß dies eine gute Erklärung für die Struktur der Scheibe unseres Milchstraßensystems ist, daß sie als allgemeine Erklärung aber nicht so tragfähig ist, wie es auf den ersten Blick scheinen will.

Wenn eine rotierende Protogalaxie kontrahiert und der Drehimpuls dabei erhalten bleibt, was sicher der Fall sein wird, wenn nicht Einflüsse wie z.B. der eines prägalaktischen Magnetfeldes die Protogalaxie mit ihrer Umgebung verbinden, dann muß sie notwendigerweise rascher rotieren und zunehmend abgeplattet werden. Betrachten wir den Kollaps einer sphärisch symmetrischen Wolke und nehmen wir zunächst an, daß sie während des Schrumpfens sphärisch bleibt. Wenn ω_0 und r_0 ihre anfängliche Winkelgeschwindigkeit und ihren anfänglichen Radius beschreiben und ω und r deren spätere Werte, dann folgt aus der Konstanz des Drehimpulses

$$\omega r^2 = \omega_0 r_0^2. \tag{8-9}$$

Die in Richtung zum Zentrum der Wolke wirkende Schwerkraft pro Masseneinheit ist GM/r^2, wobei M die Masse der Wolke bezeichnet. Ein Volumenelement der Wolke, das sich am Äquator befindet, würde sich in einer Kreisbahn um das Zentrum bewegen, wenn das Gravitationsfeld oder die Kraft pro Masseneinheit $M\omega^2 r$ wäre. Wenn die Wolke nun sphärisch symmetrisch kontrahiert, dann wird das Gravitationsfeld kleiner als das nach Gl. (8-9) berechnete $M\omega^2 r$, und als Folge davon bewegen sich die Teile der Wolke, die sich am oder in der Nähe des Äquators befinden, langsamer zur Achse hin als sie dies im Falle eines

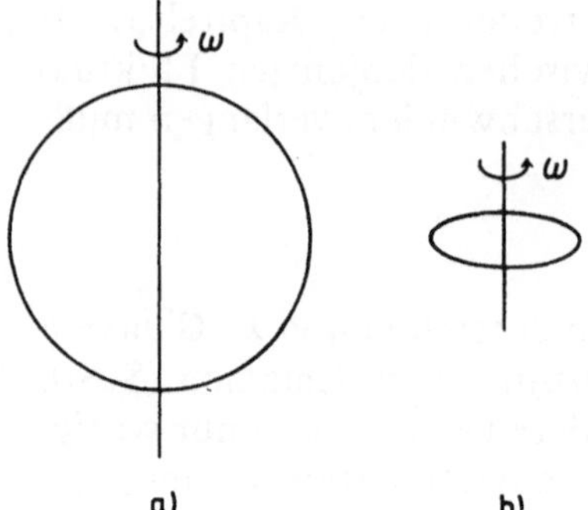

Bild 8-5
Die Abplattung einer rotierenden, sich zusammenziehenden Wolke

sphärischen Kollapses täten, so daß die Wolke abgeflacht wird. Dies ist in Bild 8-5 skizziert.

Diese Abplattung reicht jedoch nicht aus, um sicherzustellen, daß sich eine abgeplattete Galaxie bildet. Die kollabierende Protogalaxie besitzt genügend Energie, um auf ihren ursprünglichen Radius zurückzuexpandieren, wenn nicht im Zustand starker Kontraktion Energie dissipiert wird. Wir haben bereits erläutert, daß Dissipation in jedem Fall nötig ist, damit sich überhaupt ein gebundenes System bilden kann, und daß der Durchmesser der fertigen Galaxie weniger als die Hälfte des Durchmessers der ursprünglichen Wolke betragen muß. Bei dieser Ausdehnung würde aus einer zunächst sphärisch symmetrischen Wolke kein hochgradig abgeflachtes System entstehen. Ob die Dissipation ausreicht, um eine stark abgeplattete Galaxie zu erzeugen, hängt davon ab, welcher Bruchteil des Systems noch als diffuses Gas existiert, wenn die Abplattung wirksam wird. Wenn ein erheblicher Teil des Systems noch gasförmig ist, dann sorgen Stöße zwischen den Gasteilchen dafür, daß Atome angeregt werden und anschließend Energie abstrahlen, die aus dem System entweicht. Diese Form der Energiedissipation könnte leicht ausreichen, um die Re-Expansion der Scheibe zu verhindern. Wenn sich ein Großteil der Masse einer Galaxie bereits in der Form von Proto-Sternhaufen oder Protosternen befindet, die relativ dicht sind, dann ist die Wahrscheinlichkeit für Stöße erheblich kleiner. Folglich gibt es weniger Dissipation, und das System wird zu einem Radius zurückexpandieren, der nicht erheblich kleiner ist als sein ursprünglicher Radius.

Wir müssen daher in Erwägung ziehen, daß elliptische Galaxien deshalb nicht stark abgeflacht sind, weil der ursprüngliche Sternenstehungsprozeß bei ihnen viel effizienter als in Spiralgalaxien verlief und nicht, weil sie anfänglich langsamer rotierten. Im Fall eines abgeflachten

Systems wie unserem eigenen nimmt man an, daß die Kugelsternhaufen zum Zeitpunkt des ursprünglichen Kollapses bereits hinreichend weit auskondensiert waren, so daß sie weiterhin ein Volumen ausfüllen konnten, das viel größer als die Scheibe ist. Das kann die Unterschiede zwischen Spiralgalaxien und elliptischen Galaxien jedoch nicht vollständig erklären; das Problem wird lediglich verschoben. Wir müssen jetzt versuchen festzustellen, welche Eigenschaften der protogalaktischen Wolken sicherstellen, daß diese fragmentieren und mit hoher Effektivität Sterne bilden. Wenn wir diese Frage beantworten, dann könnte sich dabei herausstellen, daß die Rotation doch eine Schlüsselrolle hinsichtlich der Unterschiede zwischen elliptischen und Spiralgalaxien spielt. Es ist möglich, daß eine langsame Rotation der entscheidende Faktor für eine rasche Fragmentation ist, was aber noch nicht sicher bewiesen ist. Die beobachteten Galaxienmassen geben zumindest einen schwachen Hinweis, daß auch die Masse eine Rolle spielen könnte.

Endstadien der Galaxienentwicklung

Wir haben in diesem Kapitel in sehr schematischer Weise die Entstehung und in Kapitel 7 die Entwicklung von Galaxien behandelt. Dabei ging es insbesondere um die Entwicklung unserer eigenen Galaxie bis in die jüngste Entwicklungsgeschichte hinein. Ein Thema, das wir bisher noch nicht berührt haben, ist die Frage nach der endgültigen Struktur einer Galaxie. Die Antwort hierauf hängt wiederum von kosmologischen Überlegungen ab. Wenn das Weltall offen oder nur gerade eben abgeschlossen ist, und das scheint gegenwärtig sehr wahrscheinlich, dann kann die galaktische Entwicklung bis zu einem natürlichen Endpunkt verlaufen. Wenn das Weltall dagegen hochgradig geschlossen ist, wird die Expansion schließlich stoppen und es wird sich wieder auf einen Punkt zusammenziehen. In diesem Fall könnte es sein, daß diese Singularität erreicht wird, bevor die Galaxien ihre normale Entwicklung abgeschlossen haben. Sollte das passieren, dann käme es zu einigen bemerkenswerten Effekten, die wir in Kürze knapp beschreiben werden.

Endphasen der Entwicklung in einem offenen Weltall

Wir wollen zuerst den Fall des offenen Weltalls betrachten. Die massenärmsten Sterne in einer Galaxie haben Massen von ungefähr 0,1 $M_\odot$ und (Hauptreihen-)Leuchtkräfte von rund $10^{-3}\,L_\odot$; ihre Lebenserwartung ist deshalb etwa 100 mal länger als die der Sonne, sie liegt zwischen 10^{12} und 10^{13} Jahren. Es gibt deshalb eine Zeitspanne etwa dieser Größenordnung, in der Galaxien noch einige normale helle Sterne ent-

halten, aber schließlich sinkt ihre Helligkeit bis zur Bedeutungslosigkeit. Wenn das eingetreten ist, steckt der größte Teil der Masse der Galaxien in toten stellaren Überresten, Schwarzen Zwergen, Neutronensternen und Schwarzen Löchern. Zu diesem Zeitpunkt der galaktischen Entwicklung haben Sterne der Sonnenumgebung in unserer Milchstraße und an vergleichbaren Orten in anderen Galaxien nach unseren Stoßzeitabschätzungen (Kapitel 4) noch nicht viele Zusammenstöße mit anderen Sternen erlebt. Die *dynamischen* Eigenschaften der größten Teile der Galaxien sind deshalb noch unverändert. Das trifft jedoch nicht auf Sternhaufen und die dichten Zentralbereiche der Galaxien zu. Die Sternhaufen werden sich weitgehend aufgelöst haben, vielleicht unter Zurücklassen eines relativ massereichen Schwarzen Lochs, das all die Sterne enthält, die es nicht geschafft haben, zu entweichen. Ferner wird es zu zahlreichen Sternkollisionen in den galaktischen Kernbereichen gekommen sein, die ebenfalls zur Entstehung massereicher Schwarzer Löcher führen. Auch das „Verschlucken" von Galaxien in mitgliederstarken Galaxienhaufen, das wir zuvor in diesem Kapitel beschrieben haben, dürfte vermutlich zum Abschluß gekommen sein.
In den dann übrigbleibenden Galaxien folgt nun eine lange Periode, in der die Zusammenstöße zwischen Sternen langsam innerhalb des gesamten Systems wichtig werden. Sie werden dazu führen, daß einige tote Sterne in den sich ständig ausdehnenden intergalaktischen Raum entweichen, während zugleich andere zu immer massereicheren Schwarzen Löchern verschmelzen. Selbst in diesem Stadium wird die Galaxie nicht völlig tot sein. So kann z.B. der Zusammenstoß zweier Sterne zu einem Helligkeitsausbruch führen, und Sterne, die sich einem massereichen Schwarzen Loch nähern, können durch Gezeitenkräfte auseinandergerissen werden. Diese Materie könnte sich dann in einer Scheibe um das Schwarze Loch herum ansammeln und weitere Materie, die auf diese Scheibe einregnet, könnte auf die gleiche Weise Röntgenstrahlen emittieren, wie dies bei einigen Röntgenquellen in der Milchstraße vermutet wird, die heute mit Schwarzen Löchern assoziiert sein dürften. Obgleich das Weltall also nicht völlig schwarz wäre, wäre es doch sehr dunkel.

Endphasen der Entwicklung in einem geschlossenen Weltall

Jetzt wollen wir die Kontraktionsphase eines stark abgeschlossenen Weltalls betrachten. Wenn wir von den thermischen Eigenschaften der Sterne absehen, dann müssen wir erwarten, daß in der Phase, in der die Galaxien sich einander wieder annähern und ihre Abstände voneinander ihren Radien vergleichbar werden, Stöße zwischen den Galaxien eine große Rolle spielen und daß dabei Sterne leicht aus den einen Galaxien

hinausgeworfen und von anderen wieder eingefangen werden. Tatsächlich wird sich ein Zustand einstellen, in dem es keine Galaxien mehr gibt und das Weltall nur aus Sternen besteht, von denen viele nach unserer Annahme noch hell leuchten sollen. Wenn wir die thermischen Eigenschaften immer noch außer acht lassen, können wir erwarten, daß dieses Weltall voller Sterne so lange existiert, bis die Abstände zwischen den Sternen ihren Radien vergleichbar werden, so daß die mittlere Dichte des Weltalls etwa 10^3 kg m^{-3} betrüge. Danach hören die einzelnen Sterne auf zu existieren.
Diese Diskussion ist jedoch völlig irreführend, denn die thermischen Eigenschaften sind von entscheidender Bedeutung. Während der Kontraktionsphase wird das Licht entfernter Objekte nicht rot- sondern blau-verschoben, d.h. daß das Strahlungsfeld eine viel höhere Intensität erreicht als man auf Grund einer einfachen Abschätzung erwartet. Die Strahlungsdichte wird, lange bevor die Sterne sich so wie im vorstehenden Absatz beschrieben einander genähert haben, so groß, daß die Oberflächen der Sterne auf Temperaturen aufgeheizt werden, wie sie sonst nur im Sterninnern vorkommen. Das bedeutet, daß die Sterne in diesem Stadium zerstört würden. Man beachte, daß nicht nur die gegenwärtig von den Sternen emittierte Strahlung blau-verschoben würde, sondern auch alle zuvor emittierte Strahlung, soweit sie nicht vorher absorbiert wurde, sowie die vom Urknall zurückgebliebene Hintergrundstrahlung.

Zusammenfassung

Der Ursprung und die frühen Phasen der Entwicklung von Galaxien lassen sich nicht behandeln, ohne zugleich kosmologische Überlegungen anzustellen. Beobachtungen, die nichts mit Galaxien zu tun haben, legen nahe, daß ein vom Urknall ausgehendes kosmologisches Modell, die großräumige Struktur und Entwicklung des Weltalls in erster Näherung gut zu beschreiben mag. Es ist deshalb vernünftig, zu überlegen, auf welche Weise Beobachtungen an entfernten Galaxien weiteren Aufschluß über die Richtigkeit dieses Modells geben können, wieweit sie geeignet sind, den freien Parameter des Modells zu bestimmen und schließlich den Versuch zu machen, zu verstehen, wie und wann Galaxien in einem mit einem Urknall beginnenden Universum entstanden sind. Die Diskussion des ersten dieser Punkte zeigt, daß es zur Zeit nicht leicht zu verhindern ist, daß die Schlüsse „im Kreis laufen". Wenn die Leuchtkraft der Galaxien sich nicht im Laufe der Zeit änderte, dann ließe sich aus der Beobachtung der scheinbaren Leuchtkraft entfernter Galaxien der Beschleunigungsparameter oder – als Äquivalent – die mittlere Dichte des Weltalls bestimmen. Es gibt jedoch gute Gründe anzunehmen, daß sich die Leuchtkraft der Galaxien ändert, und es wird vermutlich noch einige Zeit dauern, bis klar wird, ob die Beobachtungen mehr über den Beschleunigungsparameter oder mehr über die frühen Phasen der Galaxienentwicklung aussagen.

Wir konnten in diesem Buch die Entstehung von Galaxien nicht im Detail behandeln. Es ließen sich jedoch drei allgemeine Feststellungen treffen. Die erste ist, daß es immer noch schwierig ist, im Rahmen des einfachsten Urknall-Modells zu verstehen, wie es überhaupt zur Entstehung von Galaxien kommen konnte. Als zweites haben wir festgestellt, daß die Hauptepoche der Galaxienentstehung möglicherweise nicht weiter in der Vergangenheit zurückliegt, als wir bei der Beobachtung der entferntesten Quasare zurückblicken, so daß Galaxien im Entstehungsprozeß entdeckt werden könnten. Die dritte Feststellung ist, daß für die Frage, ob eine Galaxie abgeplattet ist oder nicht, die Zeitspanne, in der die Sternentstehung in der Protogalaxie vonstatten geht, noch wichtiger sein könnte als die Rotation, obgleich diese sicher über den Grad der Abplattung mitentscheidet.

Die Endphasen der Galaxienentwicklung sind ebenfalls mit der Kosmologie verknüpft, denn ihr Verlauf hängt davon ab, ob das Weltall nach der gegenwärtigen Expansion sich wieder zusammenzieht oder nicht. Wenn, was heute als sehr wahrscheinlich gilt, keine Kontraktion einsetzt, dann werden die Galaxien schließlich zu nicht leuchtenden Objekten werden, in denen alle Masse in Schwarzen Löchern oder toten Sternen niedriger Masse steckt. Wenn es dagegen eine Kontraktionsphase gibt, dann werden die Galaxien miteinander kollidieren, ihre Identität verlieren und einer intensiven blau-verschobenen Strahlung von anderen Galaxien (sowie der kosmischen Hintergrundstrahlung) ausgesetzt sein, bevor sie ihre normale Entwicklung abschließen.

Kapitel 9
Abschließende Bemerkungen

Wir haben in diesem Buch versucht, die Überlegungen darzustellen, die die Grundlage für ein Verstehen der Struktur und Entwicklung von Galaxien bilden. Dabei haben wir keinen besonderen Wert auf exakte Zahlenangaben für die verschiedenen Kenngrößen von Galaxien gelegt. Es sollte deutlich geworden sein, daß ein Grund für diese Vorgehensweise darin besteht, daß viele der Detaildaten immer noch unsicher sind. Es sollte aber auch deutlich geworden sein, daß sich dieses Gebiet in einer raschen Entwicklung befindet. In diesem Kapitel sollen einzelne Teilaspekte der Thematik, die besonders kontrovers sind, oder bei denen ein besonders rascher Fortschritt erwartet wird, noch einmal beleuchtet werden.

Galaxien-Massen

Eine Problematik, die das ganze Buch berührt, resultiert aus der Tatsache, daß die Massen und die tatsächliche Ausdehnung der Galaxien sehr unsicher sind. Praktisch müssen alle Massenabschätzungen für Galaxien als untere Grenzen betrachtet werden, und große Massen könnten in ausgedehnten Halos niedriger Dichte verborgen sein. Eine Klärung dieser Frage wäre sowohl im Hinblick auf die Eigenschaften der Galaxien selbst als auch im Hinblick darauf wichtig, wieweit größere Galaxienmassen das Virial-Massen-Problem in Galaxienhaufen lösen und zur Gesamtmassendichte im Weltall beitragen könnten. Unabhängig davon, ob Galaxien tatsächlich solche massereichen Halos besitzen oder nicht, gibt es wachsende Evidenz dafür, daß viele Galaxien zumindest etwas massereicher sind, als in der Vergangenheit angenommen wurde. Eine Beobachtung, die das unterstützt, folgt aus der Messung der Rotationskurven von Spiralgalaxien bis zu großen Abständen von deren Zentren durch die Untersuchung des neutralen Wasserstoffs. Die Rotationsgeschwindigkeiten zeigen keine starke Tendenz, sich dem Kepler-Gesetz $v_{\mathrm{circ}} \sim \varpi^{-1/2}$ anzunähern. Das Kepler-Gesetz müßte gelten, wenn sich praktisch die gesamte Masse der Galaxie innerhalb des Radius befände, bei dem man gerade mißt. Da die Geschwindigkeitswerte deutlich über der Keplerschen Rotationskurve bleiben, muß sich ein wesentlicher Teil der Masse in großen Entfernungen von den Zentren der Galaxien befinden.

Die Größe und Masse der Milchstraße

Die gerade erwähnten Unsicherheiten gelten auch im Falle unserer eigenen Galaxie. Zwar haben wir die gegenwärtig akzeptierten Werte für die Entfernung R_0 des galaktischen Zentrums vom lokalen Bezugssystem, für die lokale Umlaufgeschwindigkeit $v_{\phi 0}$ und die Oortschen Konstanten A und B angegeben, jedoch hat die Diskussion, wie diese bestimmt werden, gezeigt, daß diese Werte nicht als exakt angesehen werden sollten. Die meisten Wissenschaftler, die sich mit diesen Fragen beschäftigen, werden wohl hoffen, daß die Zahlen auf 10 % genau sind, sie könnten jedoch auch um 20 % oder mehr falsch sein. Sollten diese fundamentalen Parameter des Milchstraßensystems revidiert werden müssen, dann wäre eine der Folgen eine Änderung der Massenabschätzung für das Milchstraßensystem innerhalb des Radius R_0. Ob die Milchstraße einen massereichen Halo besitzt oder nicht, ist ebenfalls unsicher, obgleich wir festgestellt haben, daß die Suche nach einem aus normalen, leuchtenden Sternen bestehenden Halo negativ verlaufen ist. Ein Halo, der fast ausschließlich aus toten Sternen bestünde, wäre erheblich schwerer nachzuweisen.

Galaxienhaufen

Ein Thema, bei dem es in naher Zukunft zu neuen Entdeckungen kommen dürfte, sind die Galaxienhaufen. Die Beobachtung entfernter Galaxienhaufen ist heute viel leichter möglich als in der Vergangenheit. Die großen Teleskope erhalten Zusatzgeräte, die es erlauben, auch erheblich schwächere Galaxien noch nachzuweisen, und mit neuen Meßmaschinen läßt sich die Position und scheinbare Leuchtkraft für Millionen von Galaxien bestimmen. Dadurch werden genauere statistische Untersuchungen über das Gruppierungsverhalten von Galaxien und über die großräumige Isotropie der Verteilung schwacher Galaxien möglich. Benutzt man eines der kosmologischen Standardmodelle, in denen eine große Rotverschiebung einem Zeitpunkt in ferner Vergangenheit entspricht, dann hat man die Möglichkeit, weit entfernte und folglich junge Haufen zu untersuchen, wobei das Ziel ist, deren Eigenschaften mit denen naher, alter Haufen zu vergleichen. Statistische Untersuchungen über die Bedeutung der Haufenbildung könnten helfen zu klären, ob die Virial-Massen-Diskrepanz wirklich bedeutungsvoll ist und ob dies dann das Vorhandensein großer Mengen intergalaktischen Materials erfordert. Einige der Probleme, die bei der Entwicklung von Galaxienhaufen auftreten, lassen sich mit Hilfe großer Rechner theoretisch untersuchen. Man kann die dynamische Entwicklung eines Haufens mit mehreren hundert Galaxien, die sich unter dem Einfluß ihrer

Eigengravitation bewegen, studieren. Dabei läßt sich auch intergalaktische Materie in den Rechnungen berücksichtigen. Die Tendenz der größten Galaxien, sich in der Nähe des Haufenzentrums zu sammeln, kann man mit den Beobachtungen vergleichen. Neuere Rechnungen dieser Art haben ergeben, daß zumindest in einigen Haufen große Mengen intergalaktischer Materie enthalten sein sollten.

Kosmologische Probleme

Obgleich man die gegenwärtige Struktur einer Galaxie wie unserer eigenen diskutieren kann, ohne sich viele Gedanken über kosmologische Probleme zu machen, läßt sich weder die Entstehung noch die Entwicklung von Galaxien ohne solche kosmologischen Überlegungen behandeln. Der Wert der Hubble-Konstanten ist wichtig, weil aus ihm eine kritische Massendichte folgt, bei der das Weltall gerade geschlossen wäre, und weil er eine ungefähre Vorstellung von der Zeit gibt, die seit dem Urknall vergangen ist, wenn ein kosmologisches Modell dieser Art richtig ist. Diese Zeit läßt sich jedoch nur dann genau bestimmen, wenn der Wert des Beschleunigungsparameters festgelegt werden kann, der mit der tatsächlichen mittleren Massendichte im Weltall zusammenhängt. Obgleich die Hubble-Konstante wohl immer noch eine Unsicherheit von 50 % aufweist, hat es doch kürzlich eine Umkehr in der bisherigen Tendenz gegeben, derzufolge jede Neubestimmung zu einer Verringerung des Wertes geführt hatte. Das legt nahe, daß die gegenwärtig benutzten Werte in der Nähe des wahren Wertes liegen dürften, und es gibt keinen Grund, warum man sich nicht schon bald auf einen zuverlässigen Wert sollte einigen können.

Es ist schwierig, ganz so zuversichtlich hinsichtlich einer direkten Messung des Wertes des Beschleunigungsparameters zu sein, denn es dürfte auch in Zukunft schwierig bleiben, zuverlässige Entfernungsindikatoren für große Abstände zu finden. Der Beschleunigungsparameter (bzw. die dazu äquivalente mittlere Materiedichte im Weltall) sowie die Zeit, die seit dem Urknall vergangen ist, lassen sich möglicherweise besser durch indirekte Methoden bestimmen. Solche indirekten Methoden beruhen z.B. auf einem Vergleich der beobachteten, mit der theoretisch vorhergesagten chemischen Zusammensetzung der Galaxien, insbesondere bezüglich der leichten Elemente und der Isotope.

Die Entstehung der Galaxien

Ein Thema, das gegenwärtig großes Interesse findet, ist die Entstehung und frühe Entwicklung von Galaxien. Diese Frage läßt sich nur unter Verwendung eines bestimmten kosmologischen Modells behandeln.

Im Rahmen des Standardmodells besteht immer noch ein Problem hinsichtlich des Ursprungs der Dichtefluktuationen und wie aus diesen in der zur Verfügung stehenden Zeit Galaxien werden, sofern das Weltall anfänglich völlig homogen war. Es könnte sich tatsächlich als nötig erweisen, von einem Spektrum anfänglicher Dichtefluktuationen im Universum auszugehen. Fortschritt wurde vor kurzem in der Frage erzielt, wie die Massen der Galaxien mit den Massen derjenigen Dichtefluktuationen zusammenhängen, aus denen im Prinzip Galaxien entstehen könnten. Ob aus einer solchen Dichtefluktuation tatsächlich eine Galaxie entsteht und wie schnell das geht, hängt von ihren thermischen Eigenschaften ab; je effektiver eine protogalaktische Wolke abkühlen kann, desto größer ist die Chance, das die Schwerkraft einen Kollaps verursacht. Kürzlich ist vorgeschlagen worden, daß einige Protogalaxien statt einer Zeitspanne von weniger als 10^9 Jahren, die man gewöhnlich für die Galaxienentstehung ansetzt, einen Zeitraum für diese Entwicklung benötigen, der dem gegenwärtigen Weltalter vergleichbar ist. In diesem Fall könnte es sich lohnen, selbst bei kleinen Rotverschiebungen nach neu entstehenden Galaxien zu suchen.

Der Ursprung der Gestalt von Galaxien

Noch immer ist unverstanden, warum einige Galaxien zur Spiralgalaxien und andere zu elliptischen Galaxien werden. Es wurde mehrfach in diesem Buch betont, daß die tatsächlichen Unterschiede dieser Typen davon abhängen, ob Spiralgalaxien einen massereichen, nicht abgeplatteten Halo besitzen oder nicht. Wenn es diese Halos nicht gibt, so daß Spiralen und elliptische Galaxien sich signifikant unterscheiden, dann ist man versucht, diesen Unterschied auf Unterschiede im Drehimpuls pro Masseneinheit zurückzuführen. Selbst wenn dies die entscheidende Größe sein sollte, muß jedoch zumindest ein Teil der Unterschiede auch auf Unterschiede in der Effizienz der Sternentstehung zurückgehen, die ihrerseits durch den Drehimpuls beeinflußt sein könnte.

Die chemische Entwicklung der Galaxien

Die Erwähnung der Sternentstehung führt uns zu dem Thema der chemischen Entwicklung von Galaxien. In Kapitel 7 haben wir den konventionellen Standpunkt zur chemischen Entwicklung von Galaxien – insbesondere unserer eigenen – diskutiert. Dabei wird angenommen, daß die Galaxien zunächst eine chemische Zusammensetzung aufweisen, die der im Urknall produzierten entspricht. Diese Zusammensetzung soll sich dann als Folge der Kernreaktionen im Innern von Sternen, des anschließenden Masseverlustes der Sterne und der darauf folgenden Entstehung neuer Sterne ändern. Es muß betont werden, daß dabei sowohl auf Beobachtungsseite wie auch auf Seiten der Theorie noch große Unsicherheiten bestehen. Unser Wissen darüber, wie die chemische Zusammensetzung und das Alter der Sterne in der Milchstraße zusammenhängen, weist immer noch große Lücken auf, und es gibt immer noch keinen empirischen Hinweis für die Existenz einer Sternpopulation mit ursprünglicher chemischer Zusammensetzung. Auf theoretischer Seite bedarf der Zusammenhang zwischen der Sternentstehungsrate und den Eigenschaften des Gases, aus dem die Sterne entstehen, dringend der Klärung, und auch der Masseverlust der Sterne unterschiedlicher Masse ist noch sehr unsicher.

Andere offene Probleme

Wir haben bisher nur einige der Hauptthemen genannt, an denen gegenwärtig gearbeitet wird, und wir hätten noch viele weitere aufführen können. Zum Beispiel gibt es trotz der Übereinstimmung darüber, daß es sich bei der Spiralstruktur um ein Wellenmuster und nicht um eine materielle Struktur handeln muß, bisher keine schlüssige Theorie für die Erzeugung und Aufrechterhaltung der Spiralwellen. Eine endgültige Übereinstimmung darüber, daß die Quasare sich tatsächlich in kosmologischen Entfernungen befinden, steht immer noch aus, und viele Probleme, die mit der Energieerzeugung in Quasaren, mit Explosionsereignissen in Radiogalaxien und anderen aktiven Galaxien wie den Seyfert-Galaxien zusammenhängen, sind noch völlig ungelöst. Am wichtigsten aber ist, zu betonen, daß die Interpretation vieler Eigenschaften der Galaxien mit dem kosmologischen Modell verknüpft ist. Trotz der Tatsache, daß ein kosmologisches Modell, das von einem Urknall ausgeht, sich heute in befriedigender Übereinstimmung mit den globalen Eigenschaften des Weltalls zu befinden scheint, könnte sich diese Theorie immer noch als falsch erweisen, und das könnte unsere Interpretation der Eigenschaften der Galaxien beeinflussen. Sicher aber ist, daß es über die Struktur und Entwicklung von Galaxien in den nächsten Jahren sowohl unterschiedliche Auffassungen als auch aufregende neue Entdeckungen geben wird.

Anhang 1

Ursachen für die Unterschiede in den Sternspektren

Absorptionslinien entstehen, wenn Elektronen, die ein bestimmtes Energieniveau in Atomen oder Ionen bevölkern, Strahlung absorbieren und auf ein höheres Energieniveau übergehen. Sind die Energieniveaus E_1 und E_2, so gilt für die Frequenz ν der absorbierten Strahlung

$$E_2 - E_1 = h\nu. \tag{A1-1}$$

Damit ein bestimmtes chemisches Element in der Atmosphäre eines Sterns starke Absorptionslinien erzeugt, müssen folgende drei Bedingungen erfüllt sein:

(a) das Element muß vorhanden sein,
(b) das Element muß Energieniveaus besitzen, deren Abstände gerade solchen Frequenzen entsprechen, bei denen die in der Umgebung vorhandene Strahlung besonders photonenreich ist,
(c) das Element muß sich in dem richtigen Ionisations- und Anregungszustand befinden, damit das entsprechende untere Niveau auch besetzt ist.

Auf die Bedingungen (b) und (c) wollen wir näher eingehen und dabei mit (c) beginnen.
Würde in der Sternatmosphäre *thermodynamisches Gleichgewicht* herrschen, wären sowohl die vorhandene Strahlung als auch die Ionisations- und Anregungsverhältnisse vollständig durch die Temperatur T der Atmosphäre zu charakterisieren. Die Intensität der Strahlung wäre durch die *Planck-Funktion*

$$I_\nu = B_\nu(T) \equiv \frac{2h\nu^3/c^2}{\exp(h\nu/kT) - 1} \tag{A1-2}$$

gegeben. Wenn ein Atom (oder Ion) die Energieniveaus E_r und E_s aufweist, dann gilt für die Zahl $n_{i,\mathrm{r}}$ und $n_{i,\mathrm{s}}$ von Atomen in dem jeweiligen Anregungszustand im Fall thermodynamischen Gleichgewichts das *Boltzmann-Gesetz*

$$\frac{n_{i,\mathrm{r}}}{n_{i,\mathrm{s}}} = \frac{g_\mathrm{r}}{g_\mathrm{s}} \exp\left(\frac{E_\mathrm{s} - E_\mathrm{r}}{kT}\right). \tag{A1-3}$$

Schließlich ist die Zahl der Atome pro Volumeneinheit, die sich in zwei benachbarten Ionisationszuständen befinden n_i, n_{i+1}, durch die *Saha-Gleichung* in folgender Weise mit der Elektronendichte n_e *verknüpft*

$$\frac{n_{i+1}\,n_e}{n_i} = \left(\frac{2\,\pi\, m\, k\, T}{h^3}\right)^{3/2} \frac{2\,B_{i+1}}{B_i} \exp(-I_i/k\,T), \qquad \text{(A1-4)}$$

wobei I_i diejenige Energie bezeichnet, die nötig ist, um dem Atom im i-ten Ionisationszustand ein weiteres Elektron zu entreißen, m ist die Masse des Elektrons, B_i und B_{i+1} bezeichnet man als die Zustandssummen. Sie hängen von der Lage der Energieniveaus ab, in denen sich die Elektronen befinden können, sowie von der Temperatur. In die Saha-Gleichung geht sowohl die chemische Zusammensetzung der Materie ein, da die Elektronen, die zu n_e beitragen, durch die Ionisation jedes beliebigen der vorhandenen Elemente erzeugt werden können, als auch die Gesamtdichte der Materie, denn diese geht quadratisch in den Zähler und nur linear in den Nenner auf der linken Seite von Gl. (A1-4) ein. Man sieht leicht, daß eine Erhöhung der Dichte bei festgehaltenem T zu einer Abnahme des Ionisationsgrades führt. Da die Temperatur exponentiell eingeht, ist die Abhängigkeit von dieser Größe jedoch viel entscheidender.

Die wirklichen Verhältnisse in den Sternatmosphären weichen vom thermodynamischen Gleichgewicht ab. In vielen Fällen sind diese Abweichungen jedoch so gering, daß die obigen Überlegungen anwendbar bleiben. Wären die Bedingungen thermodynamischen Gleichgewichts exakt erfüllt, dann gäbe es natürlich überhaupt keine Spektrallinien. Wir können die Besetzungsverhältnisse der Energieniveaus also näherungsweise mit Hilfe der Gln. (A1-3) und (A1-4) bestimmen, und die Photonen, die absorbiert werden können, besitzen in der Mehrzahl Frequenzen in der Umgebung derjenigen Frequenz, bei der die Planck-Kurve Gl. (A1-2) ein Maximum aufweist. Insbesondere hängt der Ionisationsgrad in einer Sternatmosphäre (schwach) von der Dichte und der Temperatur ab. Da die Oberflächendichte bei Riesensternen geringer ist als bei Zwergsternen, können sich einige chemische Elemente in ihrer Atmosphäre in einem höheren Ionisationszustand befinden als bei Zwergen. Folglich können sich die Spektren von Riesen- und Zwergsternen unterscheiden, selbst wenn ihre Oberflächentemperatur und chemische Zusammensetzung identisch sind. Diese Tatsache hat zur Einführung der in Kapitel 2 erwähnten *Leuchtkraft-Kriterien* geführt.

Die gerade skizzierten Überlegungen erlauben es, theoretisch vorherzusagen, ob ein bestimmtes Element, das Energieniveaus besitzen möge, die es (z.B.) befähigen, sichtbares Licht zu absorbieren, dieses unter den gegebenen Umständen auch tatsächlich tun wird. Nicht-ionisierter Wasserstoff kann im Prinzip sichtbares Licht absorbieren, nicht jedoch, wenn er sich im Grundzustand befindet. Man sieht deshalb weder bei Sternen hoher Oberflächentemperatur, bei denen der Wasserstoff ionisiert ist, noch bei Sternen geringer Oberflächentemperatur, bei denen sich der Wasserstoff im Grundzustand befindet, Wasserstoff-Absorptionslinien im optischen Bereich des Spektrums. Im Gegensatz dazu gibt es einige Elemente, die überhaupt keine Spektrallinien besitzen, die sich bei der Mehrzahl der Sterne beobachten ließen. Bor ist ein Beispiel hierfür. Es hat sich gezeigt, daß es äußerst schwer nachzuweisen ist.

Anhang 2

Die Gleichung für die Geschwindigkeitsverteilungsfunktion

Ausgehend vom Beobachtungsbefund, daß die Geschwindigkeitsverteilungen der Sterne in vielen Galaxien zeitunabhängig sind, wollen wir uns fragen, welche mathematische Form diese Verteilungsfunktionen f haben können. Bevor wir diese Frage beantworten können, benötigen wir eine Gleichung für f, die uns sagt, wie sich eine willkürlich vorgegebene Verteilung als Funktion der Zeit ändern würde, und die uns damit auch verrät, welche spezielle Form die Verteilungsfunktion haben muß, damit dies nicht geschieht. Da die Stöße zwischen einzelnen Sternen, außer vielleicht in den dichteren Kernbereichen der Galaxien und in Sternhaufen, keine Rolle spielen, wollen wir davon ausgehen, daß das Gravitationsfeld in den Galaxien als stetig variable Funktion des Ortes angesetzt werden kann und daß sich die Sterne in diesem Feld stoßfrei bewegen. Wenn wir dieses Gravitationspotential mit Φ bezeichnen, dann gelten für den einzelnen Stern folgende Bewegungsgleichungen:

$$\dot{v}_x = \ddot{x} = \frac{\partial \Phi}{\partial x}, \quad \dot{v}_y = \ddot{y} = \frac{\partial \Phi}{\partial y}, \quad \dot{v}_z = \ddot{z} = \frac{\partial \Phi}{\partial z}, \tag{A2-1}$$

wobei die Punkte Ableitungen nach der Zeit bezeichnen und

$$\dot{x} = v_x, \quad \dot{y} = v_y, \quad \dot{z} = v_z \tag{A2-2}$$

gilt. Jetzt läßt sich für f eine Gleichung formulieren, indem man eine der grundlegenden Eigenschaften von Differentialgleichungen ausnutzt, derzufolge die sechs gewöhnlichen Differentialgleichungen erster Ordnung exakt äquivalent sind zu einer einzigen partiellen Differentialgleichung erster Ordnung. Diese Gleichung lautet:

$$\frac{\partial f}{\partial t} + v_x \frac{\partial f}{\partial x} + v_y \frac{\partial f}{\partial y} + v_z \frac{\partial f}{\partial z} + \frac{\partial \Phi}{\partial x}\frac{\partial f}{\partial v_x} + \frac{\partial \Phi}{\partial y}\frac{\partial f}{\partial v_y} + \frac{\partial \Phi}{\partial z}\frac{\partial f}{\partial v_z} = 0. \tag{A2-3}$$

In Lehrbüchern über die Behandlung von Differentialgleichungen wird gezeigt, daß eine solche Gleichung wiederum exakt äquivalent ist zu den Gleichungen

$$\frac{\mathrm{d}t}{1} = \frac{\mathrm{d}x}{v_x} = \frac{\mathrm{d}y}{v_y} = \frac{\mathrm{d}z}{v_z} = \frac{\mathrm{d}v_x}{\partial\Phi/\partial x} = \frac{\mathrm{d}v_y}{\partial\Phi/\partial y} = \frac{\mathrm{d}v_z}{\partial\Phi/\partial z} \qquad \text{(A2-4)}$$

die ihrerseits den Gleichungssystemen (A2-1) und (A2-2) entsprechen. Die Äquivalenz zwischen diesen Differentialgleichungssystemen besteht darin, daß die Gln. (A2-4) die Bahn des Sterns in einem sechsdimensionalen Raum (x, y, z, v_x, v_y, v_z) beschreiben, wobei die Bahnen der Sterne auf Flächen $f = \text{const.}$ in diesem Raum liegen. Dann aber hat man einen Spezialfall eines bekannten Theorems der statistischen Mechanik vor sich, das als *Liouville-Theorem* bezeichnet wird. Diese Äquivalenz läßt sich wie folgt leicht zeigen. Man vergleiche den Wert von f in dem Punkt (x, y, z, v_x, v_y, v_z) zur Zeit t mit dem Wert von f in dem nahegelegenen Punkt $(x + \delta x, y + \delta y, z + \delta z, v_x + \delta v_x, v_y + \delta v_y, v_z + \delta v_z)$, in dem sich derselbe Stern zum Zeitpunkt $t + \delta t$ aufhält. Es gilt

$$\begin{aligned} & f(x + \delta x, y + \delta y, z + \delta z, v_x + \delta v_x, v_y + \delta v_y, v_z + \delta v_z, t + \delta t) \\ & \quad - f(x, y, z, v_x, v_y, v_z, t) \\ & = \frac{\partial f}{\partial t}\delta t + \frac{\partial f}{\partial x}\delta x + \frac{\partial f}{\partial y}\delta y + \frac{\partial f}{\partial z}\delta z + \frac{\partial f}{\partial v_x}\delta v_x + \frac{\partial f}{\partial v_y}\delta v_y + \frac{\partial f}{\partial v_z}\delta v_z \\ & = \delta t\left[\frac{\partial f}{\partial t} + v_x\frac{\partial f}{\partial x} + v_y\frac{\partial f}{\partial y} + v_z\frac{\partial f}{\partial z} + \frac{\partial\Phi}{\partial x}\frac{\partial f}{\partial v_x} + \frac{\partial\Phi}{\partial y}\frac{\partial f}{\partial v_y} + \right. \\ & \qquad \left. + \frac{\partial\Phi}{\partial z}\frac{\partial f}{\partial v_z}\right], \qquad \text{(A2-5)} \end{aligned}$$

wobei wir Gl. (A2-4) benutzt haben. Das Verschwinden der rechten Seite von Gl. (A2-5) entspricht dann – wie wir behauptet haben – exakt der Gl. (A2-3), woraus deutlich wird, daß f in der Tat konstant ist, wenn man der Bewegung des Sterns folgt. Falls Stöße eine Rolle spielen, dann ändert sich f infolge des Zusammenstoßes zwischen einzelnen Sternen, deren Geschwindigkeiten und Flugrichtungen dabei geändert werden. In Lehrbüchern über die kinetische Gastheorie wird gezeigt, daß man dann auf der rechten Seite der Gl. (A2-3) einen zusätzlichen Term $(\partial f/\partial t)_{\text{Stoß}}$ einführen muß. Wenn sich ein solches System, in dem Stöße eine Rolle spielen, allerdings in einem stationären Zustand befindet, dann darf sich f infolge der Stöße nicht ändern, so daß $(\partial f/\partial t)_{\text{Stoß}}$ verschwinden muß und Gl. (A2-3) nach wie vor erfüllt ist. Das bedeutet, daß die Maxwell-Verteilung eine Lösung für Gl. (A2-3) darstellt.

Konstanten der Bewegung für einen Stern

Nachdem wir praktisch ein Plausibilitätsargument dafür diskutiert haben, daß Gl. (A2-3) die richtige Gleichung für f ist, können wir jetzt unsere frühere Frage wieder aufgreifen und überlegen, welche Bedingungen sich aus dieser Gleichung für die Form einer Funktion f ergeben, die die Verhältnisse in einer Galaxie beschreibt und insbesondere, welche zeitunabhängigen Funktionen f zugelassen sind. Wenn wir die Gln. (A2-4) als ein System von sechs gewöhnlichen Differentialgleichungen erster Ordnung für x, y, z, v_x, v_y, v_z als Funktion der Zeit t betrachten, dann können wir uns diese Gleichungen als im Prinzip gelöst denken. Die Lösungen würden in jedem Fall sechs Integrationskonstanten erfordern, eine für jede Gleichung, und diese Konstanten ließen sich festlegen, wenn der Ort und die Geschwindigkeit des Sterns zu irgendeinem Zeitpunkt t bekannt wären.

Dieser Sachverhalt läßt sich auch anders ausdrücken, indem man sagt, daß es sechs Funktionen von $x, y, z, v_x, v_y, v_z, t$ geben muß, die entlang der Bahn eines Sterns konstant sind. Man kann dann verlangen, daß t durch x, y, z, v_x, v_y, v_z und eine der Konstanten ausgedrückt wird und daß dieser Ausdruck benutzt wird, um t in den anderen fünf Gleichungen zu eliminieren. Wenn das geschehen ist, gibt es fünf Funktionen von x, y, z, v_x, v_y, v_z, die entlang der Bahn eines Sterns konstant sind. Diese fünf zeit- unabhängigen Konstanten der Bewegung lassen sich dann als $I_1(x, y, z, v_x, v_y, v_z) \dots I_5(x, y, z, v_x, v_y, v_z)$ schreiben, und in einem zeit-unabhängigen Sternsystem können nur diese fünf Größen bzw. beliebige Kombinationen aus ihnen konstant sein, wenn man der Bewegung des Sterns folgt. Wir haben jedoch bereits gesehen, daß f eine solche Konstante sein muß. Das bedeutet, daß f als

$$f = f(I_1 \dots I_5) \tag{A2-6}$$

darstellbar sein muß. Das vermittelt uns eine Vorstellung über die mögliche Form von f, vorausgesetzt, wir können die Integrale $I_1 \dots I_5$ berechnen. Wie geht das?

Konstanten der Bewegung in sphärischen und axialsymmetrischen Galaxien

Wir wollen zunächst sphärische Sternsysteme, z.B. sphärische Galaxien (E0) und Kugelsternhaufen, betrachten. In diesem Fall gibt es vier leicht zu findende Konstanten der Bewegung eines Sterns, vorausgesetzt, die Gesamteigenschaften des Systems ändern sich nicht in Abhängigkeit von der Zeit, was insbesondere bedeutet, daß das Gravitationspotential Φ zeitunabhängig ist. Die erste Konstante, die nicht an die Voraussetzung sphärischer Symmetrie des Systems gebunden ist, ist die Gesamtenergie des Sterns, d.h. die Summe aus seiner kinetischen und potentiellen Energie. Das liefert uns:

$$I_1 \equiv \frac{1}{2}(v_x^2 + v_y^2 + v_z^2) - \Phi. \tag{A2-7}$$

Die zeitliche Konstanz von I_1, die nur von der Voraussetzung abhängt, daß $\partial\Phi/\partial t$ verschwindet, nicht aber von der Symmetrie des Systems, läßt sich leicht zeigen. Es gilt

$$\frac{dI_1}{dt} = \frac{\partial I_1}{\partial v_x}\frac{dv_x}{dt} + \frac{\partial I_1}{\partial v_y}\frac{dv_y}{dt} + \frac{\partial I_1}{\partial v_z}\frac{dv_z}{dt} + \frac{\partial I_1}{\partial x}\frac{dx}{dt} + \frac{\partial I_1}{\partial y}\frac{dy}{dt} +$$

$$+ \frac{\partial I_1}{\partial z}\frac{dz}{dt} = v_x\frac{\partial\Phi}{\partial x} + v_y\frac{\partial\Phi}{\partial y} + v_z\frac{\partial\Phi}{\partial z} - \frac{\partial\Phi}{\partial x}v_x -$$

$$- \frac{\partial\Phi}{\partial y}v_y - \frac{\partial\Phi}{\partial z}v_z = 0.$$

Die drei anderen Integrale ergeben sich aus der Tatsache, daß in einem sphärischen System die gesamte auf einen Stern einwirkende Schwerkraft auf das Zentrum des Systems hin gerichtet ist, so daß sie kein Drehmoment um diesen Punkt ausübt. Das bedeutet, daß die drei Komponenten des Drehimpulses, den ein Stern in bezug auf das Zentrum des Systems besitzt, konstant sein müssen, was in kartesischen Koordinaten geschrieben zu folgenden Gleichungen führt:

$$\begin{aligned} I_2 &\equiv x v_y - y v_x, \\ I_3 &\equiv y v_z - z v_y, \\ I_4 &\equiv z v_x - x v_z. \end{aligned} \tag{A2-8}$$

Die meisten Galaxien sind nicht sphärisch, sondern weisen eine Axialsymmetrie auf, zumindest in erster Näherung. Das gilt offensichtlich für elliptische Systeme[21]) sowie für linsenförmige Galaxien (S0); auch die Spiralgalaxien weichen nur wenig von einer Axialsymmetrie ab, soweit es die Massenverteilung betrifft. In axialsymmetrischen Systemen ist die Gesamtenergie eines Sterns nach wie vor eine Konstante der Bewegung, jedoch bleibt nur noch eine Komponente des Drehimpulses erhalten. Die Kraft, die auf einen Stern wirkt, ist in der Regel nicht mehr auf das Zentrum des Sterns zu gerichtet, muß aber notwendigerweise die Symmetrieachse schneiden. Das bedeutet, daß der Drehimpuls um diese Achse (die die Rotationsachse des ganzen Systems ist) erhalten

---

21) vgl. Anmerkung 12

bleibt. Das daraus folgende Integral läßt sich in Zylinderkoordinaten (ϖ, ϕ, z) in der Form

$$I_2 \equiv \varpi v_\phi \tag{A2-9}$$

schreiben, wobei I_2 der Drehimpuls pro Masseneinheit in bezug auf die z-Achse ist, vgl. Gleichungssystem (A2-8).
Die Existenz dieser Integrale vorausgesetzt, kann f für den Fall einer sphärischen Galaxie durch

$$f = f(I_1, I_2, I_3, I_4) \tag{A2-10}$$

dargestellt werden; Gl. (A2-10) beschreibt eine mögliche Form von f. An dieser Stelle sind jedoch zwei Anmerkungen erforderlich. Die erste, die mit der möglichen Existenz eines fünften Integrals zu tun hat, wollen wir im Augenblick zurückstellen. Die zweite bezieht sich auf die Forderung, daß f als Verteilungsfunktion hinreichende Symmetrie aufweisen muß, so daß ein Sternsystem, dessen Sterne diesem Verteilungsgesetz gehorchen, tatsächlich sphärische Gestalt hat. Dementsprechend wird die Forderung, daß die Sterne das Gravitationsfeld, in dem sie sich bewegen, selbst erzeugen, durch die *Poisson Gleichung* ausgedrückt, die für ein sphärisches System in entsprechenden sphärischen Polarkoordinaten die Form

$$\frac{1}{r^2}\frac{\mathrm{d}}{\mathrm{d}r}\left(r^2\frac{\mathrm{d}\Phi}{\mathrm{d}r}\right) = -4\pi G\rho = -4\pi G\int f\,\mathrm{d}v_x\,\mathrm{d}v_y\,\mathrm{d}v_z \tag{A2-11}$$

hat. Der Ansatz (A2-10) für f ist nur dann sinnvoll, wenn die sich ergebende Dichte sphärische Symmetrie aufweist, was durch den Ansatz

$$f = f(I_1, I_2^2 + I_3^2 + I_4^4) \tag{A2-12}$$

sichergestellt wird. Eine spezielle Form, in der f diese Bedingungen erfüllt, ist die Maxwell-Verteilung, die nur von I_1 abhängt. Daneben gibt es jedoch viele andere Möglichkeiten.

Isolierende Integrale

Wir können jetzt nach den verbleibenden weiteren Integralen der Bewegung (I_5 im Falle sphärischer Symmetrie; drei Integrale im axialsymmetrischen Falle) fragen. Lassen sie sich finden, und falls ja, wie sehen sie aus? Wir werden uns im folgenden auf den axialsymmetrischen Fall beschränken, da er der allgemeinere ist. Zunächst einmal läßt sich feststellen, daß bisher kein weiteres Integral gefunden worden ist, das eine einfache analytische Form hätte. Diese weiteren Integrale müssen existieren, aber an diesem Punkt sollten wir eine Unterscheidung zwischen sogenannten isolierenden und nicht-isolierenden Integralen einführen. Dabei sei speziell der axialsymmetrische Fall betrachtet. I_1 = const. definiert dann eine (fünfdimensionale) Oberfläche in dem sechsdimensionalen Raum x, y, z, v_x, v_y, v_z. Das Integral I_2 = const. legt eine ähnliche Oberfläche fest, die sich mit der ersten in einer vierdimensionalen Fläche S_4 schneidet. Nun sei I_3 ein drittes Integral der Bewegung. Hier können wir zwei Fälle unterscheiden: Entweder ist die Schnittfläche zwischen der durch I_3 = const. festgelegten Fläche mit S_4 eine dreidimensionale Fläche S_3 oder die Fläche I_3 = const. kommt jedem Punkt von S_4 beliebig nahe. Im ersten Fall nennt man I_3 (ebenso wie I_1 und I_2) ein isolierendes Integral. Im zweiten Fall spricht man von einem nicht-isolierenden Integral. In diesem Fall ist es sinnlos zu fordern, daß die Verteilungsfunktion f von I_3 abhängt, denn sobald I_1 und I_2 festgelegt wären, hätte f für alle Werte von I_3 denselben Wert. Die führt uns zu dem sogenannten *Jeans Theorem* der Stellardynamik: f kann nur von isolierenden Integralen abhängen.

Dies läßt sich an einem speziellen Beispiel veranschaulichen, bei dem man sich auf einen Raum mit weniger Dimensionen beschränkt. Angenommen, die Bestimmung der Integrale hat zur Festlegung einer Fläche geführt, die ein dreidimensionaler Torus ist (Bild A2-1). Die Position eines Punktes auf diesem Torus läßt sich durch die Angabe zweier Winkel θ und ϕ charakterisieren. Angenommen, das nächste Integral hat die Form

$$I = l\theta + m\phi = \text{const.}, \tag{A2-13}$$

wobei l und m vorgegebene Konstanten seien. Wenn l/m eine rationale Zahl ist, dann schließt sich die Helix (A2-13) nach einer bestimmten Zahl von Umläufen um den Torus, und I stellt ein isolierendes Integral dar. Ist l/m dagegen irrational, läuft die Helix beliebig dicht an jedem Punkt auf dem Torus vorbei, und das Integral ist nicht-isolierend.

Wir kehren jetzt zu dem Problem der axialsymmetrischen Galaxien zurück. Statt wie bisher nach den weiteren Integralen für den axial-

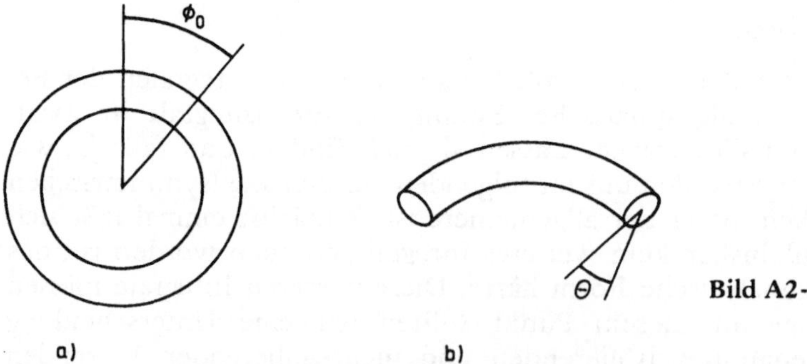

Bild A2-1

symmetrischen Fall zu fragen, können wir jetzt fragen, ob für ein beliebiges axialsymmetrisches System weitere isolierende Integrale existieren. Wie schon einmal festgestellt, hat man bisher keine weiteren einfachen analytischen Integrale gefunden, so daß sich die isolierenden Integrale nur finden lassen, indem man die Bewegungsgleichungen für einen Stern direkt integriert, wobei die Energie und der Drehimpuls des Sterns in Bezug auf die Symmetrieachse vorgegeben sein müssen. Dabei muß man nach geschlossenen Oberflächen suchen. Das erfordert umfangreiche Rechnungen auf großen Computern, und keine dieser Rechnungen kann völlig fehlerfrei sein. Entsprechende Rechnungen für axialsymmetrische Galaxien, die eine Massenverteilung ähnlich der unseres Milchstraßensystems haben, deuten an, daß ein drittes isolierendes Integral tatsächlich existiert. Wir wollen jetzt erläutern, warum das von besonderem Interesse ist.

Das dritte isolierende Integral der Bewegung und seine Bedeutung für die Milchstraße

Unabhängig von den theoretischen Gründen für die Existenz eines dritten Integrals der Bewegung in abgeplatteten Galaxien gibt es überzeugende empirische Hinweise dafür, daß ein solches Integral im Fall des Milchstraßensystems existieren muß, oder daß eine der anderen Annahmen, die wir bisher gemacht haben, falsch sein muß. Die Begründung ist die folgende. Wir haben bereits in Kapitel 2 darauf hingewiesen, daß die radialen Komponenten der zufälligen Geschwindigkeiten bei sonnennahen Sternen größer als die beiden anderen Komponenten sind:

$$\langle (v_\phi - v_{\phi 0})^2 \rangle \approx \langle v_z^2 \rangle \approx 0{,}4 \, \langle v_{\varpi}^2 \rangle. \tag{2-8}$$

Jetzt wollen wir annehmen, daß die Funktion f für unser Milchstraßensystem nur von den beiden Integralen I_1, I_2 abhängt, so daß

$$f = f(I_1, I_2) = f[(v_{\varpi}^2 + v_\phi^2 + v_z^2 - 2\Phi), \varpi v_\phi]. \tag{A2-14}$$

Da v_ϖ und v_z in Gl. (A2-14) symmetrisch eingehen, läßt sich Gl. (2-8) nicht erfüllen. Hätte f tatsächlich die Form (A2-14), dann sollte

$$\langle v_{\varpi}^2 \rangle = \langle v_z^2 \rangle \tag{A2-15}$$

gelten. Wenn es dagegen ein drittes isolierendes Integral gibt, in das v_ϖ und v_z asymmetrisch eingehen, dann gilt Gl. (A2-14) nicht mehr, und bei geeigneter Form dieses dritten Integrals kann auch Gl. (2-8) erfüllt sein. Wir schließen daraus, daß entweder ein drittes Integral existieren muß, oder daß es wichtige Abweichungen von einem stationären Zustand bzw. von der Axialsymmetrie geben muß.

Anhang 3

Das Virial-Theorem

Gegeben sei ein Ensemble von N Punktmassen, die ausschließlich auf Grund ihrer gravitativen Anziehungskraft miteinander wechselwirken sollen. Die i-te Masse werde mit m_i bezeichnet. Sie befinde sich zur Zeit t am Ort (x_i, y_i, z_i). Dann lauten die Bewegungsgleichungen

$$
\begin{aligned}
m_i \ddot{x}_i &= \sum_{j \neq i} \frac{G m_i m_j (x_j - x_i)}{[(x_i - x_j)^2 + (y_i - y_j)^2 + (z_i - z_j)^2]^{3/2}} \\
&= \sum_{j \neq i} \frac{G m_i m_j (x_j - x_i)}{r_{ij}^3}, \\
m_i \ddot{y}_i &= \sum_{j \neq i} \frac{G m_i m_j (y_j - y_i)}{r_{ij}^3}, \\
m_i \ddot{z}_i &= \sum_{j \neq i} \frac{G m_i m_j (z_j - z_i)}{r_{ij}^3},
\end{aligned}
\tag{A3-1}
$$

wobei ein Punkt die Ableitung nach der Zeit bezeichnet. Die Summation erstreckt sich über alle Teilchen und r_{ij} ist der Abstand zwischen den Massen m_i und m_j. Jetzt multiplizieren wir die erste der Gln. (A3-1) mit x_i, die zweite mit y_i, die dritte mit z_i und summieren alle diese Gleichungen für alle Teilchen.

Wir wollen zuerst die linke Seite der so entstehenden Gleichung betrachten.

$$
\sum_i m_i (x_i \ddot{x}_i + y_i \ddot{y}_i + z_i \ddot{z}_i) = \frac{\mathrm{d}}{\mathrm{d}t} \sum_i m_i (x_i \dot{x}_i + y_i \dot{y}_i + z_i \dot{z}_i) - \sum_i m_i (\dot{x}_i^2 + \dot{y}_i^2 + \dot{z}_i^2). \tag{A3-2}
$$

Der zweite Term auf der rechten Seite von Gl. (A3-2) ist bis auf das negative Vorzeichen gleich $2T$, wenn T die kinetische Energie des Systems bezeichnet. Der erste Term läßt sich in der Form

$$\sum_i m_i(x_i\dot{x}_i + y_i\dot{y}_i + z_i\dot{z}_i) = \frac{1}{2}\frac{\mathrm{d}}{\mathrm{d}t}\sum_i m_i(x_i^2 + y_i^2 + z_i^2) \tag{A3-3}$$

schreiben. Wir definieren dann

$$I \equiv \sum_i m_i(x_i^2 + y_i^2 + z_i^2) \tag{A3-4}$$

als das *Trägheitsmoment* des Systems. Es ist gleich der Hälfte der Summe der drei Hauptträgheitsmomente, so wie man sie gewöhnlich definiert. Als nächstes wenden wir uns der rechten Seite der durch die Summation entstandenen Gleichung zu. Für je zwei Teilchen tritt darin ein Term $Gm_im_jx_i(x_j - x_i)/r_{ij}^3$ sowie ein entsprechender Term $Gm_jm_ix_j(x_i - x_j)/r_{ij}^3$ auf. Zusammengefaßt ergeben diese $-Gm_im_j(x_i - x_j)^2/r_{ij}^3$. Addiert man diesen Ausdruck zu den zwei entsprechenden Ausdrücken in y_i und z_i, so tritt im Zähler des sich ergebenden Ausdrucks r_{ij}^2 auf, das sich gegen einen entsprechenden Term im Nenner wegkürzen läßt. Auf diese Weise reduziert sich der Beitrag der Wechselwirkung m_i und m_j auf $-Gm_im_j/r_{ij}$, d.h. gerade auf die wechselseitige Gravitationsenergie der beiden Teilchen. Durch Summation über alle Teilchenpaare erhält man dann

$$-\sum_{i,j\neq i}\frac{Gm_im_j}{r_{ij}} \equiv \Omega, \tag{A3-5}$$

wobei Ω die gesamte potentielle Energie des Systems bezeichnet.
Unter Benutzung der Gln. (A3-2) und (A3-3) läßt sich die durch die Summation entstandene Gleichung in der Form

$$\frac{1}{2}\frac{\mathrm{d}^2 I}{\mathrm{d}t^2} = 2T + \Omega \tag{A3-6}$$

schreiben. Dies ist die allgemeine Form des *Virial-Theorems* für ein System von Teilchen, dessen Eigenschaften sich als Funktion der Zeit ändern können. Sind die Gesamteigenschaften des Systems zeitunabhängig, dann muß die linke Seite von Gl. (A3-6) verschwinden und das Virial-Theorem lautet

$$2T + \Omega = 0. \tag{A3-7}$$

In dieser Form wurde es mehrfach in diesem Buch verwendet. Aus Gl. (A3-7) liest man ab, daß die Gesamtenergie E des Systems negativ ist und daß sie durch

$$E \equiv T + \Omega = \frac{\Omega}{2} \tag{A3-8}$$

gegeben ist.

Folgerungen für sphärische Systeme

Die Gravitationsenergie eines sphärischen Systems der Masse M mit Radius R ist gegeben durch

$$\Omega = -\frac{\alpha G M^2}{R}, \tag{A3-9}$$

wobei α eine Zahl von der Größenordnung 1 ist, deren genauer Wert von der Massenverteilung innerhalb des Systems abhängt. Ferner gilt

$$T = \frac{1}{2} M \langle v^2 \rangle, \tag{A3-10}$$

wobei $\langle\rangle$ einen geeigneten Mittelwert bezeichnet. Betrachtet man speziell ein sphärisches System, das sich im Gleichgewicht befindet, dann folgt aus den Gln. (A3-7), (A3-9) und (A3-10), daß die mittlere Geschwindigkeit der Teilchen ungefähr gleich der Entweichgeschwindigkeit aus dem System ist, die durch

$$v_{\text{entw}} = \frac{2GM}{R} \tag{A3-11}$$

definiert ist.

Beginnt ein selbst-gravitierendes sphärisches System aus dem Zustand der Ruhe zu kontrahieren und erreicht es schließlich einen Zustand, in dem das Virial-Theorem in der Form (A3-7) anwendbar ist, dann muß sein Radius zu diesem Zeitpunkt kleiner oder höchstens gleich der Hälfte seines ursprünglichen Radius sein. Das folgt aus der Tatsache, daß wir die Anfangsenergie des Systems (die vollständig in der Gravitationsenergie steckt) der Endenergie gleichsetzen können, die gleich der Hälfte der verbliebenen Gravitationsenergie ist, sofern das System keine Energie verliert. Es gilt also

$$\frac{\alpha G M^2}{R_{\text{Anfang}}} = \frac{1}{2} \frac{\alpha G M^2}{R_{\text{End}}}. \tag{A3-12}$$

In Wirklichkeit dürfte Energie verloren gehen, so daß die linke Seite kleiner wird als die rechte (da die Gravitationsenergie negativ gerechnet wird). Folglich gilt

$$R_{\mathrm{End}} \leqslant \frac{1}{2} R_{\mathrm{Anfang}}. \qquad \text{(A3-13)}$$

(Dies ist kein strenger Beweis, weil nicht bewiesen wurde, daß α konstant bleibt. Trotzdem ist das Ergebnis in den meisten Fällen anwendbar.)

Anhang 4

Das Gravitationsfeld in der Umgebung von sphärischen und sphäroidischen Massen

In diesem Anhang sind einige der in Kapitel 5 benutzten Ergebnisse zusammengestellt. Die meisten lassen sich im Rahmen dieses Buches nicht beweisen, so daß wir völlig auf Ableitungen verzichten wollen[22]). Wir benötigen folgende Ergebnisse:

1. Gegegen sei eine sphärisch symmetrische Masse, deren Zentrum mit dem Ursprung eines sphärischen Polarkoordinatensystems ($r = 0$) zusammenfällt. Dann gilt, daß
   (a) in einem Abstand $r = r_1$ im Innern der Masse diejenige Materie, die sich außerhalb des Radius r_1 befindet, keinen Nettobeitrag zur Anziehungskraft leistet und daß die Anziehungskraft gleich derjenigen ist, die erzeugt würde, wenn die gesamte innerhalb von r_1 befindliche Masse im Zentrum konzentriert wäre, und
   (b) in einem Abstand $r = r_0$ außerhalb der Masse die Anziehungskraft dieselbe ist, als wäre die gesamte Masse im Zentrum konzentriert.
2. Wenn sich der innere Aufbau eines Körpers durch konzentrische ellipsoidische Schalen beschreiben läßt, die alle dieselbe Exzentrizität haben und innerhalb derer die Dichte jeweils konstant ist, dann gilt, daß
   (a) die außerhalb eines bestimmten Aufpunkts liegenden Schalen keinen Nettobeitrag zur Anziehungskraft in diesem Punkt leisten und
   (b) in hinreichend großer Entfernung von diesem Körper (bzw. von jedem Körper mit beliebiger Massenverteilung) das Gravitationsfeld denselben Verlauf zeigt, als wäre die gesamte Masse im Zentrum konzentriert.

---

22) Siehe beispielsweise W. D. MacMillan, The Theory of the Potential, Dover Publications, New York.

3. Gegeben sei ein abgeplattetes Sphäroid konstanter Dichte. Seine Masse sei M_{sph}, seine große Halbachse a und seine Exzentrizität e. Dann gilt

$$\frac{\tilde{\omega}^2}{a^2} + \frac{z^2}{a^2(1-e^2)} = 1. \tag{A4-1}$$

In diesem Fall wird der Verlauf des Gravitationsfeldes in der Äquatorebene durch

$$g_{\tilde{\omega}} = -\frac{3\,GM_{\mathrm{sph}}}{2a^3e^3}(\beta - \sin\beta\cos\beta) \tag{A4-2}$$

beschrieben, wobei innerhalb des Sphäroids

$$\sin\beta = e \tag{A4-3}$$

und außerhalb

$$\sin\beta = \frac{ae}{\tilde{\omega}} \tag{A4-4}$$

gilt.

4. Wenn sich der innere Aufbau eines Körpers durch konzentrische sphäroidische Schalen identischer Exzentrizität beschreiben läßt und dabei die Dichte in den Schalen durch $\rho(\alpha)$ gegeben ist (α = große Halbachse), dann gilt für den Verlauf des Gravitationsfeldes in der Äquatorebene

$$\begin{aligned} g_{\tilde{\omega}} &= -4\pi G\sqrt{(1-e^2)}\int_0^{\tilde{\omega}} \frac{\rho(\alpha)\,\alpha^2\,\mathrm{d}\alpha}{\tilde{\omega}\sqrt{(\tilde{\omega}^2-\alpha^2e^2)}} \\ &= -G\int_0^{\tilde{\omega}} \frac{\mathrm{d}M(\alpha)}{\tilde{\omega}\sqrt{(\tilde{\omega}^2-\alpha^2e^2)}}. \end{aligned} \tag{A4-5}$$

Die Gleichung gilt sowohl im Innern wie auch außerhalb des Körpers, wobei der Integrand jedoch für $\alpha > a$ verschwindet, wenn a die große Halbachse des ganzen Körpers bezeichnet.

Weiterführende Literatur

B. J. Bok and P. F. Bok, *The Milky Way*. 4th edition, Harvard (paperback)
S. Mitton, *Die Erforschung der Galaxien*. Springer, Berlin 1978
H. Shapley, *Galaxies*. 3rd edition, revised by P. W. Hodge, Harvard (paperback)
A. Sandage, *The Hubble Atlas of Galaxies* (Carnegie Institute of Washington)
A. Unsöld, *Der neue Kosmos*. 4. Aufl., Springer, Berlin 1985
P. J. E. Peebles, *Physical Cosmology*. Princeton (paperback)
S. Weinberg, *Die ersten drei Minuten*. dtv, München 1980
Kosmologie, in *Spektrum der Wissenschaften* (Sammelband, verschiedene Autoren)

Sachwortverzeichnis

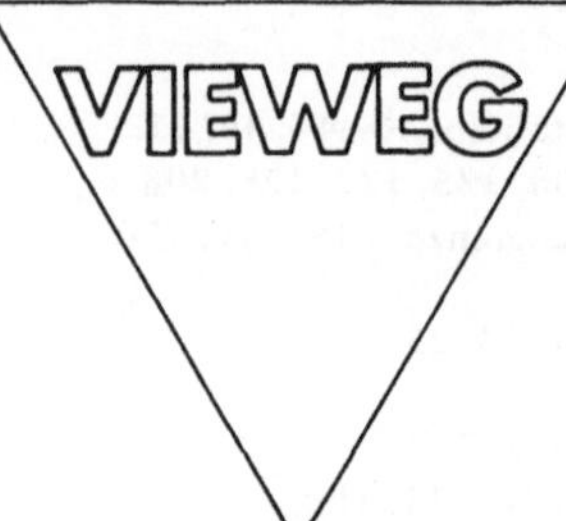

Roger J. Tayler

Sterne

Aufbau und Entwicklung

Aus dem Engl. übers. von Michael Maitzen.

1985. X, 232 S. mit 89 Abb. 16,2 X 22,9 cm.

(Spektrum der Astronomie.) Kart.

Dieses Buch aus der Reihe „Spektrum der Astronomie" hat die Lebensgeschichte und die Struktur der Sterne zum Thema.

Viele Eigenschaften der Sterne können aus Beobachtungen und Messungen abgeleitet werden, wobei bestimmte Regelmäßigkeiten gefunden wurden. So gibt es beispielsweise eine Korrelation zwischen Masse und Leuchtkraft oder zwischen Leuchtkraft und Oberflächentemperatur. Zur Deutung und zum Verständnis der Eigenschaften und Zusammenhänge werden physikalische Konzepte angewandt und theoretische Modelle entwickelt, wobei sich Masse und chemische Zusammensetzung als die wichtigsten Parameter herausstellen. Die vier fundamentalen Kräfte der Natur (Gravitation, Elektromagnetismus, starke und schwache Wechselwirkung) bestimmen den Sternaufbau und die Lebensgeschichte der Sterne.

Der Lebensweg der Sterne wird von frühen Stadien bis zum Tod als weiße Zwerge bzw. deren weiteren Kollabieren zu Neutronensternen beschrieben. Der Leser gewinnt Einblick in die stellare Energieerzeugung durch Kernfusionsprozesse und die am Energietransport beteiligten Prozesse wie Konvektion und Strahlung.

Die ausführlichen Erläuterungen auch der formelmäßigen und theoretischen Zusammenhänge zeichnen das Buch als Lehrbuch aus; gleichzeitig findet aber jeder Naturwissenschaftler einen lebendigen und fundierten Einblick in das faszinierende Leben der Sterne.